印刷材料及适性

姜雪松　李春伟　郑　权　编著

东北林业大学出版社
·哈尔滨·

图书在版编目（CIP）数据

印刷材料及适性/姜雪松，李春伟，郑权编著. --
2 版. --哈尔滨：东北林业大学出版社，2016.7（2024.8重印）
ISBN 978 - 7 - 5674 - 0852 - 4

Ⅰ. ①印… Ⅱ. ①姜… ②李… ③郑… Ⅲ. ①印刷材
料-印刷适性 Ⅳ. ①TS802

中国版本图书馆 CIP 数据核字（2016）第 158843 号

责任编辑：张红梅

封面设计：彭　宇

出版发行：东北林业大学出版社（哈尔滨市香坊区哈平六道街 6 号　邮编：150040）

印　　装：三河市佳星印装有限公司

开　　本：787mm×960mm　1/16

印　　张：16

字　　数：277 千字

版　　次：2016 年 8 月第 2 版

印　　次：2024 年 8 月第 3 次印刷

定　　价：48.00 元

前　　言

　　印刷材料及适性在印刷生产工艺过程中起着关键作用，直接会影响印刷生产过程能否顺利进行以及印刷品质量的优劣。随着印刷科学技术的迅速发展，对印刷技术的要求也越来越高。

　　同时，其相关课程在印刷工程、包装工程专业课程体系中也占有重要的地位。内容主要涉及在印刷工艺过程中使用的承印材料包括纸张、塑料、金属等，以及印刷油墨、印刷橡皮布、印刷墨辊和印刷润湿液等印刷材料的基本结构、组成、分类、性质以及相应的印刷适性等方面的理论知识，以这些材料的性能测试、所用的仪器的工作原理等。

　　详细内容包括了印刷纸张、纸板、塑料、金属等承印材料，印刷油墨、印刷橡皮布、印刷胶辊（胶辊、网纹辊、润湿辊）、印刷润湿液、数字印刷材料，以及印刷纸张、油墨、橡皮布在印刷过程中的适应性等内容。教材每章后附有复习思考题，以利于学生掌握和巩固已学知识。本书内容系统、简明扼要，可作为印刷、包装行业科技工作者的技术参考书，印刷工程、包装工程本科专业的教材、参考书，轻工技术与工程专业学位研究生的教材、参考书。

　　本书共包括 10 章内容，撰写人员具体分工如下：姜雪松（东北林业大学）撰写第 1~5 章；李春伟（东北林业大学）撰写第 6~7章；郑权（东北林业大学）撰写第 8~10 章。

　　由于印刷科技的发展日新月异，加之编者能力有限，书中难免有错误和不足之处，恳切希望同行及读者提出宝贵意见。

编著者

2016 年 3 月

目　　录

第一章　纸张的组成及结构 ……………………………………… （ 1 ）

　　第一节　纸张的主要成分——植物纤维 ………………………… （ 1 ）

　　第二节　纸张的辅助成分 ………………………………………… （ 6 ）

　　第三节　纸张的生产工艺 ………………………………………… （16）

　　第四节　纸张的结构 ……………………………………………… （24）

　　第五节　纸张的规格及计算 ……………………………………… （29）

第二章　纸张的基本性能 ……………………………………… （32）

　　第一节　概述 ……………………………………………………… （32）

　　第二节　纸张性能的评价指标 …………………………………… （33）

　　第三节　纸张的吸湿性能 ………………………………………… （43）

　　第四节　纸张的吸墨性能 ………………………………………… （49）

　　第五节　纸张的表面性能 ………………………………………… （53）

　　第六节　纸张的光学性能 ………………………………………… （59）

　　第七节　纸张的酸碱性 …………………………………………… （65）

第三章　纸张的印刷适性 ……………………………………… （68）

　　第一节　概述 ……………………………………………………… （68）

　　第二节　纸张的调湿处理与印刷适性 …………………………… （70）

　　第三节　纸张的吸墨过程与印刷适性 …………………………… （72）

　　第四节　纸张的表面强度与印刷适性 …………………………… （74）

　　第五节　纸张的平滑度与印刷适性 ……………………………… （76）

　　第六节　纸张的光学性能与印刷适性 …………………………… （79）

第四章　常用印刷用纸 ………………………………………… （82）

　　第一节　新闻纸 …………………………………………………… （83）

　　第二节　书刊印刷纸 ……………………………………………… （86）

　　第三节　胶版印刷纸 ……………………………………………… （89）

　　第四节　涂料纸/铜版纸 ………………………………………… （92）

　　第五节　其他印刷用纸 ……………………………………………（ 94 ）
第五章　其他承印材料及适性 …………………………………………（103）
　　第一节　纸板 ……………………………………………………（103）
　　第二节　塑料承印材料 …………………………………………（115）
　　第三节　金属承印材料 …………………………………………（123）
　　第四节　其他承印材料 …………………………………………（127）
第六章　油墨的组成及分类 ……………………………………………（128）
　　第一节　概述 ……………………………………………………（128）
　　第二节　颜料 ……………………………………………………（135）
　　第三节　连结料及辅助成分 ……………………………………（144）
　　第四节　油墨的理化性质与评价 ………………………………（158）
　　第五节　常用的印刷油墨 ………………………………………（162）
第七章　油墨的流变特性及适性 ………………………………………（173）
　　第一节　概述 ……………………………………………………（173）
　　第二节　油墨的流变性 …………………………………………（174）
　　第三节　油墨的触变性 …………………………………………（177）
　　第四节　油墨的黏着性 …………………………………………（183）
　　第五节　油墨的拉丝性 …………………………………………（187）
　　第六节　油墨的流动性 …………………………………………（189）
第八章　印刷油墨的干燥性及适性 ……………………………………（194）
　　第一节　油墨的附着 ……………………………………………（195）
　　第二节　油墨的干燥类型 ………………………………………（197）
　　第三节　油墨的干燥与印刷适性 ………………………………（203）
　　第四节　影响油墨干燥的因素 …………………………………（204）
　　第五节　油墨干燥的测定 ………………………………………（208）
第九章　其他印刷材料及适性 …………………………………………（210）
　　第一节　印刷橡皮布及适性 ……………………………………（210）
　　第二节　印刷胶辊及适性 ………………………………………（223）
　　第三节　印刷润版液及适性 ……………………………………（232）
第十章　数字印刷材料及适性 …………………………………………（239）
　　第一节　概述 ……………………………………………………（239）
　　第二节　数字印刷用纸张 ………………………………………（239）
　　第三节　数字印刷用油墨 ………………………………………（244）

第一章　纸张的组成及结构

第一节　纸张的主要成分——植物纤维

纸是重要的印刷材料，也是使用最广泛的印刷材料。根据中华人民共和国国家标准（GB—4687—84）规定，所谓纸就是从悬浮液中将植物纤维、矿物纤维、动物纤维、化学纤维或这些纤维的混合物沉积到适当的成型设备上，经过干燥制成的平整、均匀的薄页。该定义从纸张的原材料及形状方面对纸张进行了描述。从结构上来说，纸张是由纤维相互交织起来的层状结构。纸张是经过制浆和抄纸两个生产过程制造出来的。纸张是纸和纸板的统称，有时也是纸的简称。纸张是以加工处理的纤维为主要成分，结合使用目的加入适量的添加剂，在网上或帘上交织形成纤维间相互黏结的薄片物质。这种物质不仅具有一定的强度，而且具有多孔性，这也是纸张与其他薄片物质的主要区别。

纸张的主要成分是植物纤维，植物纤维的化学组成包括纤维素、半纤维素及木塑。不同种类的植物纤维，其纤维素、半纤维素及木素的含量不相同。

一、植物纤维的分类

纤维是最基本的造纸原料，它占纸材料组成成分的绝大多数。纸材料的结构其实就是纤维间通过氢键相互连接起来形成的随机取向的层次网络结构。用于造纸的纤维原料按原料的化学组成分为植物纤维、非植物纤维；按使用次数可分为一次纤维和二次纤维。而植物纤维又分为木材纤维和非木材纤维。

1. 木材纤维

直接从树木中获得的植物纤维，包括针叶木和阔叶木纤维两类。针叶木称为软木，质地松软，其纤维较长，平均长度为 3 ~ 4 mm，最长可达 8 mm 以上，直径约为 0.03 mm，如云杉、冷杉、落叶松、柏树等属于针叶木。阔叶木又称硬木，其纤维长度较短，平均长度仅为 1.0 mm，如杨木、桦木、枫木等都属于阔叶木。通常硬木能生产匀度较好、表面平滑的纸张，而软木则能抄造强度较高的纸张。

2. 非木材纤维

非木材纤维主要有草叶类纤维（如稻草、麦草、芦苇等）、韧皮类纤维（如麻类、树皮、棉秆皮等）、种子毛类纤维（如棉花、棉短绒）。

草叶类纤维的细胞两端多呈尖削状，胞腔较小，除竹类、龙须草、甘蔗渣等的纤维较细长外，其他都比较西段，平均长度为 1.0 ~ 1.5 mm，平均宽度为 10 ~ 20 μm，非纤维细胞含量也较多。竹子、龙须草等为长纤维的原料，可以抄造强度较高的纸张。竹子的纤维形态及含量与最适宜造纸的针叶木很近似，纤维素含量高，纤维细长结实，可塑性好，纤维长度介于阔叶木和针叶木之间，是竹浆造纸的优质原料。竹浆可以单独使用或与木浆、草浆合理配比，生产出质优价廉的文化用纸、生活用纸和包装用纸。其他草叶类纤维原料只能抄造强度要求不高的低档包装纸，或与长纤维浆搭配才能生产出较好的纸张。

韧皮类纤维一般细长，有坚韧性，适于抄造高级包装纸或工业用纸。

棉纤维性质坚韧，平均长度约为 18 mm，平均宽度约为 20 μm，是极好的造纸原料。

不同的植物原材料其纤维含量不同，纤维的长短、粗细也不同，因而造出的纸的强度等性质也不同。一般来说，茎秆类和木材类纤维比较细而短，而籽棉类和韧皮类纤维比较粗而长。故韧皮类和籽棉类纤维造出的纸强度大些。例如，稻草纤维长度为 0.5 ~ 2.0 mm，宽度为 0.01 ~ 0.02 mm，棉花纤维长度为 20 ~ 40 mm，宽度为 0.012 ~ 0.037 mm，它们之间有着很大的差别，造出的纸的差别也很明显。纤维长、长宽比大、均一性好的纤维，纸张强度高。种子毛类纤维是最好的造纸原料，其耐久性最好，其次是韧皮类纤维，最差是草叶类纤维。在纸浆类型中，草叶类纤维质量属于最差的。

3. 非植物纤维原料

利用非植物纤维进行造纸，是因为这类纸能满足一些特殊的需要，同时具有植物纤维纸所不具有的特性，因此，应用比较广泛。非植物纤维原料一般是工业纤维，分为无机纤维、合成纤维和金属纤维三大类，但这类材料在印刷上应用不多。

二、植物纤维的化学组成

在植物原料的化学组成中，纤维素、半纤维素和木素是主要成分，它们也是成品纤维的主要成分，其性质直接关系到纸材料的性质。

1. 纤维素

19 世纪 30 年代，法国农业学家 Payen 第一次从植物中分理出纤维素。

纤维素分子（$C_6H_{10}O_5$）是由许多个葡萄糖分子组成的。因为葡萄糖上带有多个羟基（—OH），当两个羟基靠近到一定距离时，就会形成氢键。在氢键的作用下，许多纤维素分子可以聚合到一起，形成负载的长链结构。其结构式如图 1-1 所示。

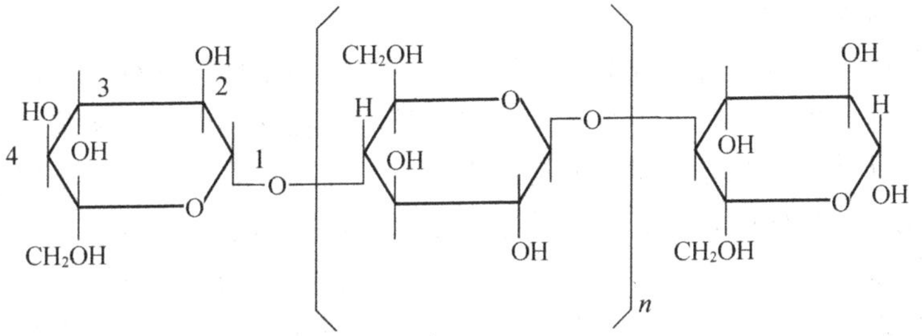

图 1-1 纤维素的化学结构

结构式中 n 为葡萄糖基的数目，称之为聚合度，n 为数值不定，可能为几百至几千甚至一万以上。因为纤维的来源、制备方法和测定方法的不同，用黏度法测得针叶木和阔叶木所提取的纤维素的平均聚合度一般为 4 000~5 000，棉花纤维的平均聚合度在 5 000~10 000，稻草纤维的平均聚合度一般在 600~1 000。

纤维素的比重为 1.55，所以长时间泡在水里会沉淀，但纸的比重一般在 0.9 以下，这是因为构成纸的纤维中有空腔，纤维之间有空隙。

棉花的纤维素含量最高，为 70%~90%，针叶木和阔叶木纤维素含量一般为 45%~53%，草类的纤维素含量最低，为 35%~48%。纤维素在植物中以微细纤维的形式主要存在于细胞壁的次生壁中层和内层，次生壁外层和初生壁也含有少量的纤维素。纤维素是细胞的骨架物质，也是纸浆和纸张的主体，制浆过程要尽量让它受到损害。

纤维素不溶于水，但在酸性水中和碱性水中都能发生降解，使聚合度降低。纤维素分子中的—OH 基在水的诱导下，能够在纤维素分子之间产生氢键，并使许多纤维素分子通过氢键连接起来，这是纸类具有强度的主要原因。

2. 半纤维素

半纤维素是在植物中与纤维素共存的多糖，即除纤维素以外的碳水化合物。半纤维素是以不同量的几种单糖基和糖醛酸基构成的往往具有支链对的复合聚糖的总称。构成半纤维素的单糖主要有：D－木糖、D－甘露糖、D－葡萄糖、D－半乳糖、L－阿拉伯糖等。

半纤维素基本结构单元是多种单糖基，半纤维素的分子链很短，聚合度小，分子链上有些分支。半纤维素的性质：

①容易溶解在碱溶液中。

②容易发生水解反应，水解的最终产物是各种单糖。

③容易吸水润胀。

这些性质对打浆是有利的。半纤维素的化学稳定性比纤维素更低，更易发生降解。部分聚合度小的半纤维素可以直接溶于稀碱溶液。在制浆过程中要尽量包含半纤维素，其好处是：能提高得浆率；便于打浆，易使纤维溶胀和纵向分丝帚化，减少横向切断；适量的半纤维素可以提高纸的强度。

半纤维素的吸收性小、亲水性好，可以改善纸张的印刷性能。半纤维素的稳定性比纤维素差，不利于纸张的耐久性。一般在造纸过程中，要尽量避免半纤维素的丢失，提高得浆率。在纸浆中含有适量半纤维素，可以提高纸张的强度。

3. 木素

木素存在于木化植物中，如针叶木、阔叶木和草类原料，是一种具有三维空间结构的天然高分子化合物，占植物纤维原料的 20% ~ 30%。从化学结构上说，木素是一种具有芳香性、结构单元为苯丙烷型的三维空间立体结构高分子化合物。构成木素分子有三种基本的结构单元，它们是愈创木酚基、紫丁香基和对羟基苯。

木素的结构与纤维素、半纤维素的结构不同，它是非线性高分子，木素分子就是由上面这三种基本结构单元通过 C—O 键、C—C 键连接起来的立体网状分子。木塑是网状空间立体结构，因而它具有一定的可塑性。木素在植物中起到黏结纤维、增强植物组织强度的作用。在细胞间层中木素的浓度最高，因此要分离纤维，就必须除去木素，这就是化学法离解纤维的原理。木素在化学结构上极不稳定，当它受到温度影响或酸、碱试剂作用时，很容易引起化学变化，即使是在较温和的条件下也会引起木素结构的改变。木素可以提高纸张的不透明度，但是它对纸的白度和亮度的保持有负面作用。

由于木素是疏水物质，在常温下，木素不溶于水，不易溶于稀碱、稀酸溶液，不易吸水润张；在高温下，某种一定浓度的酸或碱可与木素作用而使其溶解。因而，纤维中若木素含量高时会显得硬而脆弱，不便于纤维间的相互交织，这会极大的影响纸材料的性能，所以制浆过程中要一定程度地除去木素，或者通过物理方法处理使之变软。此外，木素保留在成纸中长期受光照日晒，容易被氧化产生发色基团，从而使纸张变黄，这便是新闻纸耐久性差的主要原因。天然状态的木素呈白色，它一旦受到化学或机械作用就会变成褐色或深褐色。因为木素对纸材料的性能有不利影响，故要求在纸材料中的含量越少越好。像报纸中就含有大量的木素，所以报纸存放不久颜色就变暗或者变黄了。总之，纸张中木素含量越多，其耐久性越差。因此，在造纸过程中，要尽量除去植物纤维原料的木素。

植物种类不同，其纤维素、半纤维素、木素的含量是不一样的。有的植物含纤维素高，有的则很低，这就是造纸植物要经过选择的原因。

木材、草类和棉纤维等主要纤维的组成成分如表1－1所示。

表1－1　典型造纸原料的组成

原料 组成		纤维素/%（克贝纤维素）	半纤维素/%	木素/%	灰分/%
木材	针叶木	55～63	16～18	27～30	0.25～0.60
	阔叶木	43～53	22～26	17～24	0.30～0.90
草类	稻草	36～40	18～22.5	10～14	11～15.5
	麦草	40～52	20～21	9.5～12	6～8.5
	甘蔗渣	50～50.9	20.5～26	18～20.5	1.2～2.9
	芦苇	43.7～51	21～23	21～23.5	3.1～4.5
棉纤维		95～97	1	0	0.1～0.2

从表1－1中可以看出，草类纤维的灰分、半纤维素含量较高，而木素、纤维素含量低；木材纤维的针叶木素含量最高，阔叶木的半纤维素含量高；棉纤维差不多全是纤维素，含少量灰分和半纤维素，不含木素。

三、纤维的结构

图1－2示为木材纤维的层次结构。从图上可以看出，纤维间是木素，起黏结作用，纤维间的这一层细胞间隙称为胞间层，该层80%以上为木素，不含纤维素。将植物原料分离成纸浆的过程就是克服细胞间的黏结作用，将纤维细胞离解的过程。在纤维细胞壁的生长过程中，最初形成的细胞壁称为初生壁。初生壁很薄，常把与胞间层相邻的两个初生壁合称为复合胞间层。在初生壁中约含70%的木素和少量纤维素，在初生壁上细纤维完全是无规则取向的。

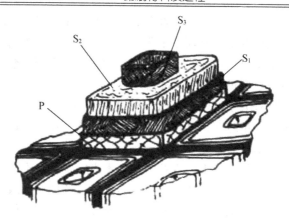

图 1-2　纤维的层次结构

在细胞停止生长后细胞壁继续增厚，这时加厚层在初生壁的内侧，加厚的这一层称之为次生壁。次生壁很厚，由于纤维在壁上的排列方向不同，又把次生壁分为（S_1）、中（S_2）和内（S_3）三层。其中 S_2 层最厚，S_1 和 S_3 层较薄。在 S_1 层上，细纤维的排列呈交叉螺纹状，由 4~6 个薄层组成；S_2 层上细纤维呈单一螺旋取向，绕角比较陡，有几十到一百多个薄层组成；S_3 层包括由螺旋状取向的细纤维组成的几个薄层，并趋向于形成一种交叉的微细纤维结构。经过造纸过程的处理后，纤维的初生壁和次生壁外层都已被破除，存在于纸张中的纤维已是细纤维化的具有良好柔曲性的纤维。

第二节　纸张的辅助成分

一、填料

　　纸是由纤维互相交织而成的。在不加填料的情况下，相互交织的纤维之间不可避免地会有许多大大小小的空隙，使纸材料产生肉眼难以观察的凹凸不平现象，如果这种纸直接用于印刷或应用，印品的印迹会深浅不一，凹下的地方甚至印不上油墨。加入填料后，细小的固体颗粒会填补纸纤维空隙，克服凹凸不平的缺点，使纸面平整、光滑。纸材料也因此有更好的适合印刷的性能，因而包装印刷装演效果更好。

　　一般填料都能使纸材料具有可塑性，在受到压力时，表面可以随压物而变形。这样，纸张和纸板就会具有较好的柔软性，在印刷时纸张和纸板就会有较好的平滑的表面，形成纸材料的植物纤维本身是比较透明的。填料能够降低纸张和纸板的透明性，或者说能够提高纸张和纸板的不透明性，使纸张和纸板不透光从而适于双面印刷。另外，由于填料都是白色颗粒，加入纸材料之后有助于提高纸的白度。大多数印刷用纸要加填料，尤其是那些对光学性质和印刷适性有较高要求的纸张。

1．纸张加填料的目的和作用

（1）提高纸张的白度和不透明度

造纸工业中应用的填料的白度，大部分高于纸张的白度，因此，在配比中加入填料，一般有助于提高纸的白度。由于高级填料具有很高的折射率，加入后能大大提高纸张光散射的能力，因此，能明显提高纸张的不透明度。

（2）提高纸张平滑度

在加紧矿物填料时，纸的平滑度不经压光是不会提高的，但是含有填料的纸，在经过超级压光机以后，与不含填料的纸相比，变得较为平滑。这时因为当压光时，填料粒子填平了纸页粗糙表面的凹处，促使纸页平滑度增加。

（3）增大纸页总的孔隙率

含有矿物填料的纸，通常比不含矿物填料的纸毛细管增多，从而增大了纸页总的孔隙率。通常这也使纸的吸收能力增加，降低纸的湿变形，减少纸的卷曲性，提高纸页的干燥速率。

（4）增加对油墨的吸收能力

施加填料后胶版印刷纸对油墨的吸附能力，因纸中填料的增加毛细管增多而提高。所以在这种纸中应该限制填料含量的上限，以防止在胶版印刷过程中油墨渗透到纸的另一面。

（5）提高纸张紧度

纸的紧度是随着所用填料的密度、纸中填料量和分散度的增加而提高。尤其是在超级压光之后，紧度提高很多。

（6）降低纸张成本

通常矿物填料的价格比纸浆便宜，因此用滑石粉或其他廉价的填料来代替一定量的植物纤维，具有一定的经济意义。

但由于填料粒子的加入减少了纤维间的交织和氢键缔和，因此，填料加入过多会导致纸张强度的降低，包括机械强度和表面强度，表现为抗张强度、耐折度下降和在印刷中容易产生掉粉、掉毛或拉毛现象。

2. 常用的填料种类

常用的填料要满足印刷的要求，印刷用纸的填料具有下列性质：高白度、高折射率、颗粒微小、水溶能力低和较低的密度。此外还应具有良好的化学稳定性，防止与纸中组分以及造纸过程中的其他组分发生反应。目前用作填料的原料非常广泛，从价格低廉的滑石粉到价格昂贵的优质钛白粉都有，最常用的有高岭土、碳酸钙、钛白粉和滑石粉。此外，还有少量的无定形硅石、硅酸盐、三羟基铝、硫酸钡和碳酸钙也可以作为填料。

3. 填料对纸张性能的影响

填料与纤维相比，其颗粒更细小，密度和硬度也比较高，光学性能方面也优于纤维，但它们不能形成氢键结合，这些因素都会在一定程度上影响成纸的性质。沉积在纤维网络中的填料例子的粒径、粒径分布状况和粒子形状都会强烈地影响所生产的纸材料的性质，纸材料的结构、强度和光学性质在很大程度上取决于上面几个因素的相互作用。

就对纸材料的性质影响而言，加填料有其有利的一面，如填补缝隙、增加白度、平滑度和不透明度等，这些有助于提高印刷品质量。另外，填料的加入不仅可以在纸页中形成更多细小的毛细孔，而且会改变原先小孔的分布不均匀的情况，使吸收更均匀。另外填料粒子比纤维更易被油墨润湿，因而加入填料的纸材料对油墨的亲和力可以进一步增强。此外，纸材料的柔软度和形状稳定性随着填料的加入也能得到一定的改善。当然加填料也有不利的一面，主要是会减低纸张强度，同时也会影响施胶的效果，在印刷过程中表现为易发生掉粉、掉毛现象。印刷中填料粒子从纸面脱落下来传递到印版或胶印橡皮布上，会发生糊版现象，严重影响工作效率。而且，由于填料都是一些具有一定硬度的矿物质，必然对印版有一定的摩擦作用，导致印版磨损，影响耐印力。

（1）填料对结构和强度的影响

填料以三种不同形式存在于纤维网络中，填料可能仅仅填充在纤维网络的空隙中，而与周围物质不发生任何相互作用，但这种夹杂在纤维网络中的填料仍可增强纸材料对光的散射性能。如果填料是以很薄的而且扁平的形式镶嵌在纤维间就不会对纸材料的机械性质和光学性质有任何影响，这是一种比较理响的情况，一般不存在。通常，填料粒子在纤维网络中的排列是无规律的，结果就导致了纸材料的厚度增加，光散射能力增加。

由于填料的密度一般比纤维的密度高，当纸材料的定量不变时，随着填料量的增加，纸材料的松厚度会有所降低。填料的粒径和颗粒形状都会影响纸材料的厚度，通常块状填料比扁平状填料更有利于纸材料厚度的增加。

　　然而加入填料也会给纸张带来一些弊病，即降低了纸张和纸板的理论强度。因为填料的加入，既不能参与形成氢键，又降低了纤维之间的接触面积，使纤维的结合力下降，纸张和纸板的强度降低。纸材料的强度性质取决于纤维间结合程度，纸材料加填后，如果填料不能与纤维形成有效的结合，就会使得纸材料的强度下降，并且由于纸中产生了结构的缺陷、孔隙，使得纸内应力增加，也在一定程度上导致了纸材料强度的下降。若定量不变时增加加填量，由于单位体积内的纤维含量相对减少，也会引起纸材料强度下降，填料粒子的粒径越小，强度下降越明显。另外，块状填料比扁平状填料对纸材料强度的影响大。增加加填量和减少粒径会降低纸张的抗张强度。纸材料撕裂强度的形成主要取决于纸页中纤维的结合强度，与抗张强度相比，加添料对撕裂度的影响比较小。因为对未加填是需要断裂结合良好的纤维，加填料后的纸则是将结合不好的整根纤维拉出，前者所做的功并不比后者多。此外，加填料使挺度有所下降。

　　（2）填料对颜色性质的影响

　　①不透明度。不透明度是指纸材料不透光的性质，纸材料的不透明度取决于纸材料对光的散射能力。在纸张中加入折射率大的填料，与纤维结合后，增加而来纸张内部光散射界面的数量即存在纤维与空气间、填料与纤维间以及填料与空气间三类不同的界面，其中填料与空气间的折射率的差值是最大的，使得光线在填料与空气界面上的散射最大，从而导致了纸材料不透明度的增加。

　　填料粒子的大小和在纸页中的分散情况决定了其在纸页中光散射能力的大小。填料粒子越小，光通过空气与填料界面的次数越多，从而散射能力越大。对于那些粒径比照射光波长更小的填料粒子，散射能力是随粒径的增加而增加的；而对那些粒径比照射光波长大的填料粒子，散射能力是随着粒径的增加而减少的，因此，要使纸材料获得最大的不透明效果，填料颗粒的粒径最好为观察光波长的一半左右，即相对于普通光，取得最大不透明度的填料粒径范围为 $0.15 \sim 0.50\ \mu m$。

　　另外，填料粒子间的絮聚必然会增加粒子间的光学接触，减少纸材料光散射界面的数量，从而大致纸材料不透明度的下降。随着纸材料中填料的增加，填料结块程度也将增加，填料在纸材料中的使用效率会降低。

　　②白度。用于造纸中的填料如碳酸钙、钛白、锌白等均为白色颜料，因而填料的加入能增加纸材料的白度。白度的增加程度取决于填料的白度、填料的粒径与遮盖能力以及浆料的白度和打浆程度。如果填料加入到低白度机械浆中，那么制得的印刷纸的白度随填料加入量的增加有所增加。如果将这些填料

加到高白度的浆料中，填料对纸材料的白度的增加效果将降低。

（3）填料对表面性质的影响

纸的表面性质对印刷和涂布过程有很重要的作用。通常，填料可以提高纸特别是压光纸的平滑度；同时，填料的加入能使纸材料对水和油墨的吸收更为均匀。

纸材料的孔隙率的高低决定了其表面的平滑度以及吸收性的好坏。填料对纸张孔隙率的影响取决于填料颗粒的尺寸和形状，粗大的颗粒（特别是碳酸钙）会增加孔隙率，而细小的扁平颗粒（尤其是细高岭土）则会减少孔隙率。

印刷纸需要一定的纸页密度，可以通过加填和压光来控制。同时，在印刷过程中因为对油墨吸收不好而产生的透印问题，可以通过加填来解决。某些特殊的填料（如煅烧的高岭土、硅铝酸钠）对解决透印问题特别有效，这些填料可吸收油墨，阻止它穿过纸页。

填料也会在很大程度上影响纸的印刷性能，扁平状的填料，特别是加在凹版印刷的超级压光纸中的滑石粉，可有效地减少印刷过程中的漏印。

二、胶料

用植物纤维生产的纸材料，因纤维本身存在大量的容易吸湿的毛细孔，而且由于构成纤维的纤维素、半纤维素含有大量亲水的羟基，所以极易吸收水或其他液体。如果不在造纸过程中加入其他辅料即胶料，那么在这种纸材料上进行书写或印刷时，墨水或油墨就会迅速浸透和扩散，造成字迹图像模糊不清和透印。因此，在造纸过程中有必要引入化学添加剂即施胶。施胶分为内部施胶和表面施胶两种。

施胶的主要目的是使纸张具有一定的抗水性能。不管采用何种施胶方法、何种胶料，使纸张获得抗拒液体渗透性能的原理是相同的，都是通过减少液体在纸面的扩散和渗透来达到目的的。

1. 内部施胶

当化学品被加入造纸原料，并且在造纸系统的内部采取适宜的方法将其保留在纤维上的方法称为"内部施胶"，它是相对于表面施胶而言的。在生产实践中，内部施胶是最常用的施胶方法。内部施胶的目的在于改变纤维的表面以便控制含水液体向纸内的渗透。

内部施胶的目的是为了改进纸材料对水的渗透的抵抗能力，以便在纸加工操作中（例如表面施胶和涂布）限制纸对液体的吸收，或赋予成品纸憎水性。内部施胶使用的胶料很多，当今最常用的三种内部施胶剂是松香、烷基烯酮二聚体（AKD）和链烯基琥珀酸酐（ASA）。

（1）松香胶料

松香是内部施胶最常用的一种胶料。它是由多种化合物组成的复杂的混合物，由于其来源和分离方法的不同，其组成也不同。松香的主要成分为松香酸。

由于松香本身不溶于水，必须将其进行处理，使其能够分散于含水的抄纸系统中。有两种方法能够达到这一目的：

①用碱法氢氧化钠对松香进行皂化，生成水溶性皂胶即碱性树脂酸盐。

②将松香分散为微小颗粒的游离树脂酸乳液。在这种情况下，通常需要使用保护性胶体以使产品保持稳定。因为它们的化学结构中存在酸性基团，所以水悬浮液中造纸纤维的行为如同阴离子。无论是可溶性的酸性树脂盐或者是不溶性的分散游离酸形成的松香胶，都是阴离子性的，因此它们对纤维素纤维或木质纤维无固有的亲和能力。为了使纸材料具有良好的性能，必须借助硫酸铝或阳离子矾土絮凝体将松香沉淀定着在固相表面。施胶是属于表面化学的一部分，为了获得较好的施胶效果，必须认真考虑用松香和明矾施胶中涉及的许多化学和物理的因素。

（2）烷基丁二酸酐（ASA）

ASA 不溶解于水，造纸前要进行乳化。最好是 ASA 与淀粉胶配比使用。

（3）烷基烯酮二聚体（AKD）

烷基烯酮二聚体能与纤维素的羟基反应形成 β - 酮酯，而烷基烯酮二聚体也能与水反应形成不稳定的 β - 酮酸，再脱去羟基进而形成相应的酮（例如硬酯酮或棕榈酮）。浆料中 0.005% ~ 0.008% AKD 可以产生相当好的施胶效果。

（4）其他胶料

其他用于内部施胶的胶料有：石蜡胶、石蜡松香胶盒沥青胶等。用于施胶的石蜡为石油副产品，内部施胶多选用正链石蜡胶。石蜡胶可以单独使用，但更多的是与松香胶匹配使用，即石蜡松香胶。石蜡胶和石蜡松香胶既能赋予纸材料较高的憎液性能，又能提高纸材料的柔软性、弹性和光泽度，但纸材料的强度会受到影响。它主要用于熟肉制品包装纸、标签纸、标语纸和食品包装纸等，用于印刷的比较少。沥青胶主要用于防水纸板、箱纸板等。

2. 表面施胶

常用的表面施胶剂有以下几种。

（1）淀粉

天然未改性的淀粉黏度比较高，流动性差，容易聚凝，用水稀释后容易沉淀，这对于造纸工艺来说是非常不利的，故在表面施胶中常用各种改性淀粉，包括氧化淀粉、阳离子淀粉、阴离子磷酸酯淀粉、酶转化淀粉等。

①氧化淀粉。用氧化淀粉作为表面施胶进行施胶，可以显著提高纸材料的强度，减少纸材料在印刷中的掉粉掉毛现象，提高纸材料的平滑度，使纸材料表面更加细腻，并且可以提高纸材料的适印性，使印刷色彩鲜艳悦目。由此可见，氧化淀粉是一种良好的表面施胶剂。氧化淀粉可以单独使用，也可以与聚乙烯醇配合使用。由于氧化淀粉耐水性差，为了提高施胶后纸材料的抗水性，可以与脲醛和三聚氢胺甲醛树脂配合使用。

②阳离子淀粉。由于阳离子淀粉是带有正电荷的施胶剂，可以与带有负电荷的纤维紧密结合，表面施胶后可以改善纸材料的印刷性能，使其具有良好的印刷均匀性，而且清晰度好，不易透印，色泽鲜艳，印刷时掉毛掉粉少。由于阳离子淀粉对纤维有很强的附着力，在处理涂有阳离子淀粉表面施胶，还可以提高纸材料的干燥速度，缩短干燥时间并提高纸材料的强度。

③阴离子性磷酸酯淀粉。磷酸酯淀粉胶液即使在高浓度时也不凝结，用水稀释时不产生沉淀，有良好的性能稳定性，除可作为表面施胶剂外，也可以作为浆内施胶剂，可以明显提高纸材料的干强度，而且成本较低。

④酶转化淀粉。酶转化淀粉是一种性能很好的表面施胶剂，在进行表面施胶时，由于其胶液黏度较低，有良好的流动性，透明度也较高，因此，不但可以吸附在纸面纤维上，还可以向纸内进行渗透，在一定程度上提高了纤维间的结合力，也能改善纸的表面强度和外观。

⑤其他用于表面施胶的淀粉由：羟烷基淀粉、双醛淀粉、乙酸酯淀粉、醋解淀粉等。

（2）动物胶

动物胶是从动物的骨头、皮或筋中提炼出来的一种蛋白质。上等的皮胶和骨胶色浅而透明，又称明胶。动物胶用于表面施胶，可以使纸张具有比较强韧的表面，能有效地改善纸页的书写和耐擦质量，提高纸材料的表面强度和改善表观。利用动物胶进行表面施胶也可以改善纸张的物理强度，如耐折度和抗张强度等。

（3）改性纤维素

用于表面施胶的改性纤维素主要有羟甲基纤维素（CMC）、甲基纤维素和羟乙基纤维素。

①CMC。与淀粉相同，纤维素的结构单元也是葡萄糖基，而每个葡萄糖基上都含有 3 个游离羟基。正是有了这些羟基的存在，才使得许多淀粉的改性得

以实现，从而获得了许多未改性淀粉所不具有的性能。用 CMC 进行表面施胶，能提高纸材料的机械强度，同时也能改善纸材料的抗油性和吸墨性，而且可以使成膜强度增大。在生产实践中，CMC 可以单独使用，也可以与聚乙烯醇、聚丙烯酰胺、脲醛树脂等混合使用，以进一步改善纸页的施胶和增强效果。

②甲基纤维素。在碱性条件下，纤维素与氯甲烷进行反应生成甲基纤维素。甲基纤维素是白色的粉末，易溶于水，可以作为表面施胶剂。因为甲基纤维素能在纸材料表面形成一层强韧、不透油的膜，从而可以显著减少纸材料表面的气孔度。正因为有不透油的膜，因此，主要用于抗油和脂类的纸材料的表面施胶，也用于对于复写纸原纸进行的表面施胶。甲基纤维素还可极大改善印品上的油墨光泽度，如果与淀粉、动物胶等表面施胶剂混合使用，也会产生较好的施胶效果。

③壳聚糖及其改性物。壳聚糖是由甲壳素脱乙酰基而得。壳聚糖作为一种理想的表面施胶剂，具有许多其他施胶剂所不具备的优点。因为壳聚糖分子中含有阳离子基，可以对纸材料中带负电荷的纤维产生亲和力，与纤维素分子上的羟基进行反应，产生较强的氢键结合；同时壳聚糖具有良好的成膜性，而且膜的强度很大，可以提高纸材料的表面强度；由于壳聚糖所含成分的分子量从低至中等都有，使得胶液有良好的流动性；很重要的一点是，壳聚糖来源丰富，并且无毒，是一种很有前途的表面施胶剂。

④其他改性淀粉。其他改性淀粉主要包括羟乙基纤维素、海藻酸盐、蜡乳液、松香胶等。

（4）合成表面施胶剂

这些表面施胶剂主要是水溶性的合成聚合物，有很好的施胶效果。如果使用阴离子型表面施胶剂，则它们可与纸层内的硫酸铝或其他阳离子型聚合物中阳离子部分结合；使用阳离子型表面施胶剂时，它们可与纸层内的阳离子部分即纸张纤维本身进行结合，从而起到了很好的成膜作用，有助于提高纸材料的表面强度。

①聚乙烯醇（PVA）。PVA 是一种效果极佳的表面施胶剂，利用其进行表面施胶，可以大大提高纸张的表面强度。如果施胶量为 $1\ g/m^2$，IGT 表面强度就可达 $100\ cm/s$。原因在于 PVA 分子中也存在许多羟基，这样就能与纤维素分子中的羟基进行缩聚反应，形成很强的氢键结合。PVA 的胶黏强度和成膜性都很好，PVA 的胶黏强度越高，纸材料获得的表面强度也就越高。另外，用 PVA 表面施胶后，纸材料的抗油性、抗透气性也都强于用淀粉进行的表面施胶。

②聚酯胺。聚酯胺是一种新型的表面施胶剂，和其他表面施胶剂一样，也可以改善纸材料的许多表面性能，如可增加表面强度、抗掉毛和抗涂料渗透等。同时，用聚氨酯进行表面施胶还可以降低生产成本，用较少的用量产生较高的施胶度，也可减少浆内施胶的松香的用量。一般情况下，聚氨酯如果与一种或几种施胶剂共同使用，效果就会非常显著。

③其他合成表面施胶剂。其他合成表面施胶剂主要包括聚丙烯酰胺（PAM）、烷基烯酮二聚体（AKD）等。

如果选用淀粉、羟甲基纤维素（CMC）、聚乙烯醇（PVA）等进行表面施胶可以很好地改善纸材料的印刷性能。

如果选用聚丙烯酰胺（PAM）、淀粉等进行表面施胶可以进一步改善纸材料的干湿强度。

如果选用羟甲基纤维素、海藻酸钠、甲基纤维素、氧化淀粉等进行表面施胶可以改善纸材料的印刷光泽度和印刷发色性。

表面施胶的实施就在造纸机的干燥部分，在纸材料的表面涂上一层施胶剂，经干燥后，施胶剂便在纸或纸板表面形成一层胶膜。由于表面施胶剂的种类繁多，性质各异，因此，施胶后，纸或纸板的许多性能也会随之得到一定程度地改善，以适应不同的印刷需要。表面施胶的主要作用为：

①提高纸和纸板的印刷性能。通过表面施胶，可以使纸的表面平滑细腻、表面强度增加，这是提高纸材料印刷性能的重要方式。这样在印刷过程中就可以减少掉毛、掉粉现象，同时通过选择适当的胶料，还可以使纸对所用的油墨的吸收性能适当，从而使印迹清晰、颜色均匀、鲜艳。这对纸张来说非常重要，表面的平滑可以实现更高分辨率的图像的印刷，图像的细节表现更完整。

②改善纸和纸板的抗油和抗水性能。在造纸的过程中，选择抗油性胶料表面施胶，可以提高纸和纸板的抗油性；而选择抗水胶料进行表面施胶，则可以提高抗水性，同时也可以实现较好的纸张尺寸稳定性。由于胶版印刷和某些特殊用途的纸张（如地图纸、海图纸、制图纸、水彩画纸、邮票纸等），均要求有较高的尺寸稳定性，因此可以说，尺寸稳定性也是改善印刷性能的一个方面。

③提高纸和纸板的机械强度。由于在表面施胶时，施胶剂可以渗入到纸页内的纤维间隙中，故表面施胶也可以提高纸和纸板内部纤维间的结合强度、挺硬度、抗张强度及耐折度等强度性质，特别是化学结构中含有—OH 的胶料，可以和纸张纤维中的—OH 结合形成氢键，提高纸张的强度。

④表面施胶相当于给纸加盖了一层保护性薄膜，可以提高纸张的耐久性和

耐磨性，有利于提高纸材料的质量。

　　⑤表面施胶可以减少纸张的两面差。一般造纸机生产的纸材料均有两面差现象，纸页的一面比较平滑细腻，另一面则比较粗糙，从而影响使用效果，表面施胶可以使两面均比较光滑，从而使两面差较少，提高纸材料的印刷适性。

　　另外，由于内部施胶难免有胶料流失，而表面施胶则没有这种现象，故表面施胶可以节省胶料，减少材料的流失。

三、色料

　　色料通常是指颜料与染料。加入到纸张中的色料实际上是指用于改变和调整纸张颜色的物质。调整和改变纸张的颜色，又称调色和染色。调色是指使用少量染料利用"互补色"原理对纸张进行颜色的调整，使纸张的白度提高。因为纸浆纤维总是略呈黄色至灰白色，即使经过漂白处理，其白度仍不能令人满意。白色的纸张经过调色处理，不仅可提高纸张的白度，而且可使生产的每一批纸张保持一定的色度。染色是指利用色料改变纸张颜色的工艺。为了生产有色纸，如有色书皮纸、包装纸、广告纸、彩色褶皱纸等都要进行染色。所谓染色，就是指在纸浆中加入某些色料，使纸张具有某种所需要的色泽。具体地说，纸浆染色具有两种含义：即生产白纸时的"显白"和生产色纸时的"调色"。

　　纸浆纤维一般是呈黄色，即便是经过漂白处理，仍不能完全避免。这是因为纸浆纤维中所含木质素倾向于吸收波长为 4 000～5 000 A 的蓝紫色光所致。纸浆中木质素愈多，其色泽也就愈深。如果在稍呈黄色的漂白浆中加入适量的蓝紫色染料，吸收波长为 5 000～6 000 A 的黄色或橙色光，即能起互补作用，使其在肉眼观察下反映出较纯白色。有时纸浆呈现黄绿色或淡蓝色，可加用桃红染料，也能起互补作用，呈现出较高的白度，这些做法称之为"显白"。

　　"显白"与生产色纸的"调色"有所不同。生产色纸时，要在纸浆中加入一种色料，使共有选择地吸收可见光中大部分光谱光，未被吸收而被反射出来的光谱光，即为所需色泽，这是生产色纸的基本原理。

四、其他助剂

　　为了适应纸物料某些特殊用途的需要，往往在纸浆或纸中掺用各种类型的非纤维件添加剂。这些添加剂按用途分，主要有以下几种：

　　①湿强剂：在抄纸中，为了增加纸页的湿强度而加入的助剂，如脲醛树脂、三聚氰胺树脂和酚醛树脂等。

②干强剂：为了增加纸页的干强度而加入的助剂，如阳离子粒粉、聚丙烯酰胺等。

③助留剂：为了减少造纸过程中填料和细小纤维的流失而加入的助剂，如聚丙烯胺、聚氧化乙烯和聚乙烯亚胺等。

④消泡剂：用于在造纸过程中消除产生的泡沫而加入的助剂，如硅油、松节油、十三醇、磷酸三丁酯，戊醇和辛醇等。

⑤抗水剂：用在要求具有较高抗水能力的纸中而加入的助剂，如石蜡、金属皂、乙二醇、三聚氰胺甲醛树脂和丙烯酸二甲胺基乙酯等。

第三节　　纸张的生产工艺

一般印刷纸的生产分为制浆和造纸（有的也叫抄纸）两个基本过程。制浆就是用机械的方法、化学的方法或者二者结合的方法把植物纤维原料变成本色纸浆或漂白纸浆。其主要的任务就是将纤维从原材料中提取、漂白，使纤维适合造纸；抄纸则是把悬浮在水中的纸浆纤维，经过各种加工结合成符合要求的纸页。制浆又分为备料、纤维提取、漂白、打浆等过程。抄纸是在纸浆中加入改善纸张性能的填制、胶料、施胶剂等各种辅料，并再次进行净化和筛选，最后送上造纸机经过网部滤水、压榨脱水、烘缸干燥、压光卷取，并进行分切复卷或裁切生产出卷筒纸和平板纸的过程，如果要生产涂料印刷纸，则需要在纸机干燥部分或生产成卷筒纸后经涂布加工而实现。

造纸，就是将植物经过加工处理并添加有关的物质后而制得纸张的整个过程。然而造纸是一个多工艺的工业，一般来讲，造纸工业由制浆、造纸两大部分构成。印刷纸的基本原料是植物纤维，它是由细长植物小纤维相互交织起来的纤维薄层所形成的薄膜物质。造纸是将植物纤维原料加工处理成细小的纤维，并加入适量的添加剂抄制成薄膜状物质的过程。纸张是经过制浆和造纸两大生产过程制造出来的，其工艺流程如图 1－3 所示。

一、制浆的工艺过程

制浆就是利用化学、机械或者二者相结合的方法将植物原料离解，变成以纤维为主体的漂白浆或本色浆的生产过程。其生产工序主要有原料储存、备料、离解、洗涤、筛选和漂白等。

①原料储存：根据储存地区资源和造纸的要求，选择、收集并储存所需的

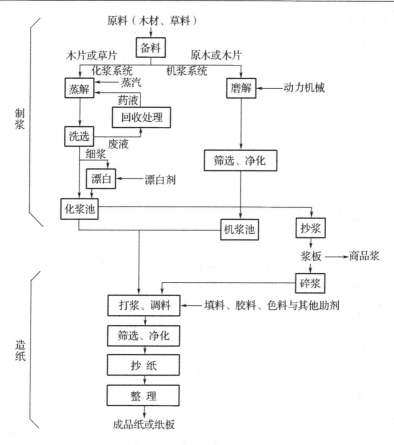

图 1-3 造纸工艺流程图

植物纤维原料，一般造纸厂应储存可供一个月以上生产的原料。

②备料：实质上就是制备制浆所需的原料量，在这一阶段，储存的原料被去皮除枝及除尘，并切成制浆所需的长短与大小，有时还需进行预处理。

③离解：通过不同离解方法，植物原料被分离出纤维浆料。离解的方法不同，所得到的浆料性质也有所不同，通常冠以不同的方法以示区别，如机械木桨、化学木浆等。

④洗涤：由于用化学方法制取的浆料呈褐色，必须经洗涤工序，用清水冲洗除去浆料中的木质素溶解物和色素，从而使纤维恢复本色。

⑤筛选：利用过滤和沉降的方法，将浆料中未离解纤维束与块以及其他杂物除去的生产工艺。

⑥漂白：利用一定的化学药剂对纤维浆料进行再处理，从而使浆料的白度

大大提高的生产工艺。并非所有的浆料都要进行漂白，所以浆料又分为漂白和未漂白两种。

漂白所用的漂白剂有还原性和氧化性两种，他们的作用有所不同。还原性漂白剂如二氧化硫、亚硫酸盐，只能对浆料中被氧化的木质素分子进行还原，即改变木质素分子中的发色基团的结构。这种存在着木质素的浆料在空气中会被氧化，仍会返黄。所以，这种方法只能使浆料暂时漂白，主要用于得浆率高的机械木浆。化学木浆一般采用氧化性漂白剂漂白。氧化性漂白剂如漂白粉，次氯酸钠，这类漂白剂主要是进一步除去浆料中残存的木质素，从而提高纤维素的纯度，是白度稳定性好。

二、制浆的方法及常用的浆料

1. 机械法

机械法就是利用机械摩擦力磨解植物原料而得到纤维浆料的方法，所得的浆料统称为机械浆。用木材为原料磨解出的浆料称为机械木浆或磨木浆，以草类为原料的称为机械草浆。磨木浆是将一定长度的去皮原木在磨木机中由旋转的磨石将木材磨解成纤维，再用水冲洗下来所得的浆料。

机械木浆在造纸工业中占据重要的地位，主要原因是，所得的浆料中基本包括了木材的所有成分，得浆率高达 90% ～ 98%，不使用化学药品对环境污染小，设备和生产工艺简单，成本低廉等。另外，用磨木浆抄造的纸张具有组织比较均匀，质地松软，可压缩性强，吸收性好，不透明度高等优点。但是，由于浆料中短小纤维多、纤维中木质素未被去除，所以成纸后的纸张存在机械强度比较差，且弹性较小，伸缩性大及易发黄发脆的缺点。

机械木浆中又分为本色磨木浆和褐色磨木浆，最常用的是本色磨木浆。本色磨木浆的纤维僵硬且有一定的脆性，木质素含量较高，纤维长短不一且短小纤维比较多。其主要用于新闻纸的抄造和白纸板的中层和底层，在其他纸张中较少应用。凸版印刷纸和书籍纸中掺入少量这种浆料，以提高纸张的可压缩性和吸墨性。褐色磨木浆的基本性质与本色磨木浆相似，但经蒸汽预热处理后，可使纤维较柔软，浆料的颜色呈褐色，漂白较困难，所以主要用于抄造黄纸板等。

2. 化学法

化学法是利用化学药品与植物纤维原料放入蒸煮容器中蒸煮，从而将原料中的木质素溶解除去，使原料纤维彼此分离出来成浆的方法。用这种方法制得的浆料统称为化学浆，并按原料的不同，有化学木浆和化学草浆等之分。

根据制浆所用化学药品的不同，又分为碱法制浆和酸法制浆。

碱法制浆主要用烧碱和硫化钠的混合液与木材或其他原料共同进行蒸煮。碱法制浆主要用烧碱（NaOH）和硫化钠（Na_2S）的混合物对木材蒸煮，进行脱木质素作用。由于在碱回收过程中以廉价的硫化钠作为补充药品，故也称为硫酸盐法。此法应用较广，既适用于处理针叶木，又适于处理阔叶木及草类原料。

用碱法制得的纸浆较用亚硫酸盐法制得的纸浆物理强度好，抗热性好，但颜色较深，不透明性较差，纸浆得浆率低，要制成漂白木浆需要采用技术上较复杂的多段漂白。目前我国国内碱法制浆约占纸浆总产量的75%。

碱法制的纸浆用途较广。针叶木本色硫酸盐浆常用作纸袋纸、电缆纸、电容器纸、包装纸等。针叶木漂白硫酸盐浆常用于文化用纸，阔叶木与草料硫酸盐浆，也是大多用于文化用纸。

酸法制浆又称为亚硫酸盐法，亚硫酸盐法制浆主要采用亚硫酸（H_2SO_3）和亚硫酸氢钙 Ca（HSO_4）$_2$ 溶液和木材共同蒸煮，进行脱木质素作用。亚硫酸盐纸浆具有纤维长，柔软并有良好结合力，以及容易漂白等优点。

未漂白的亚硫酸盐木浆含有一定的木质素等嵌合杂质，呈灰黄色，其纤维较硬而韧，可与机械木浆混合制造新闻纸。从而提高新闻纸的机械强度，也可与其他化学浆搭配制造凸版印刷纸等。

漂白亚硫酸盐木浆，纤维洁白纯净、柔软，是用来制造胶版纸、书写纸、凸版印刷纸的主要原料之一，也可用以制造铜版纸的原纸。半漂白纸浆和其他化学浆料搭配用来制造一般胶版纸。

用化学制得的浆料较多，通常有化学木浆、化学草浆、破布浆等。化学木浆主要有硫酸盐木浆和亚硫酸盐木浆两种。硫酸盐木浆是一种以针叶木、阔叶木为原料，用硫酸盐法制得的浆料。亚硫酸盐木浆是以针叶木中的杉木和阔叶木中的杨木和桦木为原料，用硫酸盐法蒸煮而制得的浆料。

除化学木浆外，化学草浆也是我国造纸业所用的一大原料。常用的化学草浆主要有化学稻草浆、化学麦草浆、化学苇浆、化学甘蔗渣浆。

3. 化学机械法

化学机械法包括半化学法和化学机械法两种。制浆时都是先用化学药品对原料进行预处理，然后再用机械方法进行进一步磨解，主要用于阔叶木和其他茎秆类纤维原料的制浆。由于化学处理条件比较温和，得浆率较高，可达60%～85%。但是，与化学浆相比，其纤维束较多，木质素还大量存在，不适宜于抄造高级的纸张。目前已成功地用化学机械浆抄造了新闻纸、包装纸和各种包装纸板等。

此外，还有化学竹浆化学高粱秆浆和化学龙须草浆等，都有各自的特性，有的特性必然会影响着纸张的性质，这也是应了解各种浆料特性的关键所在。

制浆工序所得的产品是浆料，浆料不仅是造纸的基本原料，还是其他工业的生产原料。就造纸而言，浆料的质量与性质直接影响成纸的质量和性质。而浆料的性质除了与选用的纤维原料有关外，还与制浆方法和其制浆工艺中各阶段工序的处理有关。

三、纸页的抄造工艺

由制浆工艺得到的浆料还不能直接用于抄纸。因为浆料中的纤维僵硬，弹性好，缺乏必要的柔顺性，抄成的纸结构疏松、多孔，表面粗糙、强度较低，不能满足使用要求，须对纤维浆料进行再处理，并根据纸张的用途和要求，在以适当的纤维配比和加入适量的添加剂后，才能成为抄纸用的纸浆。

1. 打浆

打浆就是采用机械的方法将浆料中的纤维切短、压溃，从而提高纤维的均匀度和纤维的帚化，以利于纤维间的交织。它是在专门的打浆机内进行的。浆料在有水的条件下经过打浆机内的辊刀和底刀，切断并压碎。调节打浆机内辊刀和底刀的距离可得到游离状纤维打浆和黏状纤维打浆。经游离打浆处理的浆料，抄造出来的纸张吸收性强，但强度较低；而采取黏状打浆处理的纸浆，抄造出的纸张强度高，结构紧密，吸收性能则比较差。印刷用纸基本上采用以游离打浆为主，或以二者结合的打浆方式来处理浆料，其目的是提高成纸的均一性、不透明性和达到较小的伸缩性。

打浆是造纸过程中最重要的工段，不仅决定了纸的强度，还决定了纸张的品种。打浆的作用是使纤维细胞壁发生位移变形，破坏初生壁和次生壁外层，纤维润涨和细纤维化，并部分切断。纤维的帚化分为外部细纤维化和内部细纤维化。外部细纤维化的结果是纤维表面和两端分丝，增加了纤维的比表面积，纤维表面游离呈大量具有亲水性能的羟基，在水中通过水的作用形成水桥，在干燥脱水后，转化为纤维之间的氢键缔合使纸张的强度得到提高。内部细纤维化的结果，使纤维变得具有高度的柔软性和可塑性，因而有利于纸页成形时增加纤维之间的交织，干燥后纤维间形成更多的氢键缔合。所以打浆的结果大大增强了纤维间的结合力，提高了纸张的强度，同时，打浆还导致纸张的平滑度增加，紧度增加。吸收性和不透明度下降。这些影响对于印刷用纸来讲，有利有弊，因此，只有根据不同的纸张品种，选择适当的打浆工艺，才能得到具有良好的印刷适性的纸张。

2. 调料的加入

加入调料的目的是从不同的角度改进纸浆和纸张的有关质量指标，但并不是所有的纸张都必须经过调料处理。根据纸张的不同用途要求，向打浆完毕的浆料中加入各种辅料，如胶料、填料和色料及其他化学助剂，以制成适合造纸机抄造纸页的纸料。

3. 纸料的稀释和精选

经调料处理的纸浆还不能直接送入抄纸机造纸，需要进行稀释和最后的精选。纸料送入储浆池内搅拌，如果是由几种不同的纸浆配抄，则在储浆池内完成混合，并将几种浆料充分搅拌均匀，然后送入调节箱中进行纸料浓度的调节，使纸料的浓度稀释到适当的程度，即根据造纸的厚薄或定量，一般纸料的含量为 0.5% ~ 1%。

精选的目的是进一步除去纸料中尚存的尘埃和残存的纤维束，并使纤维均匀地分散于水中形成均匀的悬浮液，以提高纸张的质量。精选是在沉砂箱与筛浆机等设备中进行的。

4. 纸页的抄造和常用的造纸设备

抄纸，就是纸浆形成纸页的过程。在这个阶段，首先要使用分离水的装置把纸浆悬浮液中的水排干，即在造纸机的网部成形，然后再使用真空抽吸、压榨和烘干等方式来形成干燥的纸张。

纸页的抄造方法分为干法和湿法两大类，其主要区别在于湿法造纸以水为介质，干法造纸则以空气为介质，目前绝大多数纸张都是采用湿法抄造的。

湿法造纸机按纸页成形的结构分，一般有长网造纸机、圆网造纸机和夹网造纸机三大类。其中，图 1 - 4 为长网造纸机的示意图。它们由储浆箱、网部、压榨部、烘干部、压光部和卷纸部六大部分组成，区别在于网部。长网造纸机、圆网造纸机是目前我国应用最多的两类造纸机，夹网造纸机是新近发展起来的造纸设备。长网造纸机、圆网造纸机在纸页成形时均采用单面脱水，因而会造成纸页的两面性，而夹网造纸机采用喷浆双面同时脱水，有效地减少或消除了纸页的两面差别，提高了成纸的匀度。

在抄纸的过程中决定了纸张的许多性质，如纤维的排列方向、定量、紧度、平滑度、光泽度、两面性等。

5. 纸张的完成整理阶段

纸张的完成整理阶段包括压光、涂布、复卷、裁切和成令等工序。在实际生产中，每个阶段的生产条件都是复杂多变的，造纸的每道工序都会或多或少

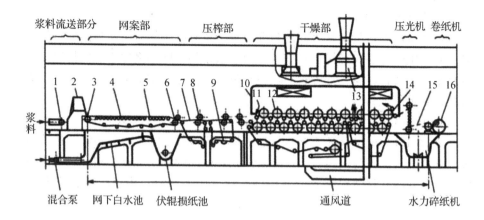

图 1-4　长网造纸机

1. 浆流分布器；2. 流浆箱；3. 胸辊；4. 案辊；5. 真空吸水箱；6. 伏辊；
7. 压榨毛毯；8. 压榨辊；9. 毛毯洗涤器；10. 通风罩；11. 干燥帆布；
12. 烘缸；13. 通风系统；14. 冷缸；5. 纸幅；16. 纸卷

地影响到纸张的最终产品的性质，其中以第一阶段的打浆和精选最为关键，它的工艺对纸张的特性起决定性的影响。当然纸张的原材料的组成也是决定纸性能的一个重要因素。

四、纸页的表面涂布

纸张即使经过超级压光，其表面仍然还不能满足高质量印刷的需要。为了在纸上得到分辨率更高、更为细致的图像，我们需要纸张表面更加光滑。为了实现这一目的，就需要在纸张表面进行涂布。这样得到的纸张称为涂料纸。

涂布是将瓷土、碳酸钙等颜料与胶黏剂、助剂等配合制成涂料，经涂布装置涂于纸页表面而制得的一种高级印刷纸。

1. 涂布的目的

纸浆纤维的粗细长短根据所用原料各不相同，但一般长度为 1 mm 左右，直径为几十个微米。这就是说，非涂料印刷纸的表面具有由纤维大小所决定的粗糙型。而印刷网点的间隔是以线数表示的，如果印刷的网点的线数为 150线，则表示在 1 英寸内有 150 个网点。除了网点和网点相重叠的最浓部分外，中间色调部位的网点直径都在 170 μm 以下，明亮部位的网点的直径就更小，达到几十微米以下。所以非涂料印刷纸表面的凹凸不平将导致部分网点落空或不能完整再现。

网点的线数越多，细微部的还原就丰满充实，也越要求纸张表面具有与网点间隔相适应的平滑性。可见，非涂料印刷纸的表面构造不能适应对细微网点还原要求，也不能达到印刷光泽高、实地部分油墨均匀、画面层次清晰等高级印刷品的高水平要求。因此，需要对非涂料纸进行加工，以使其具备与高娴熟网点间隔相适应的表面平滑性。

对非涂料纸进行涂布的目的，就是在外表具有纸浆纤维形成的凹凸不平和带空隙的非涂料纸上，涂盖上一层由细微粒子组成的对油墨吸收性良好的涂料，以便得到具有良好的均匀性和平滑性的纸面，从而提高纸张对印刷网点的还原能力以及良好的白度、光泽度和不透明度，这些效果随着涂布量的增加而增加。

2. 涂料印刷纸的生产

涂料纸生产的一般过程如下：

原纸的选择—涂料的制备—涂布机涂布—干燥—压光或表面处理—分切或复卷

涂料纸对原纸的总的要求为：在涂布机上能顺利进行涂布，涂层均一；用尽量少的涂料，能获得合乎要求的，质量均一的涂料纸。

用于涂布的涂料必须具备是原纸得到较好的涂布，形成平滑的涂料层的特性；同时，又要具备良好的油墨接受性，印刷时顺利地得到预期的效果。

构成涂料的成分为：颜料、胶黏剂和助剂。

颜料是涂料的主要成分，占 70% ~ 80%。它是决定涂料纸油墨接受性、平滑度、光泽、白度和不透明度的主要成分。用作涂料的颜料主要有高岭土、碳酸钙、钛白和锻白等，其粒径一般在 $1 \sim 2 \ \mu m$。胶黏剂在涂料中的作用是使颜料粒子间相互黏结，使涂层与原纸之间黏结不牢，进而会发生掉粉掉毛现象。脱落的纸粉纸毛堆积在橡皮布上使图像变得粗糙；如果涂层与原纸间黏结不牢，则会在印刷中产生拉毛现象。只要涂料中黏结用量足够，就不会发生上述现象。颜料要求有：高分散性和细小的颗粒，低吸收水分性能且水分含量低，高化学稳定性，和其他涂料成分的兼容性，良好的光反射性，高不透明度，价格便宜等性能。

胶黏剂价格高于颜料，因此从经济的角度应把胶黏剂的用量控制在最少的需求量上，一般约为颜料的 20%。此外，胶黏剂也会影响涂料纸的油墨接受性和光泽等质量指标。目前常用的胶黏剂有淀粉、干酪素、聚乙烯醇和合成树脂胶乳等，其中黏结力最强的是聚乙烯醇。

在实际生产中，为了改进颜料的分散性，提高涂层的耐水性，以及改善涂料的流动性还加入了不同用途的助剂。这些助剂主要有分散剂、耐水剂、流动性剂和润滑剂等。其中润滑剂是为了改善超级压光的上光效果。

涂布作业按涂布机与造纸机的关系分为机内式和机外式，按涂布次数分为单层涂布和双层涂布。机内式涂布就是在造纸机上装有涂布机，使造纸机与涂布连续进行；机外式涂布就是涂布机与造纸机是完全分开的。双层涂布的纸张比单层涂布的纸具有更好的印刷适性，是提高涂料纸质量的有效方法。用于涂布作业的涂布机主要有辊式涂布机、气刀涂布机、刮刀涂布机和喷式涂布机四种。

涂料涂布于原纸表面后，一般采用红外线干燥或热风干燥，或采用这些干燥方式干燥到一定干度后，再用烘缸进行接触干燥。

涂布加工后，还必须进行表面的压光处理以提高涂料纸的光泽度。最常用的压光方法为超级压光。超级压光机由多个金属辊和纸粕辊组成，纸张在辊与辊之间通过时受压力和摩擦力作用产生光泽。无光涂料纸不进行超级压光，或进行轻微的压光。

第四节　纸张的结构

一、纸张的结构特点

纸张的结构是指形成纸张整体的元素和分布，研究纸张的结构就是研究构成纸张的元素，如纤维、填料等及其这些元素组分在整个纸页上的排列和分布。纸张的结构由造纸原料和造纸工艺决定，而纸张的结构决定了纸张的性能，从而决定了纸张的使用效果。也就是说，具有不同结构的纸张将具有不同的用途。

纸张是一种非匀质材料，其结构是相当复杂的，具有以下几个方面的特点：具有多相复杂的结构元素，在纸的成分中含有较长的、也有较短的不同来源的纤维，以及填料、胶料和色料托高，其中纤维是纸张结构中最基本的元素，纤维原料的种类和加工方法不同，纸页的结构性质也各不相同；结构元素在3个相互垂直方向上的分布各向异性，表现为纤维的排列方向不同，不同尺寸的纤维分布不同，以及填料、胶料、色料和空气含量等的不同和分布的不同；具有孔空隙结构，这是纸张能吸收水、水蒸气、油墨等液体物质的基础；

结构元素之间存在结合力，如纤维间交织力、纤维间氢键缔合力、分子间作用力等，这些作用力是纸张的强度的基础；大多数纸张的结构都具有两面性，即纸页的两面具有不同的结构性能。

二、纸张的正面和反面

纸张有正、反两面，正面为毛布面，反面为网面。反面由于在纸页成型过程中与网接触，而使纸面产生网印，因此反面总是比较粗糙，也比较疏松；而正面则比较平滑、紧密。正、反面的各种性质都不一样，纸张的这种两面不均的现象，称之为纸张的两面性。产生纸张两面性的原因是由于在纸页成型过程中单面脱水，网面细小纤维与填料流失所致。

纸张的两面性对印刷纸质量的影响很大，它可导致印刷品质量的不均匀性，不利于印刷品质量的控制。表1-2中列出了几种字典纸正反面平滑度、表面强度及着墨效果的差别。从表中可见，纸张的正面平滑度较高，着墨效果较好，但表面强度较反面低，即在印刷中更易发生拉毛现象。相反，纸张的反面则较为粗糙，着墨效果较正面差，但表面强度较高，在印刷中不易发生拉毛现象。在实际印刷中我们也常常会发现，当采用B—B型轮转胶印机印刷书刊或报纸时，与纸张正面接触的橡皮布表面的掉粉掉毛现象要比另一面严重得多。

表1-2　几种字典纸的正反面差别

产地		瑞典	英国	日本	黄台（中国）		龙游（中国）
定量		42.2	44.5	42.2	41.5	42.0	42.2
平滑度	正	75.0	37.4	159.0	157.0	156.0	50.7
	反	46.6	24.0	93.2	139.0	127	29.4
拉毛速度	正	55	78	50	50	48	79
	反	91	95	62	69	66	85
印刷密度	红色 正	0.44	0.40	0.58	0.64	0.65	0.31
	红色 反	0.42	0.37	0.58	0.62	0.55	0.28
	蓝色 正	0.38	0.45	0.57	0.65	0.75	0.44
	蓝色 反	0.31	0.37	0.57	0.54	0.60	0.40

为了克服纸张的这种两面性，目前国外抄纸设备已采用立式夹网造纸机，这种造纸机在网部采用两面同时脱水，从而大大减少了纸张两面的差别，也有

效地解决了非涂料印刷纸在印刷中的掉粉掉毛向题。

纸张正反面表面状况的不一致，一般用放大镜可看书。如果用肉眼不能辨别时，可用水或弱碱液把纸页润湿几秒钟，以消除压光机的平滑作用，使纤维组织松散，然后在良好的光线下观察纸面，铜网印迹清晰的一面为反面，印迹较浅而且不均匀的一面为正面。也可将纸面折叠，使两面同在一面上，用硬币在两面上划一痕迹，观察两面痕迹，较浅的一面为反面，因反面填料量低，划痕不易显出。

三、纸张的纵向和横向

纸张的丝缕性。纸张具有一定的方向性，在纸页抄造过程中与造纸机运转方向平行的为纸张的纵向，与造纸机运转方向垂直的方向为纸张的横向。由于在纸页成型过程中纤维受到造纸机运转方向较大的牵引力作用，使纤维大多数沿造纸机运转方向排列，造成纸张的纵向和横向在许多性能上存在差别，这就是所谓的纸张的方向性。由于纸张的方向性，单张纸则可能因裁切方法不同，而分为纵向纸和横向纸两种，如图 1 - 5 所示。

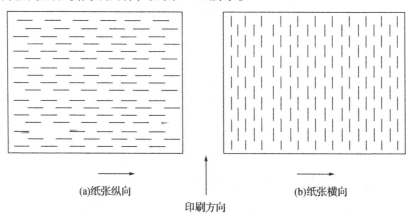

(a)纸张纵向   印刷方向   (b)纸张横向

图 1 - 5   纵向纸和横向纸
（a）纵向纸；（b）横向纸

纸张的方向性在单张纸印刷中有其重要作用，特别是在胶印中。由于纸张纤维在吸湿润胀时，纤维直径方向膨润的幅度比其长度方向要大，故纸张吸湿时，横向伸长率比纵向大，一般大 2.8 倍。所以在单张纸胶印中更倾向用纵向纸张。有人试验过规格为 787×1 092 mm 的单张印刷纸，当相对湿度从 50% 升到 65% 时，纵向伸长率为 0.05%，横向伸长率为 0.15%。若 787×1 092 mm

为纵向纸，则其长边伸长为 0.55 mm，短边伸长为 1.18 mm，若为横向纸，则其长边伸长为 1.64 mm，短边伸长为 0.40 mm，可见横向纸比纵向纸在受湿度影响时变形更为严重。因此，印刷纸最好切成纵向纸。

决定纸张的纵横方向，有几种方法，兹说明如下：

①将试样切成直径 50 mm × 50 mm 见方，将试样放在水面上，注意观察纸张卷曲的方向，与卷曲轴平行的方向为纸张的纵向。

②按互相垂直的方向切取试样各一条，长 200 mm，宽 15 mm，并在每一条试样上做一个记号，使其重叠，用手指捏住一端，另一端自由地弯向左方或右方，如两个纸条分开，下面的纸条弯曲大，则为纸张的横向；再将两纸条弯向另一方向，如上面纸条压在下面的纸条上，两个纸条不分开，上面的纸条为横向。

③按纸条的强度分辨纸张的纵横向。一般纵向抗张强度大于横向抗张强度，抗张强度大的方向为纸张纵向，小的为横向。

四、纸张的匀度

纸张的匀度是纸张中纤维分布的均匀程度。匀度不仅影响纸张的外观质量，同时还影响纸张的物理性能和光学性能以及非涂料纸的印刷质量，因而是纸张非常重要的结构性能。

纸张的匀度是指纸张中纤维分布的均匀程度。匀度不仅影响纸张的外观质量，同时影响纸张的物理性能和光学性能，以及非涂料印刷纸的印刷质量，因而是纸张非常重要的结构性能。

纸张匀度不良的主要表现在：①团状组织。表明纸页内的纤维不是单根的，而是互相絮聚在一起，成为一团团的，无规则地分布于纸中。②"云彩花"透光看纸时，纸张中的纤维如云彩般分布在纸页中，由于纸的纤维组织不匀，透光不匀。③纤维组织脱节。纸张在纸机运行方向上出现纤维交织不良的现象。④波浪状纤维组织。表现在纸的横向沿幅宽方向出现一道道弯曲的波浪状加厚层。⑤浆道子。纸幅上的一些迎光可见的纵向条状浆痕，实质上是较厚的浆层。

纸张的匀度不高，不仅影响外观质量，更重要的是会导致纸张各项性质的不均匀性，从而对印刷工艺过程和印刷品质量构成明显的影响。

五、纸张的水平结构、垂直结构和孔隙结构

1. 纸张的水平结构

纸张的水平结构也就是所谓的纸张的理想二维网络的统计几何结构，理想

二维网络是指把 n 根纤维通过随机方法放于面积为 A 的平面上形成的理想纤维网络，简称为 2—D 纸页。尽管我们知道纸张具有多层结构，但实际上，纸页中纤维都是在平面上分布的。

纸页的力学性质不仅取决于纤维间的接触，即纤维间交叉的总量，而且还取决于纤维网络中每根纤维交叉的数量。对于实际纸页，不仅每平方毫米纤维交叉数在整个纸页平面上是不等的，而且每根纤维交叉的数量平面上个纤维间也各不相等。

①每平方毫米纤维交叉数量的分布。该分布取决于每平方毫米的纤维或纤维段数量的变化。而每平方毫米上纤维段的变化又是由于整个纸页上纤维的不均匀分布，即纤维中心的不均匀分布造成的。因而，纤维中心的不均匀分布是纸页不均匀性最基本的原因。

②每根纤维交叉数量的分布。造成每根纤维交叉数量不同原因有两个，一是由于纸页中的纤维具有不同的长度；另一个方面则是由于在整个纸页上，纤维与单位长度线交叉的数量是变化的。观察线交叉点间的距离即相当于沿一根纤维交叉点间的距离，两交叉点之间的距离称之为自由纤维长度或间隙大小。因此，每根纤维交叉数量的分布也可用自由纤维长度的分布来表示。

2. 纸张的垂直结构

纸张的垂直结构也就是所谓的纸张的 Z 向结构。仅需要最小的放大我们就可以明显看到：纸页中每根纤维都平行于纸页平面而排列，或者仅仅与平面成很小的角度，也就是纸页具有多层结构。但这并不是说在纸页 Z 向存在不连续层，而是表明对于任意纤维，尽管它们的长度是纸页厚度的 10～20 倍，却没有沿纸页 Z 向穿透到一定厚度。在纸内，一些纤维沿纸页顶面沉积，一些在中层，还有一些则沿本身全长接近网面排列的，所以我们可以把纸页看成由多层前述 2－D 纸页组成的多平面纤维网络，即所谓的 MP 纸页。

在纸张的垂直结构中，最重要的结构性质是纤维间粘结的程度。纸张中纤维间的粘结状态决定了纸张在垂直方向的抗张强度，称之为剥离强度或 Z 向强度。剥离强度在印刷中，尤其在轮转胶印中十分重要，印刷过程的拉毛现象就是由于纸张的 Z 向强度不足造成的。

3. 纸张的孔隙结构

纸张是一种多孔材料。纸张的许多性能，如对油墨、水及其他乳浊液、悬浊液的吸收和过滤性能，都由其孔隙结构所决定。对于印刷用纸的研究发现，若纸张的孔隙结构与油墨特性之间不相匹配，在油墨固着之前过多吸收油墨中的连结料，则会导致印刷品光泽和密度的降低，可见，纸张的孔隙结构对于印刷纸、书写纸、过滤纸、防水纸及其他纸的适用性有重大地影响。纸张的空隙结构是由构成纸张基本组成—多孔纤维和纸张成形过程中纤维之间的交织情况决定的。和其他多孔材料一样，纸张孔隙结构的几何特性可从其孔隙率、比表面积、平均孔径、孔径分布等来描述。

①孔隙率。纸张的孔隙率是指纸张孔隙体积与纸张总体积之比。

②平均孔半径。平均孔半径又称等效孔半径，它是指长度等于纸页厚度之孔隙的当量半径。即通过半径为平均孔半径的孔的流体流量与通过单位面积上所有孔隙的流体流量相等。沿纸页纵向的平均孔半径最大，而沿厚度方向的孔半径最小。

③孔径分布。纸张孔径的分布对于印刷纸张来讲尤为重要，这是因为印刷油墨的颜料粒子也具有一定分布，二者之间只有很好地匹配才能印刷出高质量的印刷品。

纸张是一种孔隙结构复杂的材料，如何准确地测量其孔径分布，目前最公认的是采用模型化方法，即把存在于纸张中复杂的孔隙看成一系列平行的圆柱形毛细管。基于毛细管模型而提出的测量支行孔径分布的方法有：水银压入法、置换法、毛细管吸入法和毛细管上升法。在这些方法中应用最多的是水银压入法，水银压入法被认为是研究多孔材料孔隙特征最有效的方法，它不仅可以测出孔隙率和比表面积，还能同时测出平均孔半径，并能从降压时排出水银的情况推测出不规则孔的形状。

第五节　纸张的规格及计算

一、纸张的规格

由于用途不同，纸张的规格要求也不相同。一般印刷用纸分卷筒纸和平板纸两大类型。根据中华人民共和国国家标准 GB147—89"印刷、书写和绘制用原纸尺寸"的规定：新闻纸、凸版印刷纸、胶版印刷纸、胶印书刊纸、涂布纸、打字纸、字典纸、书皮纸等卷筒纸和平板纸的尺寸如下：

①卷筒纸宽度尺寸常见的有：1 575，1 562，1 400，1 280，1 230，1 092，1 000，900，880，787，单位 mm。卷筒纸宽度的允许偏差为 ±3 mm。卷筒纸的长度国家标准未作统一规定，但一般产品均有习惯上的做法，例如卷筒新闻纸和卷筒印刷纸的长度为 6 000 m。目前个别造纸厂采用传统的称量法来间接

计算卷筒纸的长度，即称出纸卷的重量按下式计算纸张的长度：

$$纸卷长度 = 10^6 × 纸卷重量/定量 × 卷筒纸宽度$$

式中：纸卷长度，m；

纸卷重量，kg；

卷筒纸宽度，mm；

定量，g/m^2。

②平板纸的幅面尺寸常见的有：1 000 mm × 1 400 mm；900 mm × 1 280 mm；880 mm × 1 230 mm；787 mm × 1 092 mm；850 mm × 1 168 mm；889 mm × 1 194 mm等。平板纸的幅面尺寸允许偏差为 ± 3 mm，偏斜度不许超 3 mm。

所谓偏斜度是指平板纸长边或短边与其相应的矩形长边与其相应的短边偏差的最大值，其结果以偏差的长度（mm）表示。

另外常见的平板纸的幅面尺寸有：690 mm × 960 mm；787 mm × 960 mm；880 mm × 1 092 mm等。

二、纸张的计算

纸和纸板的计算单位有定量、令重等。

①定量：定量是指单位面积的纸或纸板具有的质量，又称为克重，以 g/m^2 表示，是纸或纸板的基本性质。

②令重：令重是平板纸常用的计量单位。1 令纸是指 500 张全张（如 880 mm × 1 230 mm)纸。市场零售一般按令计价。令重即 500 张全张纸的重量。根据纸张的定量可以计算出平板纸令重：

$$令重 = 500 × 单张纸面积 × 定量/1 000$$

式中：令重，kg；

单张纸面积，m^2；

定量，g/m^2。

不同定量的平板纸，如果是标准纸张即全张纸，只需把定量乘以某一系数就等于它的令重。如 880 mm × 1 230 mm 的令重是它的定量乘以 0.43。

卷筒纸在出厂时每卷纸都有一定的重量，印刷时可以将卷筒纸折算呈令数，也可以根据定量进行计算：

$$令数 = 重量/单张纸的面积 × 定量 × 500$$

复习思考题

1. 从纤维素的结构式分析其性质，半纤维素、木素的存在对纸张性能有何影响?

    2. 打浆的作用以及对纸张性能的影响?

    3. 简述纸张的制造工艺?

    4. 涂布纸的特点有哪些,如何获得?

    5. 纸张的规格及其如何计算平板纸的重量?

第二章　纸张的基本性能

第一节　概　　述

　　纸张的用途不一样，其性能和质量要求也不一样。纸张的性能主要有外观质量、基本物理性能、力学性能、光学性能、化学性能及其他特性。

　　外观质量又称为外观纸病，是指尘埃、孔洞、针眼、透明点、皱纹、折子、条痕、网印、毛布痕、斑点、浆疙瘩、云彩花、裂口、色泽不一致等肉眼可以观察到的缺陷。纸张的外观质量不仅影响使用，而且在不同程度上影响纸的印刷质量，它不但降低了纸张的使用价值和成品率，同时增加了产品的损耗，后果严重的会损坏印刷设备。如硬质块等印刷时会轧坏橡皮布、印刷墨辊，造成印刷设备的损失。外观纸病和纸的物理性能也有密切的关系，如不均匀的纸的施胶度、透气度、平滑度、抗张强度等也会受到影响，所以对各种纸张特别是印刷用纸应有一定的外观质量要求。

　　纸张的物理性能主要是指定量、厚度、平滑度、伸缩性、可压缩性、柔软性和透气度等。力学性能又称为力学性质或强度性质，它分为静态强度和动态强度。静态强度是纸张在缓慢受力的情况下，所能承受的最大力，也称最终强度。它主要包括抗张强度、耐破度、撕裂度、耐折度等。动态强度是指纸张能经受瞬时冲击的程度，它反映了纸张受力后瞬间扩散的动态情况。动态强度主要包括戳穿强度、环压强度、压缩强度等，这是包装用纸和纸板最重要的质量指标。纸张的化学性能包括纸张的组成、纸张的吸湿性、酸碱性、耐久性等。纸张的光学性能是指白度、色泽、光泽度、透明度、不透明度等。印刷纸张的光学性能是十分重要的，它直接影响到印刷品的质量。

第二节　纸张性能的评价指标

为了保证用户的使用要求，各种纸张都制定有各自的质量标准，印刷用纸质量标准有国家标准和轻工业颁布标准。这些标准主要分为物理性能指标、强度性能指标、光学性能指标和化学性能指标，它们是控制纸张产品质量的重要依据，也是使用单位验收的依据。

一、纸张的物理性能指标

1. 纸张的定量

定量是纸及纸板最重要的一项重要指标，是指纸张单位面积的质量，又称克重，以 g/m^2 表示。它是对纸张各种技术指标进行评价的基本条件，也是纸张定价的基本指标。如果重量一定，纸张的定量提高，那么可印刷的面积就要减少，印刷品的成本就要增加，同时定量高的纸张，造纸时所用的原材料就愈多，从整个国民经济的角度考虑是不经济的。因此，在保证纸张的使用性能和印刷品的质量的前提下，应尽可能生产和使用低定量的纸张。

定量还可以表示纸张厚薄，因为一般来说，纸张定量越高，其纸也就越厚。定量在相当大的程度上还可以表示出纸的其他性能，如纸张的紧度、不透明度、抗张强度、耐破度、撕裂度等，都与定量有关。

定量影响纸张的物理性能，以及许多光学性能和电学性能。一般的物理性能如抗张强度、耐破度、撕裂度、紧度、厚度、不透明度等都与定量有关。为使同一类型纸张的强度相互比较，常把这些指标换算成抗张指数、断裂长、撕裂指数、耐破指数等。在纸张生产上，为严格控制定量使其波动不要太大，常采用浓度调节器进行定量在线控制。

2. 纸张的厚度

厚度是指纸张的厚薄程度，通常指纸张在规定压力下，纸的两个表面间的垂直距离，以 mm 或 μm 计。一般要求每批纸或纸板的厚度均匀一致。厚度不匀的纸张将会给印刷及书刊的装订带来问题。因为印版滚筒或橡皮滚筒与压印滚筒的中心距在某种程度上相对固定的，如果纸张的厚薄不匀，就会使印刷压力产生改变，从而使印刷时油墨转移情况发生变化，印迹也就深浅不匀，影响印刷品的质量；书刊印刷中，纸张的厚度不均匀，书籍装订后书脊厚度不一致，造成书脊字或书脊图案不准确等弊病。同时，厚度影响到印刷纸的不透明度和可压缩性，也是各种纸张和纸板的一项使用条件，所以要控制纸张的厚度，以便使纸张的其他物理性能、光学性能和电学性能得到适当控制。

纸张的厚度看起来是一个非常简单的概念。但印刷对其厚度却有严格的要求。具体表现在：

①纸张和纸板的厚度要求全幅面均匀一致。如果出现不均匀情况，则印刷时会出现压力不均匀，结果是有的地方图文颜色深，有的地方图文颜色浅。

②纸张和纸板的厚度对印刷压力的影响特别大。因为印刷时要根据纸的厚度大小来调节印刷压力，以获得合适的颜色深浅。

③纸张和纸板厚度也是计算书脊厚度的依据。如果厚度不均匀，就会造成书脊厚度难以准确一致的问题出现。一般要求一批纸的厚度一致，否则制成品的厚薄就不一致，如书刊印刷纸，总其厚度不一致，则印出的书有厚有薄，一本书内纸厚度不均匀，这对读者及印刷部门皆不适宜，经济上也不合理。所以，印刷纸的厚度是一项重要的物理性能指标，同时，厚度影响印刷纸的不透明度和可压缩性，也是各种纸张和纸板的一项使用条件，所以要控制纸张的厚度，以便使纸张的其他物理件能、光学性能和电气性能得到适当控制。厚度和定量有着密切的关系，但二者的关系不是一成不变的，这是由于另一个因素——紧度的影响造成的。

3. 纸张的紧度

紧度是指每立方厘米的纸和纸板的重量，即定量和厚度的比值，其结果以g/cm^3表示。

紧度是衡量纸或纸板结构的松紧程度的指标，是纸和纸板的基本性质。紧度将定量和厚度紧密地联系在一起，正因如此，在纸和纸板的物理特性中，它是一项最基本的特性。紧度是指纸质结实与松弛的程度。紧度大的纸或纸板对黏合剂向纸间的扩散与渗透起着阻碍作用，这不利于黏合，所以紧度越大对黏合剂的要求也越高，可以通过改变黏合剂的配方来适应生产的需要。

4. 纸张的平滑度

平滑度是评价纸和纸板表面凹凸程度特征的一个指标，它是指纸张表面的微观几何形状不平的程度，也是纸张粗糙度的表示方法。通常以一定真空条件下一定容积的空气，通过在一定压力下的纸张试样表面与光滑玻璃面之间的空隙所需要的时间来表示，单位为 s。纸张表面越粗糙，空气通过时阻力越小，所需时间越短，反之，纸张表面越平滑，空气通过的阻力越大，所需的时间越长。

5. 纸张的透气度

由于纸张是一种多孔材料，其空隙率一般在 50% 左右，所以空气可透过纸层。透气度是衡量空气透过纸张的能力，通常是以一定面积的纸张，在一定的真空作用下，1 min 所透过的空气量，或透过 100 mL 空气所需的时间来表示。单位 mL/min 或 s/100 mL。

6. 纸张的尘埃度

尘埃度是衡量纸面上的小"污点"个数的一个指标。它是指单位面积上肉眼可见的与纸面颜色有显著区别的纤维束及其他杂质，通常以 1 m^2 的纸张上具有一定大小的异色斑点的个数来表示。单位个/m^2。

7. 纸张的伸缩率

伸缩率是衡量纸张吸水或脱水后尺寸变化的一个指标，是纸张伸缩性的数量表示方法。它是指纸张浸水前和风干后试样尺寸的变化量与试样尺寸之比值，以百分数表示。

8. 纸张的施胶度

施胶度是衡量纸张抗水能力的一个指标。它是专用的划线器或鸭嘴笔蘸以特制的标准墨水于 2 ~ 3 s 内在试样纸上画一条不小于 10 cm 的线，以墨水线条不渗透、不扩散的宽度来表示，单位为 mm。纸张是亲水性物质，抗水能力很差，极易产生吸湿和墨水洇化现象。早之中施胶的过程就是将一些抗水物质混合在纸浆中，经过沉淀和干燥后，使这些抗水物质包围在纤维的四周和封闭纤维间的毛细孔，起到阻止和降低纸张的吸水作用，使纸张产生抗水性。所以胶料施放的比例越大，或经过表面施胶的纸张，施胶度较高。

胶版印刷纸的施胶度一般为 0.75 ~ 1.25 mm，涂料纸的施胶度为 0.5 ~ 0.75 mm，书写纸的施胶度为 0.5 ~ 1.25 mm，而新闻纸一般不施胶。

二、化学性能指标

1. 水分

水分是纸张中的含水量，是以纸张在 100 ~ 105℃ 温度下，烘干至恒重时所减少的重量与试样原重量之比，以百分数（%）表示。从抄纸机上卷取下来的纸张，其含水量为 5% ~ 12%，纸张的水分含量对于保管和使用有很大的影响。如纸张的水分过高，将使其质量和强度下降。如水分含量过低，则纸质易脆。

2. 灰分

灰分是衡量纸张内含有无机物量的一个指标，是以纸张灼烧后残渣的重量与绝干试样重量之比，用百分数表示。纸张中纸张易产生掉粉现象，沾污印版及橡皮布等。因此印刷用纸的灰分不能太高，应尽可能限制在最低量。

纸张的灰分是由纤维的种类和造纸中加填量所决定的。木材类纤维的灰分在1%以下，主要是氧化钙、氧化钾等；而稻草类纤维的灰分高达10%～15%，以二氧化硅为主。另外，不同类型的纸张加填的比例多少也不同。

3. 酸碱度

酸碱度以 pH 值表示，是将纸张置于蒸馏水中浸泡，在 95～105℃下保温1 h，然后测定其所抽出液的 pH 值。纸张的主要成分植物纤维一般是中性的，但由于制浆和造纸过程中的化学处理或在纸张中使用的酸性或碱性的辅助料，成纸后使纸张略呈酸性或碱性。

纸张的酸碱性主要来源于酸法制浆后因洗涤不净而残存的酸性药品，或漂白后纸浆中残余的氯。另外，经施胶处理后纸浆中含还有有机酸，也使纸张具有一定的酸性。纸张的碱性来源于碱法制浆后残存在纸浆中的药品，或造纸过程中纸浆中加入的碱性的填料及色料，以及使用碱性涂料所致。

印刷用纸具有不同的酸碱性。通常涂料纸的 pH 值大约为7，这是因为造纸所用的涂料大都是碱性的物质，所以，涂料纸的 pH 值在多数情况下为8～9。其他印刷用纸的 pH 值均为 5.5～7.0，呈弱碱性或中性。如胶版纸多数为弱碱性。

三、力学性能指标

印刷纸材料一般是在需要负担相当大的应力情况下使用的。所以，机械强度是印刷纸材料的重要的性质之一，也是其在现代高速印刷机上不断头，继而能顺利通过轮转印刷机所必备的条件。

纸材料的机械强度通常是用使纸的整体件遭到破坏和结构发生不可逆改变的那些应力数值来表示的。根据作用于纸上的力的性质的不同，常常用抗张强度（俗称拉力）、耐折度、撕裂度等不同的指标来表示纸材料的机械强度。纸张的机械强度通常是用使纸的整体性遭到破坏和结构发生不可逆改变的那些应力数值来表示的。机械强度是大多数纸种的基本的和重要的性能指标之一。纸张机械强度的应力数值包括抗张强度、耐折度、撕裂度、耐破度等。同普通纸张相比，包装用纸对机械强度的要求会更高些。

影响纸的强度的主要因素有：

①成纸中纤维间的结合力和这些力的作用表面积。

②纤维本身的强度及其柔韧性的大小。

③纸中纤维的分布，即它们的排列方向和堆积密度等。

纸中纤维的分布也影响它们之间的接触表面积，因而也影响纤维间的总结合力。纸中纤维分布是决定纸张强度的重要因素。

1. 抗张强度

抗张强度是指纸或纸板单位面积上所承受的抗张力。抗张强度是纸或纸板物理特性中的重要参数之一。抗张力的表达式为：

$$P = T/F$$

式中：P——单位截面上的抗张力，N/m^2 或 kN/m^2；

　　　　T——试样的绝对对抗张力，N 或 kN；

　　　　F——试样的横截面积，m^2。

纸张是一种弹塑性体，在张力的作用下，通常会经过三个阶段的变化过程，即弹性阶段、屈服阶段和断裂阶段。

通常，纸张抗张强度更多地用裂断长表示。裂断长是指一定纸幅在本身重量的作用下将纸拉断时的长度来表示。其表达式为：

$$L = T/\left(B \times W\right) \times 10$$

式中：L——裂断长，km；

　　　　T——纸幅断裂时的力，N；

　　　　B——试样纸幅，cm；

　　　　W——试样定量，g/m^2。

纸张纤维结合力、纤维强度、纤维长度和纤维交错系数是影响抗张强度的重要因素。

2. 伸长率

伸长率是纸样受到张力至断裂时所增加的长度对原试样长度的百分比。即：

$$\varepsilon = \left[\left(L - L_0\right)/L_0\right] \times 100\%$$

式中：ε——伸长率，%；

　　　　L_0——试样的原始长度，mm；

　　　　L——试样变形后的长度，mm。

伸长率一般多和抗张强度同时测定。重施胶纸的伸长率低于 1%，而皱文纸的伸长率可达 250%，长网造纸机的所抄纸张的横向伸长率为纵向伸长率的 2 倍左右。伸长率是衡量纸和纸板在拉力作用下的形变能力，伸长率越大，则形变能力越强，韧性越好。

3．抗张能量吸收值

将单位面积的纸或纸板拉伸至断裂时所做的功，J/m^2。通常以纸张拉伸到破裂时应力应变曲线下的面积来表示。它的几何意义就是抗张强度与伸长率曲线所包围的面积，表示纸张的强韧性的物理量。

4．抗压强度

材料受压后至压溃所能承受的最大压力。抗压强度是白纸板和瓦楞纸板的重要性能指标。通常表征纸板抗压强度的指标有：环压强度、平压强度和边压强度。

（1）环压强度

在一定的速度下，使环形试样平行受压，压力逐渐增加至使试样压溃时的压力。主要是指箱板纸和瓦楞纸的横向（CD）/纵向（MD）压缩强度，国内常用单位为牛/米（N/m）或千克力/0.152米（kgf/0.152 m），国际上比较常用单位为磅/6英寸（lbs/6in）。是纸板的一项重要指标，与纸盒、纸箱的抗压强度有密切关系。环压强度常用环压指数 r 表示：

$$r = R/W \ (R = P/0.152)$$

式中：r——环压指数，$N \cdot m/g$；

R——环压强度，N/m；

P——试样所能承受的最大压力，N；

W——定量，g/m^2。

纸张在机械的作用下，由于压力不同，会产生敏弹性变形、滞弹性变形和塑性变形等。纸板在压力作用下发生的变化受纸板的粗细比的影响。通常，粗细比 λ 可以表示为：

$$\lambda = 2\sqrt{3}\frac{l}{k}$$

式中：l——纸板高度；

h——纸板厚度。

纸板在压力作用下的会产生屈服，当 $l > 30$ 时，会产生失稳；当 $l < 30$ 时，会产生压断。当粗细比 < 30 时，抗压强度反映的是材料本身的真正的抗压能力。

（2）平压强度

在一定的速度下，使试样受到垂直于纸面的压力（如图1-3所示），压力逐渐增加至使试样压溃时的压力。它是瓦楞纸板的一项重要指标。平压强度按下式计算：

$$X = 10F/A$$

式中：X——平压强度，kPa；

　　　F——试样承受的最大压缩力，N；

　　　A——试样面积，cm^2。

（3）边压强度

在一定的速度下，使直立的试样受压，压力逐渐增加至使试样压溃时的压力。它是瓦楞纸板的一项重要指标。边压强度按下式计算：

$$X = 1\ 000F/L$$

式中：X——边压强度，N/m；

　　　F——试样承受的最大压缩力，N；

　　　L——试样长边尺寸，mm。

瓦楞纸板边压强度的大小直接决定了纸箱的抗压承重能力，在结构已经确定的情况下，它会影响到包装物件的堆载高度及安全性能。

纸箱的抗压强度分为有效值与最终值。抗压测试时，力值的变化有的是由慢到快直接至溃点，有的是平稳递加至溃点。在长期的抗压测试中我们发现，力值的变化有时有一定的缓冲，即当力值与变形量增加到一定程度后，力值停止而变形量继续增加，经过一段时间以后，力值继续增加，直至纸箱的溃点。我们可以把缓冲前的力值称为有效力值，缓冲前的变形量称为有效变形量。缓冲以后，虽然力值可以继续增加，但是纸箱已开始变形，不能达到使用要求了，所以判定纸箱抗压强度好坏的标准应该是抗压测试时的有效力值。通常，影响纸板或纸箱抗压强度的因素有以下 5 个方面：① 纤维结合强度；② 纤维本身的强度；③ 纸板厚度；④ 纸板定量；⑤ 纸板平衡含水率。

纸板或纸箱的生产环境、存放环境、使用环境、天气、气候等因素都会对纸箱的含水量造成影响，为保证纸箱的抗压强度，应尽量避免外部环境对纸箱含水量的影响，保持纸板或纸箱的干燥。

5. 耐破度

包装用纸和纸板，在使用过程中，常受到外力的挤压、顶撞、冲击等，纸和纸板须具有一定的耐破能力。耐破度指一定面积的纸和纸板在匀速加压直至破裂时所能承受的最大压力，以压力表示。它属于静态强度。耐破度的大小常用耐破因子或耐破指数表示。

耐破因子：$X = 100 \times P/W$

式中：P——试样绝对耐破度，即压力表或显示器的读数，kPa；

　　　W——试样的定量，g/m^2；

X——耐破因子，$kPa \cdot m^2/g$。

$$耐破指数：I = P/W$$

式中：I——耐破指数，单位 $kPa. \ m^2/g$；

　　　　W，P——意义同上。

影响纸张耐破度的主要因素是纤维间的结合力，其次是纤维的平均长度和强度。当空气的相对湿度为 50% ~ 70% ，纸的耐破度达到最大值。

6. 耐折度

耐折度指试样在一定张力的条件下，将其折叠一定角度至其断裂时的折叠次数，以次数表示，单位是双折次。耐折度对制箱、制盒用纸板特别重要，反应了纸盒和纸箱摇盖的可折叠次数。按纵向裁样测试的结果为纵向耐折度，按横向裁样测试的结果为横向耐折度。一般纵向耐折度比横向耐折度高，这是由于纤维的排列及纵向纤维的结合力大的缘故。耐折度的影响因素主要有以下几个方面：①纸张的耐折度取决于用来抄纸的纤维的长度、强度、柔韧性和纤维之间的结合力，长而强韧且结合牢固的纤维抄成的纸，其耐折度较高；②如果在针叶木化学浆中配加阔叶木浆或草类浆，则耐折度明显下降。另外，纸张的定量、厚度、紧度和水分含量等对耐折度的影响也很大。同种浆抄制的同种纸，在一定范围内，当厚度和定量增加时，耐折度将明显下降；在纤维材料中加入矿物填料可提高紧度，但会大大降低纸的耐折度；纸张含水量增加时，强度大的纸其耐折度会增加，而强度小的纸则会降低。

7. 撕裂度

撕裂度是指预先将试样切出一定长度的裂口，然后在从裂口处撕至一定长度所需要的力，以 $m \cdot N$ 表示。撕裂度是衡量纸或纸板耐撕裂能力的物理量。抵抗撕裂的力主要表现为两部分：纤维间的结合力和纤维本身的强度。撕裂度常用撕裂指数表示：

$$撕裂指数：X = T/W$$

式中：X——撕裂指数，$m \cdot N \cdot m^2/g$；

　　　　T——撕裂度，$m \cdot N$；

　　　　W——为试样定量，g/m^2。

纸张撕裂度与纤维的处理方式、纤维长度和强度有直接关系，与纤维间的结合力也有一定关系。未打浆的纸浆制成的纸，因为纤维间的接触面积小，摩擦阻力小，因而撕裂度小；经过打浆处理后，纤维间的结合力增加，因而纤维拉开的摩擦阻力也增加，撕裂度也较大；当打浆度进一步增大时，纤维间的结合力增强，纸张紧度加大，撕裂时纤维基本不能被拉开，处在裂口的纤维几乎全部被拉断，此时撕裂度也较小。可见，纸张撕裂度随打浆度的提高而上升，但打浆度上升到一定程度时，撕裂度反而下降。

8. 戳穿强度

戳穿强度指一个由高处落下的三角锥体戳穿纸板时所做的功，单位为 J 或 $kgf \cdot cm^2$。戳穿强度属于动态强度。和耐破度相比，更具有实际意义，戳穿强度是包装纸和纸板的一项重要指标。戳穿强度由撕裂纸板所需的能量和穿透纸板所需的能量构成。纸板戳穿强度的影响因素有以下 5 个方面：①纤维结合强度；②纤维本身的强度；③纤维平均长度；④纤维交错系数；⑤纸页平衡含水率。

9. 挺度

在一定条件下，弯曲一端夹紧的纸板至 15°时的力矩。挺度是表征纸和纸板抵抗弯曲能力的物理量。纸板挺度的影响因素有以下 6 个方面：①纤维结合强度；②纤维平均长度；③打浆度；④半纤维素的含量；⑤木素的含量；⑥纸板的厚度与紧度。当紧度一定时，挺度和厚度的三次方成正比；当厚度一定时，挺度和紧度成正比。

10. 湿强度

纸页在润湿的状态下所表现出来的强度。它比干强度低的多，一般只有干强度的 4% ~ 10%。提高湿强度对包装纸和纸板具有特别重要的意义。纸的湿强度一般是指抗张强度或耐破度，以润湿后的实际强度或以湿强度对润湿前试样强度的百分率表示。为了改善湿强度，可向纸浆中添加湿强剂。

四、光学性能指标

纸的光学性能包括白度（洁白程度），不透明度、光泽度和颜色等。纸的光泽性能取决于投射到纸面的光线的相对数量以及投射光波被纸反射、透射和吸收等情况。

1. 白度

白度表示白色或接近白色的纸和纸板表面对波长为 457 nm 的蓝光的反射度与氧化镁标准板在同样光照射下的反射度的百分比，也称为亮度。白度表示纸和纸板的洁白程度。白色纸张可真实、客观地反映出印刷图文的全部色彩，提高文字的反差和清晰度，使复制品色彩鲜艳，达到图文并茂的效果。纸张白度越高，这种效果越显著。然而白度不宜过高，否则反射光线强，对视觉神经刺激过强，易引起视觉疲劳，因而印刷纸并不是白度越高越好。而且，不同用途印刷纸的白度值也不尽相同。据悉，中国少年儿童出版社，从保护少年儿童视力的角度出发，很多课本都采用了低白度纸张，有的图书内文甚至采用豆绿、浅黄色书写纸。黑龙江少年儿童出版社也采用了豆绿和浅黄色书写纸；安徽少年儿童出版社也将教辅书用纸白度降低到 76% ~85%。教育部规定，儿童用教科书用纸的白度为 75% ~76%。

尽管出版印刷用纸基本为白色或近白色，但都有偏色现象，有的偏蓝，有的偏红，目的是使视觉判断显得更白些，但也要因人而异。不管怎样，同批供应的纸张应白度一致、色调均匀、色差不明显，以避免装订成册的印刷品切口色调出现分层现象。

2. 透明度

透明度是单层试样反映被覆盖物的显明程度，以% 表示。

$$T = (R_w - R_o)/R_w \times 100\%$$

式中：T——透明度；

R_w——单层试样背衬白色标准板的反射率；

R_o——单层试样背衬黑色标准板的反射率。

3. 不透明度

垫在全吸收的黑色衬垫上的单张试样对光的反射率与完全不透明的若干张试样的相应的反射率之百分比。

$$O = R_o/R \times 100\%$$

式中：O——不透明度；

R_o——单层试样背衬黑色标准板时的反射率；

R——试样的白度。

纸张的不透明度对于印刷纸来说是很重要的。只有纸张具有一定的不透明度才能够防止纸张透显现象，以保证印刷的质量。对于书写纸来说，也要求有一定的不透明度，以利于纸张的两面书写。对于某些特殊的纸张（如不透明光纸）不透明度也是非常重要的。不透明度是印刷纸、证券纸和书籍纸等一项重要物理特性。印刷用纸不透明度值的高低，直接影响印品的透印情况，各种用途的印刷纸，都必须有足够的不透明度，否则容易发生透印故障。

4. 光泽度

试样表面在镜面反射的方向反射到规定孔径的光通量与标准条件下标准镜面反射光通量之比，是纸面发生镜面反射的一种性质。它能反映印刷品光泽和光彩上的质量。纸张本身光泽度的优劣也决定了印刷品的光泽度的大小。涂料纸表面的光泽如何，主要取决于造纸时所用的增光材料和对纸张的加工精度。增光材料有硬脂酸铝、石蜡等。精加工的方法是超级压光，采用上述方法加工出来的纸张具有光滑的平面。纸张的光泽度和吸墨性的综合效应表现为纸张的表面效率，具体地说纸张的表面效率可由光泽度和吸墨性的算本平均值表示。

$$表面效率：[（100-A）+G]/2$$

式中：A——纸张吸墨性；

　　　　G——纸张光泽度。

利用上述公式可以计算出纸张的表面效率。不同的纸张具有不同的表面效率。铜版纸大于胶版纸，进口铜版纸大于国产铜版纸。铜版纸的吸收性小些，是为了让印迹能以氧化结膜的方式在纸面干燥，避免连结料大量渗入纸内，出现光泽差、粉化和印迹不牢等不良后果。采用吸收性大的纸张，印刷时要适当增加油墨量，并加大压力提高密度值，因此容易引起调子压缩、层次并级。从总体上说，要得到光泽好、色彩鲜艳的画面，就必须使用表面效率高的纸张。

第三节　纸张的吸湿性能

纸张主要由纤维素组成，而纤维素又是亲水性很强的物质，它具有高度的吸水性和脱水性。纸张在存放、运输以及印刷过程中，会由于温度、湿度的变化引起纸张含水量的变化，导致膨胀和收缩。而且，由于含水量变化，使得纸张局部尺寸变化，发生其他形式的形变，诸如卷曲、皱折、形成波浪等，严重地影响印品质量。例如，当印刷车间相对湿度较高，而纸张原有含水量比较低，则纸张在车间堆放一段时间后，边缘部分吸水而伸长，使纸张产生荷叶边现象。反之，印刷车间空气相对湿度比较低，纸张原来含水量较高，则因边缘脱湿较快而产生"紧边"。用这样的纸张印刷时，由于纸边不平，易引起前规和侧规定位不准，影响套准精度。因此研究纸张吸湿性能和含水量改变对尺寸稳定性的影响规律，并按这种规律制定印刷工艺和调湿规范是研究印刷纸的印刷适性的主要课题。

一、纸张的吸湿原理

纸张具有高度的吸水性和脱水性能。且纸中的半纤维素是比纤维系更强的亲水物质。纸张是一种复杂的多元的材料，它依靠3种不同的结合形式来保持水分。

1. 吸附水分

纸页的粗糙表面上附着的水分，这部分水分与液体水是相同的，在任何温度下，与纯水具有相同的饱和蒸汽压。

2．毛细管水分

靠纸页毛细管作用附着的水分，这部分水分的蒸汽压小于同温度下水的饱和蒸汽压，这种水分在干燥过程中，借助毛细管的吸引转移到纸页表面。

3．润胀水

润胀水存在于纤维细胞壁内。

当把一定湿度环境下的纸张，置于湿度不同的环境时，纸的水分马上就会开始变化。若环境湿度变高，纸页将吸收水分，湿度低则会释放出水分。这一初期变化在非常短的时间内便可完成。图 2－1 所示，为几种纸张从相对湿度35%的环境中移到相对湿度 65% 环境中，纸张吸湿量随时间的变化。由图可见，一般在 15 min 之内，纸张便完成吸湿过程，使水分达到饱和状态。此后，只要周围的湿度不变，纸内的水分是不会改变的。我们把在一定湿度状态下，水分不再发生变化的状态叫做水分平衡状态，这时的含水量叫做平衡水分。平衡水分描述了纸页在该空气状态下的干燥极限。纸页中所含的大于平衡水分的那一部分水分称之为自由水分。纸在不同的湿度状态下，有其相应的平衡水分，但在同一湿度下，由于纸质的不同也有不同的平衡水分。亲水性强的纸，在同一湿度下，其平衡水分就越高；纸的亲水性越差，平衡水分就越低。图2－2所示为不同纸张在不同湿度下的平衡水分。由图可见，未施加辅料的纸在各种湿度下的平衡水分为最高，而加入填料的高级纸以及高级原纸的涂料纸，其平衡水分依次下降。在涂料纸中，厚纸比薄纸的平衡水分要高。这是因为厚纸中亲水性原纸比率高的缘故。

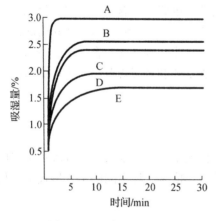

图 2－1　纸张吸湿速度

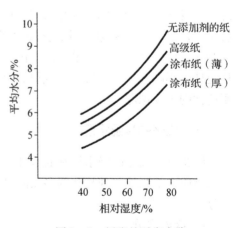

图 2－2　纸张的平衡水分

二、纸张的吸湿、脱湿与滞后现象

当把一湿含量小于其平衡水分的纸页放在空气中时，它会吸湿，至与空气达到平衡。吸湿过程中，纤维润胀，导致纸页尺寸的伸长。而当把一湿含量大于其平衡水分的纸页放在空气中时，它会向空气脱湿，至与空气达到平衡。脱湿过程中，纸页收缩。但十分有趣的是，两相同纸页 A、B 都是在相同空气中达到平衡状态，但 A 是由高湿含量放在空气中，B 是由低湿含量放在空气中，当二者在空气中达到平衡时，会出现二者的湿后现象。图 2-3 为纸页的吸着等湿线。滞后现象是指在同一相对湿度下，吸附时的吸着水量低于解吸时的吸着水量的现象。

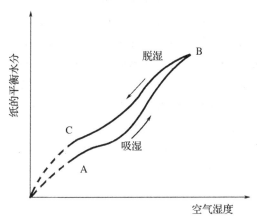

图 2-3　纸的吸湿与脱湿曲线

这种现象的原因是因为纸张中干纤维素的吸附是发生在无定形区氢键破坏的过程中，虽然打开部分氢键，但由于遭到内部应力的抵抗，仍保持部分氢键，因而新游离的羟基相对较少。解吸是已润湿了的纤维脱水发生收缩，在解吸过程中，无定形区的羟基部分地重新形成氢键，但遭到纤维素凝胶结构内部阻力的抵抗，被吸着的水不易挥发，氢键不是可逆地关闭到原来状态，故重新形成的氢键也较原来少了，即吸着中心较多，因而吸着水相应较多，产生前述的滞后现象。滞后现象对纸张的性质有很大的影响，在标准测试样处理时，为了消除这种影响，可以预先在低于标准要求的相对湿度下预处理，如将试样放在硅胶干燥器或温度不高于 60℃ 的烘箱内，一定时间后再取出，使试样的水分降到标准湿度条件下平衡水分的 50% 左右，然后再在标准温湿条件下进行干衡。

对于滞后现象的解释存在很多假说，一些观点认为，在高湿度条件下，纤维中的大多数羟基都吸着水分，在干燥过程中，一部分羟基因纤维收缩变形重新排列，而与相邻分子链上的羟基互相吸引，此时若再次吸收水分形成结合水，则必须重新打开或活化这部分羟基，因此造成干燥后的纸页再吸湿能力下降，纸的含水量变化也就相应地减少了。

除了环境湿度和温度对纸平衡含水量的影响之外，达到平衡水分量所需要的时间也不相同。一般说脱湿速度与吸湿速度有很大差别，即增湿过程可以在较短时间里完成，而纸页的干燥却更加困难一些。

三、纸张吸湿性对纸张强度的影响

纸张的强度是由纤维之间的结合强度和单根纤维的强度决定的。通过纤维之间结合形成的强度，如抗张强度、表面强度等是随纸张水分的增加而降低。这是由于水分增加后，纤维之间的结合减弱。在外力作用下纤维之间错开，并在较弱的力量下便被拉断。不过，在纸张被拉断之前，由于纤维之间的移动，纸张会伸长。也就是说，水分含量高的纸张，其抗张力虽减弱，但其伸长率反而较大。另外，从纤维的柔软性来看，水分减少时纸就变硬脆，水分增加时，纸就变得柔软。因此，耐折度、撕裂度等与柔软性有关的强度，随纸张水分的增加而提高。图2-4所示为纸张强度的几项指标随湿度变化的相对变化情况。

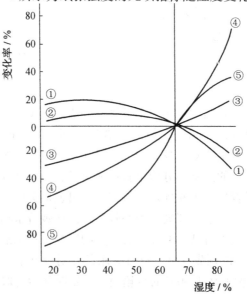

图2-4　纸张强度随湿度的变化
①抗张强度；②耐破强度；③撕裂强度；④伸长度；⑤耐折强度

四、纸张的吸湿性与纸张的形稳性

形稳性是纸张尺寸的稳定性。许多印刷故障，如套色不准、卷曲及印刷折皱等都与纸张的形稳性有着直接的联系。下面对产生这些问题的根源——纸张伸缩的原理进行讨论。

1. 纸张的伸缩

纸张的伸缩是由构成纸张的每一根纤维，即单根纤维的伸缩而产生的。

由于单根纤维在长方向的伸缩远比直径方向小得多（如图 2-5 所示），因此纤维在纸内的排列情况对纸的伸缩有着重要的影响。由于在纸页成型过程中大多数纤维沿纵向排列，因此，纸张沿纵向的伸缩性小，沿横向的伸缩性大，如图 2-6 所示。因此，在多色胶印中，套色不准，大多出在伸缩大的纸张横向上。伸缩性大，套色就不准，印刷效果就不好。因此，必须把伸缩大的一方控制在一定范围。由此可见，如何抄造纤维排列方向随机的纸张，是避免发生上述故障的关键之一。

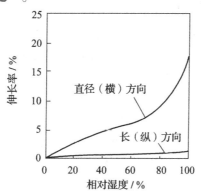

图 2-5 单根纤维伸长引起的伸长

2. 纸张的卷曲

纸张在吸湿或解湿过程中不均匀的变形会导致纸张的卷曲。卷曲不仅影响输纸装置的作用导致输纸不匀，而且还会影响套准装置的作用，造成套印不准。与凸印用纸相比，胶印纸要有高度的平坦性，因为在胶印过程中，如果纸张不是完全干坦，经 100% 的压印后，会形成皱折和扇面形。与厚、软的纸相比，薄、硬纸张卷曲较严重，并以低湿度情况下为最大。印刷经单而处理的纸张，如涂胶商标纸时，这一问题更为严重。

研究认为，环境的相对湿度为 40% ~ 60%，相应的纸张湿含量（水分）

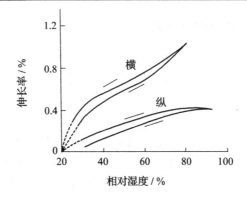

图 2-6   纸张纵、横向的伸缩

为 5% ~ 7% ，这时纸张变形最小。在湿度变化中伸缩不大的纸张称之为形稳性好的纸张。

五、纸张的吸湿性与静电

在干燥的冬季，印刷纸的静电故障往往是印刷厂最头痛的问题。静电不仅使纸面吸附粉尘、纸毛，使纸张之间相互吸粘给输纸带来困难，而且会加剧飞墨现象，严重时还会引起火灾。

众所周知，静电是由于纸张和其他物质或纸与纸之间摩擦产生的。它随着纸本身及周围空气的导电性的强弱而发生很大变化。同一纸张越是干燥，其表面电阻越大，如图 2-7 所示。其结果是一旦摩擦生电，产生的电流就难以流通而停留下来。如果这时的周围空气中水分含量较多，则纸而的静电荷就会迅

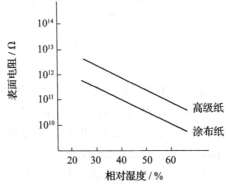

图 2-7   纸层间湿度与表面电阻的关系

速传到空气中而不致发生故障。因此，静电问题与环境的相对湿度及纸张的湿含量有关。研究发现，印刷时纸张水分低于 3.5%，车间相对湿度低于 40%，容易出现静电问题。当纸张的温度低于印刷车间温度时，静电问题加剧。如果纸张的导电性高，静电也会减少，即使有了静电，也会迅速通过接地点传送到大地。例如，涂料纸比原纸电阻低，导电性好，因此，比非涂料纸产生静电故障的可能性小。涂料纸印刷发生静电故障，往往是由于纸张水分含量过低（如轮转胶印印刷时的过度加热干燥等）所致。

　　纸张的静电问题可通过预防和消除的方法来解决，如调节印刷车间的相对湿度，在略高的温湿度环境下吊晾纸等，防止静电的产生。同时还可使纸张和印刷机接地，或者使用消静电器来消除纸上的静电荷。在静电消除法中被普遍采用且较为有效的是离子中和法，该方法是采用相应的装置将空气离子化后去中和纸面静电荷。

第四节　纸张的吸墨性能

　　纸张和纸板的吸收性是指纸和纸板对油性物质和水性物质的吸收能力。因为印刷时我们更为关心纸对油墨的吸收能力，故有的书上把吸油性称之为纸和纸板的吸墨性，它不仅与纸张的疏松程度及毛细管状态有关，而与纸张纤维的表面性质，填料、颜料、胶料的含量、油墨的组成和特性，印刷方式，印刷压力有关。

　　纸张和纸板对油墨的吸墨性是由纸张和纸板与油墨双方所引起的，并与印刷压力有关。就纸张和纸板而言，主要吸收油墨中的连结料。油墨连结料是被纤维间的空隙与纤维间毛细管所吸收。对于一般纸张和纸板来讲，纸张和纸板纤维中的空隙则比颜料颗粒量径大若干倍，因而在印刷的瞬间，油墨就被压入纸张和纸板空隙内，然后在纤维毛细管的作用下吸收。连通的毛细管越多，其吸收能力越大。例如，常用的人工草纸。毛细管遍布于纸面，所以它的吸收能力极强，但对于玻璃纸，纸面几乎不存在空隙与毛细管，它的吸收能力则极小。

　　纸张是一种多孔材料，不同于塑料薄膜、铁皮之类承印物，它具有与土壤、沉积层相似的结构，这就是它的多孔性。由纤维网络形成的孔隙是纸张吸收油墨的基础，因而对油墨的吸收能力便成为印刷用纸的一个重要质量指标。它决定着油墨印刷到纸张表面后的渗透量和渗透速率。许多印刷故障常常就是由于纸张对油墨的吸收能力与所采用的印刷条件不相适应造成的。对油墨吸收能力过大，导致印迹无光泽，甚至产生透印或粉化现象；油墨吸收能力太小，则减慢油墨干燥速度，导致背面蹭脏，特别对于靠渗透干燥的凸版印刷和高速印刷更甚。可见，纸张的油墨吸收性能是影响印刷品质量的重要的印刷适性指标。准确评价纸张的油墨吸收能力并预测其对印刷品质量的影响，对于印刷质量控制和纸张生产中产品质量的提高都具有十分重要的意义。

一、油墨的接受与吸收

纸张的油墨接受性能和油墨吸收性能为影响纸张印刷质量的两个重要性质，二者之间有一定关系，但又是纸张的两个不同的特性。

纸张的油墨接受性能是指纸张表面在印刷过程中在印刷机上压印瞬间接收转移油墨的能力，它是纸面如下几方面性能的综合表现：①表面被印刷油墨润湿的能力；②表面吸收一定油墨组分的能力；③表面固定和保留均匀墨膜的能力。

可见，纸张的表面自由能、印刷平滑度、吸墨性能及油墨的固化形式等均影响纸张的油墨接受性。油墨接受性能好的纸张，指的是纸张能既快又均匀地接受油墨。因此，油墨接受性能不单是纸张的性质，还取决于油墨的性质和印刷方式。只有在这些条件固定后，才单独描述了纸张的性质。纸张的油墨接受性能中包含了一定的吸收性能的作用，但和纸张的油墨吸收性能是有区别的。前者是发生在压印瞬间不到 1s 时间内的现象，而后者则发生在从油墨与纸面接触到完全固化在纸面的 个较长的时间。油墨接受性能与油墨转移性能有关，而油墨吸收性能则与纸张毛细孔对油墨中低黏度组分的吸收作用及油墨中某些组分向纸内渗透作用有关，因而，纸张的油墨吸收性能影响纸面墨膜的干燥及里膜的表面性能。

二、纸张对油墨的压力吸收和自然吸收

要准确评价纸张的油墨吸收性能，必须首先弄清楚印刷过程中纸张吸收油墨的规律。在实际印刷时，纸张对油墨的吸收可分为两个阶段。

第一阶段是印刷机压印瞬间，依靠印刷压力的作用把转移到纸张表面墨膜的一部分不变化地压入纸张较大的孔隙，即油墨整体进入纸张孔隙，油墨中颜料的同时进入则会促成透印现象的发生。该阶段油墨的渗透量随油墨的黏度及压印时间而变化。

若印刷速度为 C，印刷压力为 P 时，油墨压入深度为 h，则速度为 C_1，压

力为 P_1 时的压入深度 h_1 与 h_2 之间存在如下关系：

$$\frac{h}{h_1} = \sqrt{\frac{PC_1}{P_1C}}$$

由上式可见，第一阶段纸张对油墨的吸收很大程度上取决于印刷压力的大小，印刷速度也起一定程度的作用。由于在此阶段油墨被整体地压入纸张较大的孔隙，因而保留在纸面墨膜的性质不会受压入量多少的影响。但是像新闻纸、凸版纸等非涂料纸，由于其孔隙率高，压力过大会将油墨过多地压入纸内而导致透印。

第二阶段则主要是依靠纸张的毛隙管力吸收油墨，从纸张离开压印区，延续到油墨完全干燥为止。在这个阶段，连结料从油墨整体中分离出来，通过小孔隙和纤维粗糙的表面以相当慢的速度进入纸张内部。因而这个过程实际是连结料从油墨向充满的大孔隙迁移的过程。第二阶段的吸收比第一阶段更为重要，这是因为连结料从油墨整体中分离出来，将改变保留在纸面墨膜的结膜性质，墨迹的固着与干燥也要在这个阶段完成。第二阶段纸张对油墨的吸收速率决定着印刷品是否具有光泽，是否会发生透印现象。因为分离减少了留在墨膜中的连结料，从面使光泽降低。发生透印则是由于连结料渗入纸张内部孔隙，部分取代了孔隙中的空气，由于空气—纤维、空气—填料、空气—涂料的散射界面减少，使纸张的光散射能力降低，不透明度变差，增加了透印现象发生的可能。第二阶段纸张对油墨的吸收速率可以用著名的 Washburn 公式来描述：

$$\frac{\mathrm{d}h}{\mathrm{d}t} = \frac{R^2}{\eta h}\left(\frac{2\gamma_{LG}\cos\theta}{R} \pm \rho g h\right)$$

式中：$\dfrac{\mathrm{d}h}{\mathrm{d}t}$——纸张毛细管吸收液体的速率；

R——毛细管半径；

h——毛纫管内液体的高度

γ_{LG}——液体表面张力；

η——液体的黏度；

θ——固液接触角；

ρ——液体的密度；

g——重力加速度。

正号表示向下流动，负号表示向上移动。

当吸收达到平衡时，$\dfrac{\mathrm{d}h}{\mathrm{d}t}=0$，由上式得

$$h_\infty = \frac{2\gamma_{LG}\cos\theta}{R\rho g}$$

这便是毛细孔吸收的平衡深度。将 $2\gamma_{LG}\cos\theta$ 代入 Washburn 公式求积分，并经化简后可得：

$$h^2 = \frac{R_t\gamma_{LG}\cos\theta}{2\eta}$$

$$h = \sqrt{\frac{R_t\gamma_{LG}\cos\theta}{2\eta}}$$

对于纸张和油墨相互作用而言，上述表达式中的 R 表示了纸张毛细管的平均孔半径，γ_{LG} 为油墨的表面张力，η 为油墨的黏度，θ 为油墨与纸张材料之间的接触角，对于非涂料纸，即为油墨与纤维之间的接触角。

实际印刷时，纸张对油墨的吸收能力不仅取决于毛细管吸力作用，还受到印刷压力的影响，而且印刷压力的作用远比毛细管吸引力大得多。在考虑了印刷压力 P 的作用之后，油墨被压入纸张的深度用 d 表示，可由下式计算：

$$d = \sqrt{\frac{PR^2}{2\eta} \cdot t}$$

上式称为 Olsson 公式，基本归纳了在各种印刷条件下，印刷压力、印刷时间、油墨黏度纸张毛细管半径与油墨被压入纸张深度的关系。

Olsson 公式已被实验研究结果所证实。

三、纸张吸墨性的其他物理解释

纸张的吸墨性主要取决于其内部的疏松程度和表面的粗糙程度，也就是纸张内部空隙所占空间的比率和表面的凹洼处的大小。

纸张的空隙定义为纸中空隙容积与纸的总体积之比。纸张孔隙率低的纸张吸墨性就弱，反之，孔隙率高的吸墨性就强。铜版纸空隙率最小，它的吸墨性最弱，而新闻纸的空隙最大，吸墨性就最强。

吸墨性表示了纸张在印刷过程中对油墨的吸收性质，所以还有一个压力作用的问题。而纸张对吸墨的吸收，究竟是对油墨连结料的吸收，还是对油墨整体的吸收，是个十分复杂的问题，它所涉及的因素是多方面的。

纸张的表面总是存在着若干微观的凹洼不平，对于非涂料纸来说，就是纤维与纤维间、纤维间与填料间的大小不等的间隙表现在纸面上的凹洼状态。虽然进行超级压光，也难以填平这种凹洼状态，只是程度上有所改善而已。若以凹洼处为毛细管，则它的半径可达 12 μm。对于涂料来说，纤维交织的凹洼不平被涂料所覆盖，经超级压光后，其表面虽也存在有围观的凹洼不平，但主要是涂料中颜料间的缝隙，这种缝隙比起非涂料来，要小得多。

值得注意的是无论是涂料纸，还是非涂料纸，它们表面的凹洼状态时不均匀的，不仅纸面上的毛细管大小不等，而且数量也视纸张不同而不同。

另外，由于油墨颜料分散于连结料中形成的体系，颗粒大小也是不均匀的，其分布也服从于正态分布。

第五节　纸张的表面性能

一、纸张的表面强度

1. 纸张的表面强度与拉毛

表面强度是指纸张表面纤维、胶料、填料间或纸张表面涂料粒子间及涂层与纸基之间的结合强度。它表示了纸张在印刷过程中抗油墨分裂力的能力。当纸面与着墨的印版或橡皮布分离，油墨的分离力大于纸面粒子间的结合力时，纸面便产生肉眼可见的破裂现象，被油墨拉下的纸面纤维、填料或涂料堆积在橡皮布和印版表面，脏污橡皮布和印版表面，印刷工人必须及时进行擦洗。在破裂的纸面出现不连续的或连续的未着墨区域的现象称之为拉毛，因此，又常把纸张的表面强度称之为拉毛阻力。

拉毛是指在印刷过程中，当加于纸张或纸板表面的外部张力大于纸张和纸板的内聚力时，纸张或纸板表面发生的肉眼可见的破裂现象。加于纸面的外部张力也即油墨的分离力，纸张的内聚力也就是决定纸张表面结合强度的纸面粒子之间的结合力，对于非涂料纸来就是纤维之间的结合力，对于涂料纸来说就是涂层与原纸层的结合力以及涂层内部的结合力。拉毛的结果不仅影响印刷品的质量，面且给印刷生产带来麻烦，对于凸印来说会堵塞印版，污染油墨；对胶印来说印刷工人必须经常停机清洗版面和橡皮滚筒。因此，对印刷纸表面强度进行测定，根据印刷方式和印刷机类型选择适合印刷的纸张具有十分重要的意义。

2. 纸张的干拉毛与湿拉毛

按发生拉毛时是否有水的参与，把拉毛分为干拉毛和湿拉毛两类。干拉毛与水无关，只是由于油墨的分离力对纸张表面作用的结果，这种拉毛现象自然与纸的耐水性无关，在单色机和多色机上都可能发生干拉毛。湿拉毛是在水的参与下发生的,因此与纸张的耐水性有关。湿拉毛是多色胶印中特有的拉毛现象。干拉毛是在纤维或填料之间的结合力小于油墨的分离力时发生的,而湿拉毛是在这一条件下再加上润版液的参与下发生的。

即使在干燥时纸张的拉毛阻力再大,但在多色印刷中多次受到润版液的润湿作用,对于靠氢键结合的非涂料的纤维之间或以水溶性胶(如淀粉、聚乙烯醇)为胶黏剂的涂料中颜料之间的结合力都会显著下降,也就更容易发生拉毛现象。湿拉毛与水密切相关,与水量及水在纸面上停留的时间有关。在纸面水量相同的情况下,迅速印上油墨的情形与隔一段时间后才印上油墨的情形也大不一样,前一种情形印上油墨时大量的水分还停留在纸张表面,而后一种情形印上油墨时纸面上的水已大部分渗透到纸张内部去了。显然,前者较容易发生湿拉毛现象。

3. 纸张的掉粉、掉毛

掉粉掉毛是指在印刷过程中纸张表面松散粒子的脱落现象。与拉毛现象不同,掉粉掉毛指只由于润版液的湿润或机械摩擦作用就能导致纸面松散粒子的脱落,而拉毛必须在油墨的分离力大于纸面粒子之间的结合力时才发生。因此,拉毛是导致纸面相互结合的粒子的剥落,而掉粉掉毛是纸面松散粒子的脱落。拉毛取决于纸张的表面强度,掉粉掉毛取决于纸面的干净程度。虽然是纸张两个不同的方面的性能,但对印刷造成的影响是一样的,纸面脱落下的松散粒子同样会堆积在橡皮布表面,转移到印版表面等,引起类似拉毛的故障。在实际印刷中我们也常见到,表面强度高的纸张在印刷中同样要清洗橡皮布,这种现象在国产纸中尤为常见。因此,除表面强度外,掉粉掉毛性能也是影响印刷生产的纸张的印刷运行性能。但目前还没有常规的定量测量纸张掉粉掉毛性能的方法,仅有一些半定量的评价方法,如 IGT 悬浮物试验法。

4. 纸张表面强度的测量

迄今开发用于测定纸张表面强度的方法有许多,不同时期最有代表性的方法有如下几种。

(1) 蜡棒法

该法是采用 20 根胶黏能力不同的蜡棒,按胶黏能力由小到大从 2A 到 32A 编号。测量时将蜡棒的一端加热位之熔化后,垂直加于纸张表面,15 min 后拔起,用能将纸面损坏的蜡棒的号数表示纸张的表面强度,号数越高,表示纸张表面强度越高。蜡棒法曾一度广泛用于印刷纸表面强度检测,至今在美国一些印刷纸质量标准中仍以蜡棒法的结果作为纸张表面强度的度量标准,这主要是因为此法测量简便,且能较准确地区分不同表面强度的纸张。但由于所用蜡与印刷油墨在结构上的差异，对纸张的附着力、亲和力与油墨的情形各不相同，且采用静态测量，不能反映出纸张表面在印刷过程被剥离的力学特征，因而只有比较的意义，这是蜡棒法的局限性。

（2）加速印刷法

加速印刷的方法是基于流体在平面之间分离时的分离力与分离的速度成正比关系的理论设计的，即分离速度越快，分离力越大。对于一定的印刷油墨，当油墨的分离力大于纸张的拉毛阻力时，纸面便发生所谓的拉毛现象，因此发生拉毛时印刷速度使间接表示了纸张拉毛阻力的大小。该印刷速度称之为临界拉毛速度或拉毛速度。IGT 系列印刷适性仪就是利用这一原理进行拉毛实验的。它不仅可以用于拉毛测试，而且可进行各种纸张、油墨结合的印刷适性试验。利用 IGT 印刷适性仪测量纸张表面强度（拉毛阻力）的方法已被采纳为国际标准方法和我国国家标准方法。

5. 纸张表面强度的表示方法

用加速印刷的方法测得的临界拉毛速度 V_c 表征纸张的表面强度，在众多方法中是最为科学的。但对于不同的拉毛油或油墨，尽管相同的纸张，其临界拉毛速度是各不相同的，这就不便于不同纸张之间的相互比较，也难以与实际印刷联系起来，即使采用标难拉毛油或油墨，临界拉毛速度也只能比较纸张之间表面强度（拉毛阻力）的相对大小，而不能确定在实际纸张、油墨和印刷条件下，不发生拉毛的条件。对此，美国纸张化学学院的研究者们首先进行了大胆的研究，提出了用临界拉毛速度与拉毛试验油墨塑性黏度的乘积（称之为 VVP 值）来度量纸张拉毛阻力的大小。指出，对于一定的纸张，VVP 值为一常数。VVP 值的提出，为比较不同黏度拉毛油测定的纸张表面强度提供了方便。表 2－1 所示为采用黏度为 21 Pa·s 的低黏度拉毛油和黏度为 72 Pa·s 的中黏度拉毛油测得的几种纸张的临界拉毛速度（V_c）和 VVP 值结果。从表中可知，对于一定纸张，两种拉毛油墨的 VVP 值是基本相等的，其偏差远小于实验的误差范围。

表 2－1　几种纸张的 Vc 值（m/s）和 VVP 值

纸种	低黏度油		中黏度油		$\dfrac{VVP_m - VVP_L}{VVP_L} \times 100\%$
	V_{CL}	VVP_L	V_{Cm}	VVP_m	
涂布白板纸	4.89	102.7	1.33	98.8	－3.8
铜版纸 1	2.32	48.7	0.65	46.8	－3.9

续表 2－1

纸种	低黏度油		中黏度油		$\dfrac{VVP_m - VVP_L}{VVP_L} \times 100\%$
	V_{CL}	VVP_L	V_{Cm}	VVP_m	
铜版纸 2	2.59	54.4	0.74	53.3	－2.0
凸版纸	1.14	23.9	0.34	24.5	2.5
胶版纸	3.43	72.0	1.04	74.9	4.0

6. 纸张表面强度对拉毛试验的影响

在进行拉毛试验时，同一种纸样 10 次拉毛的结果，很难有两次是相同的。这是因为在纸幅整个表面上的纸张性质存在差别，纸面粒子之间的结合力并不是均匀的，因此，每种纸样的表面强度都有一个如图 2－8 所示的近似正态分布。这条曲线也是纸面粒子（纤维或填料）被剥离的拉毛速度分布曲线。其中大多数粒子所具有的拉毛速度 M 称之为平均速度。当我们用速度递增的方式进行一系列匀速印刷测量纸张的拉毛速度时，我们测得的纸张的拉毛速度会是速度 L，面不是平均速度 M，因为在这种方式印刷中在速度 L 点就已有足够的粒子脱离纸面造成了纸面肉眼可见的破裂现象。但如果采用加速方式进行拉毛试验，则会发现在速度 L 时基本上纸面粒子未被剥离，而在比 L 更高速度的地方才明显地出现拉毛现象。这个更高的速度即为图 2－8 中的 P，P 即为我们所测得的纸张的平均拉毛速度。速度 P 值的大小取决所用的加速度（或终点速度），加速度越高，测得的拉毛速度 P 越高。在实际拉毛试验中已经发现，当采用弹簧加速器 A 速（终点速度为 2.5 m/s）时测得的拉毛速度比采用摆锤加速测得的结果高大约 20%。采用不同黏度拉毛油进行测试，也发现了

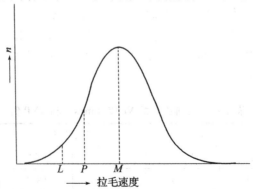

图 2－8　纸面粒子从纸面被剥离的速度分布

类似的结果。采用不同宽度的印刷盘，测量结果也各不相同，在一定加速度下，采用1 cm宽印刷盘时纸面粒子被拔起的几率是采用2 cm宽印刷盘的两倍。采用1 cm印刷盘测得的拉毛速度比采用2 cm印刷盘的结果高约5%。

上述现象都是由于纸张表面强度分布影响的结果。这些现象表明，要使拉毛试验结果具有很好的可比性，采用相同的印刷条件进行拉毛试验是十分必要的。

二、纸张的平滑度

1. 印刷平滑度与表面可压缩性

在印刷中，获得忠实原稿印刷品的首要条件是纸张的平滑度。由于纸张的组成与结构的不同，其表面的凹凸不平是客观存在的，如新闻纸和胶版纸的纸面是靠纤维的排列与交织而形成的，虽然含有一定的填料，也经过压光处理，但其表面总是存在着纤维间的孔隙或填料与纤维间的孔隙。对于涂料纸来说，其表面由涂料层构成，虽受涂料的性质和涂布机特性的影响，但它的表面只是存在颜料颗粒间的缝隙，它的平滑度比起非涂料纸来要优越得多。

平滑度是指纸张表面的平整程度，它取决于纸张表面的形貌，描述了纸张的表面结构特性。纸张的平滑度与其光泽度有一定关系，二者都受造纸过程中压光处理的影响。但两个量的物理意义却并不相同，在数量上也不是简单的关系，如一张未经压光处理的涂料纸虽光泽度低但却相当平滑。因此，也常用粗糙度表示纸张的平整程度。

要获得满意的印刷质量，纸张的平滑度是一个必要的条件，与平滑度同等重要的是纸的表面可压缩性。表面可压缩性决定纸张在印刷过程中压印瞬间纸张平滑度，即印刷压力作用下纸张的平滑度。我们把印刷压力作用下纸张的平滑度称之为印刷平滑度；把纸张自由状态下纸张表面的平滑度称之为表观平滑度。表观平滑度取决于纸张的外观纹理结构；印刷平滑度则是纸张表观平滑度和表面可压缩性的综合效应。对印刷品质量有直接影响的是纸张的印刷平滑度，因而是纸张最重要的印刷适性指标之一。

一种材料受到压力作用时体积减少，这种材料便是可压缩的。同样，与某种材料表面有关的体积受压力作用而减少时，也可以说该种材料的表面是可压缩的。即当压力作用于材料的表面时，可压缩性表面粗糙度会减小。因此，可压缩性表面在受压力作用时与其说是表面体积减少，不如说是表面粗糙度减小。

2. 纸张的印刷平滑度的表示方法

纸张的平滑度有多种测定方法，如光学接触法、空气泄露法等，但它们只能测量纸张在印前的原始平滑度，并不能表达纸张在压印过程中所呈现的平滑状态。荷兰印刷技术研究所提出了在印刷适性仪上测量印刷过程中纸张的平滑度，即采用水痕法测量出纸张的粗糙度。这种方法模拟了圆压圆印刷状态，在一定的印刷速度、印刷压力下进行印刷，使纸张表面的几何状态与实际圆压圆印刷相近，测得的结果表征了纸张在压印过程中的平均粗糙程度。

（1）印刷粗糙度

在 IGT 印刷适性仪上测定的，把少量精确定量的水扩散分布在纸面上，使它形成一个椭圆形的轨迹。通过测量水所充填的容积，即一滴水在纸面上印痕面积的大小为 IGT 印刷粗糙度。它间接表示了纸张的印刷平滑度，也就是说，纸张的印刷平滑度越高，一定体积的水滴在纸面上铺展的面积就越大，纸张的印刷粗糙度就越小。

（2）绝对单位粗糙度

绝对单位粗糙度是在 PPS 型粗糙度仪上测得的纸张印刷平滑度，PPS 型粗糙度仪是采用在接近印刷压力下测得纸张印刷平滑度的空气泄漏法粗糙度仪。该仪器的测量压力较其他种类的平滑度仪都高出很多，测量状态更接近于实际印刷状态；测量时纸样的背衬材料采用了实际印刷中常用的背衬材料，根据印刷方式的不同选用不同的背衬，也可用其他背衬材料，用以研究背衬对平滑度的影响。

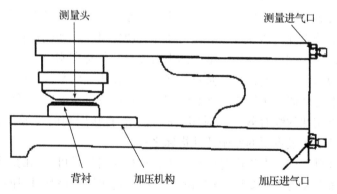

图 2-9 PPS 型粗糙度仪示意图

PPS 型粗糙度仪由测量头、气动控制装置和测量板三大部分组成，由测量头上测量环与纸面之间泄露的空气经由测量板上的流量计，并将流速换算成绝对单位的粗糙度值，以 μm 表示，其数值能反映充填纸面凹坑所需的墨膜厚度。

第六节　纸张的光学性能

纸张的光学性能包括白度、不透明度、光泽度、透光度和色度等，是纸张的物理性能的一部分，它直接影响着纸张的印刷品质适性。

当一平行光束照射在纸张表面时，发生的光学现象如图 2 – 10 所示。首先一部分光发生镜面，镜面反射是指反射角与入射角相等，方向相反的反射现象。若纸面为光学平滑，即表面凹陷间间隙小于 1/16 入射波长，则镜面反射光也为平行光束，且镜面反射光不受反射体颜色的影响，如果入射光为白光，镜面反射光也是白光。除镜面反射外，一部分光通过纸张与空气间的界面进入纸张内部，并在其界面上发生折射。进入纸张内部的光一部分被吸收，如纸张选择性吸收则使纸张呈现出颜色。另一部分进入纸张内部的光在纤维、填料、空气、涂料形成的若干界面上，由于界面间物质折射率的差异而发生散射。散射的结果，光沿各个方向传递，散射后的光一部分回到入射面而射出纸面，这部分光称为扩散反射光；另一部分从纸的另一面射出，这部分光称为扩散透射光，不可忽视的是还有极少量的镜面透射光，即无散射透过纸张的光。

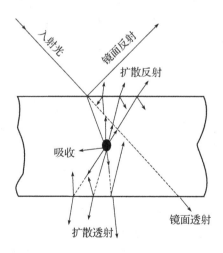

图 2 – 10　光照在纸张表面发生的光学现象

一、纸张的白度

大多数适用于印刷的纸张必须具有符合要求的白度指标。制浆造纸过程中最初获得的纸浆，由于经受了剧烈的化学作用，浆料颜色较深，只有经过有效地漂白作用，获得较高的白度后才能用于白色纸张或纸板生产。浆料经过漂白后，对于蓝光的吸收性能有了很大的差异，通常漂白后浆料对光的吸收性大大下降。

白度是指物质本质上具有的白色程度。从技术的观点来看，纸张及纸板白色程度包括了各种复杂的因素，它是纸张总光谱反射率、照明能量分布、观察条件和观察者特性的函数。造纸工业中的白度，对于大多数纸张是基于测量纸张对光谱中蓝光范围，即主波长为 457 nm 光的反射率。在欧洲和北美地区，测量新闻纸的白度，则是基于测量纸张在光谱中绿光范围（主波长为 557 nm）光的反射率。显然这种物理测量的白度与我们视觉上感觉到的白色程度是有差别的。

影响纸张白度的主要因素包括以下几方面：

①染料。每种染料都有一定的特性波长，在该波长处吸收光最多，这就是通常所说的最大吸收波长。在选择染料时，应使该染料在测量白度的光波长附近不会影响其反射率，既能调正纸张颜色，又不明显地影响纸张白度。

②填料的白度。填料白度因其种类和等级的不同，有较大的差别。如果使用比浆料的白度高的填料，则加填量越多，纸张的白度就越高。

③浆料的白度。浆料白度是影响纸张白度最重要的因素。使用 100% 的漂白纸浆抄造的高级纸，以及用它作为原纸的高级涂料印刷纸的白度在 80% 左右。相比之下，配有机械木浆的中级纸及中级涂料印刷纸的白度就会降低一些，这类纸的白度取决于使用的浆料的白度以及浆料的配比。

④涂料的白度。涂料印刷纸的白度是由原纸的白度、涂料的白度以及涂布量来确定的。如果原纸的白度高于涂层，一些透过涂层的光线将被原纸表面反射回去，并再次通过深层涂层的表面反射出来，则白度也可提高。如果原纸的白度低，则被原纸表面吸收的光量增加，再通过涂层反射出来的光减少，从而会降低涂布面的白度。

由于印刷品的反差是随纸张白度的增加而增加的，且大多数彩色油墨都为透明或半透明的，纸张的反射光会通过墨层透射出来，因此对于彩色印刷品，应采用高白度的纸张进行印刷。而对于书刊这类经常阅读的印刷品，由于高白度常导致不良的效果，所以这类印刷品的用纸的白度不必太高。

二、纸张的光泽度与不透明度

1. 光泽度

光泽度作为纸张表面的特性，取决于纸张表面镜面反射光的能力。理论上把光泽度定义为纸面镜面反射光能力与完全镜面反射能力的接近程度。对于镜面，照射其上面的光几乎全部在镜面方向反射，相反对于完全扩散即"无光泽"表面，则在任何角度方向反射都一样，向各方向反射。大多数纸张既不是完全无光泽的，也不是完全镜面的，而是介于二者之间。光泽度除具有上述物理特性外，还有其心理方面的特性，在此不作详述。对于印刷纸来说，光泽度是非常重要的问题。市场上销售的纸张可分为有光纸和无光纸两大类。如何进行选择，那就要看印刷品的设计要求和用途，从一般的要求来说，光泽度高的占主流。纸张光泽度由低到高，可排列为非涂料纸、轻量涂料纸、涂料纸、铜版纸和铸涂纸。

对于印刷者来讲，总把光泽度与高的平滑度和良好的印刷质量联系起来，都希望印刷纸张是有光泽的，这样可提高印刷品的美感。可见，纸张表面光泽度及平滑度对印刷品的质量是十分重要的，尤其在包装领域。

从对印刷品质量的影响来看，纸张的光泽度与印刷品的光泽度之间有着十分直接的关系，如图 2 – 11 所示，无论是快干油墨还是慢干油墨，印刷品光泽度均随纸张本身光泽度的提高而提高。在实际印刷中，要印制高光泽度的印刷品，常常需选用高光泽度的纸张。但对于同一涂布量的纸来说，纸张光泽高并不意味着用它印制的印刷品光泽度也高。这是因为影响印刷而平滑度的因素，不单是纸张的光泽度的缘故，一些无光涂料纸由于印刷时能获得均匀平滑的印

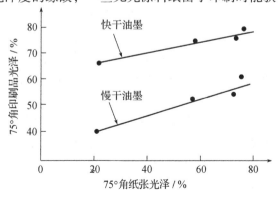

图 2 – 11　纸张光泽度对印刷品光泽的影响

刷表面，同样可获得高光泽的印刷品。

最近的研究发现，纸张的光泽度与纸张的着墨效率有着直接的联系，光泽度高的纸张较光泽度低的纸张，在纸面印以相同墨膜厚度时能获得更高的印刷密度。表2-2所示为不同光泽度纸张印以同种油墨时的密度平滑度（表示随纸面墨膜厚度增加印刷品反射密度增加的快慢程度）结果，从表2-2中可见，密度平滑度随纸张光泽度的增加而显著增加。但由于炫光影响，光泽过高常常会导致阅读质量下降，使人感到疲倦。因此以文字为主的印刷出版物，往往采用低光泽度的纸张，如非涂料纸或无光涂料纸。而以宣传为主的商业性印刷里，高光泽度的涂料纸仍占主流。纸张的光泽度是印刷纸张一个十分重要的指标，但光泽的均匀性比光泽的平均水平更为重要。光泽的不均匀性被称为斑点，斑点是目前国产铜版纸与进口铜版纸的主要差距之一。光泽不均匀性测量目前已开发出不少仪器，如美国造纸化学学院的不均匀性测试仪。这些仪器的原理基本上都是基于把非常小区域的反射率与其周围相对较大的区域的反射率进行比较，打印出差值的均值或方差值。该方差值越小说明纸面光泽越均匀。

表2-2　纸张光泽度对密度平滑度的影响

纸张	铜版纸	胶版纸	新闻纸
光泽度/%	66.3	14.9	8.9
密度平滑度/μm^{-1}	0.51	0.23	0.15

2. 不透明度

透明度和不透明度均为描述纸张透光性质的物理量。它们取决于纸张透射的光量。透明度虽与不透明度有关，但也有各不相同的意义，不透明度取决于总透射光量，而透明度仅取决于镜面透射光量。所以，对于理想的透明材料，应是不反射、散射和吸收照射其上面的光，而无散射地透过所有的光。当光通过物体发生散射和扩散透射时，该物体便称为半透明体。几乎所有的纸张都是半透明体。

透明度是描图纸、复制纸及某些包装纸的十分重要的质量指标。用透明率可真实地量度透明度，透明率是镜面透射率与总透射率的比值，它是评价纸张透明度最好的方法。

用于包装照相胶片的黑纸是绝对不允许光线透过的，这类纸可以称得上是完全"不透明体"。在实际中，通常把大多数纸或纸板都称为"不透明体"，可见这是非常不严格的。例如，"不透明"的书写纸的不透明度为90%，"不透明"的面包包装纸的不透明度仅为 60% 。不透明度是书刊、证券、书写纸等非常重要的性质，它对于纸张在印刷或书写后是否会产生透印起着决定作用。

不透明度是印刷纸非常重要的指标，因此对其影响因素进行详细讨论是十分必要的。影响纸张不透明度的因素相当多，从理论上讲，凡能增加散射能力和吸收能力的任何因素都将影响纸张的不透明度。下面分别进行讨论。

（1）反射能力

反射能力取决于吸收系数与散射系数的比值，它的减少会导致纸张不透明度的增加，且反射率每减少 2.0 个单位，不透明度约增加 1.0 个单位。在实际中，我们也不难发现，白度高的纸张的不透明度比同一定量值的白度低的纸张的不透明度要低。

（2）测量光的波长

测量光的波长主要影响纸张的吸收能力。由于纸张吸收较多的蓝光，因而用蓝光测量白纸的不透明度比用红光测量的不透明度要高得多。用于测试有色纸的最大不透明度光的波长取决于纸张的颜色。

（3）染料

染料对不透明度的影响非常明显，即使加入少量的染料也会导致不透明度显著增加，当测量光波长与染料的最大吸收波长相对应时，染料产生最大的不透明效应。

（4）定量

增加定量会导致散射能力增加，因而能增加纸张的不透明度，如果其他条件固定，散射能力与定量成正比例关系。

（5）打浆与湿压

纸张散射系数是单位质量纸页比表面积的线性函数。打浆对不透明度有两个相反方面的作用。一方面，打浆增加了纤维发生光散射的总面积，从而能增加不透明度；但另一方面打浆还能增加纤维间粘结面从而增加了纤维间的光学接触面积，这会导致不透明度降低。对于大多数浆料，由于光学接触的增加而导致的散射系数的减少比由于比表面积的增加而导致的散射系数的增加要重要得多，所以对于大多数浆料，打浆会降低不透明度。湿压不会增加纤维比表面，但会增加纸内各粒子间的粘结，即光学接触，所以湿压总是降低纸张的不透明度。

（6）表观密度

打浆、湿压和压光等都能增加纸张的表观密度。当打浆或湿压导致表现密度增加时，通常在纸内产生较多的光学接触，因而会降低纸张的不透明度。在湿含量低于6%的条件下，压光纸页导致表观密度的增加，不会产生更多的光学接触，因面对纸张不透明度的影响不明显。用水蒸气超级压光纸页或压光湿含量较高的纸页，密度增加后则会产生更多的光学接触，从而会减少纸张的不透明度。

（7）填料

在加填的纸中，存在着3种界面，即：纤维—空气、颜料—纤维和颜料—空气，由于颜料—空气界面折射率差异较大，因而填料的加入能显著地增加纸张的光散射能力，从而增加纸张的不透明度。由于颜料—纤维界面上光散射能力较弱，所以对加填纸张增加湿压会增加纤维—颜料界面而减少光散射能力较大的颜料—空气界面和纤维—空气界面，从而会降低纸张的不透明度。对于一定的填料，其散射系数取决于颜料粒子的大小和颜料粒子在纸中的分散程度。当粒子直径减小时，光通过空气—填料界面的次数增加因而散射能力增加。但如果填料粒子直径小于入射光波长的一半时，将失去散射能力，所以，一般填料粒子的有效直径不能小于 0.5 μm。填料粒子在纸中的不适当分散会形成粒子间的光学接触，相当于形成了更大直径的粒子，因而会减少散射能力。所以用一定量的颜料作为填料产生的不透明度比等量颜料作为涂料产生的不透明度要高。这不仅是由于在涂料中，颜料粒子间紧紧地包在一起形成光学接触的缘故，还由于料子间的空气被黏合剂取代，从而减少了散射界面间折射率的差异，所以减少了散射能力，减少了纸张的不透明度。

（8）涂蜡

如果将石蜡或折射率与纤维素接近的类似物质浸入纸张，纸张的不透明度会大大降低。即使用滑石粉、白土或其他折射率接近 1.5 的颜料加填或徐布纸张，涂蜡后纸张的不透明度也将非常低。但加入高折射率的颜料如钛白、锌白，涂蜡后纸张仍将保持高的不透明度。表所示为涂蜡纸不同界面上反射光的量。从表 2-3 中数据可进一步看出涂蜡对纸张不透明度的影响。

表 2-3　不同界面上的反射率

界面	纤维素—空气	纤维素—空气	钛白—空气	钛白—蜡
反射率（%）	4.0	0.1	18.0	7.5

（9）浆料

对于一定的浆料，不透明度取决于纤维的细度（即纤维直径）。由于纤维都几乎处于纸页平面上，光线仅横向通过它们，纤维长度对横向纤维—空气界面的数量不产生影响，因而对于纸张不透明度的影响也非常小或几乎没有。磨木浆纤维大小对比表面积和不透明度的影响如表2-4所示。从表2-4中可看出，比表面积和不透明度均随纤维大小的减小而增加。细小纤维吸收光的程度高，因而能产生相当高的不透明度。还必须指出的是浆料影响不透明度大小除与纤维大小有关外，还取决于蒸煮的程度、打浆和压榨程度以及其他影响纸页粘结程度的造纸因素。但一般来说，浆料反射能力越低，纸张不透明度越高。

表2-4　纤维大小对比表面积和不透明度的影响

筛分组分/目	比表面积/（cm²/g）	印刷不透明度 R_0/R_∞/%
12~20	11 400	79.8
12~35	12 500	85.0
12~65	13 900	87.4
12~150	24 100	91.1
12~细小纤维	47 400	98.8
12~0	34 200	92.6

第七节　纸张的酸碱性

纸张的酸碱性可用 pH 值来表示。不同生产工艺生产出的纸张其 pH 值也不同。一般在造纸过程中用矾土做沉淀剂来沉淀松香胶和保留填料的纸张，pH 值大约在4，纸张呈微酸性；如果使用中性施胶剂，则纸的 pH 值接近7。涂料纸的 pH 值比非涂料纸要高一些，这是因为，分散填料中的高岭土需要碱性，因此填料（如碳酸钙）是呈碱性的，胶黏剂中干酪素是呈碱性的，涂层也就是呈碱性。由于涂层慢慢从空气中吸收二氧化碳，一定时间后 pH 值有所下降，最后下降到6~7。

一、纸张酸碱性对印刷的影响

在印刷过程中，纸张的酸碱性会引起印版的腐蚀和粘版，直接影响印迹的氧化结膜干燥。表所示为普通亚麻仁油型胶印油墨印于 pH 值不同的证券纸上所得结果，从表2-5中结果可见，pH 值越大，油墨的干燥速度越快，这是因为呈酸性的纸张，会吸收油墨中的干燥剂，从而起着抑制氧化结膜作用的结果。研究发现，对于树脂油墨，这种影响不大。在胶印过程中，若纸张的碱性太强，则纸中的碱性物质会不断地传送到水斗中去，使水斗中一部分溶液被中和，直接影响水斗溶液 pH 值的控制。此外，这些碱性物质还会减少印版水墨界面上的界面张力，促使油墨乳化，导致非图文部分上脏。水斗溶液的碱性越强，这种影响越严重。

表 2-5　纸张 pH 值对油墨干燥时间的影响

纸张 pH 值	4.5	5.0	5.5	7.0
干燥时间/h	70	34	21	9

此外，我们在实际中发现，如果用 pH 值低的纸进行烫金印刷时，或用金墨进行印刷后，经常时间保存，金字会变色。这是因为和这些金墨相接触的另一纸页反面上的一些氢离子，转移到金墨面上而使金墨腐蚀的结果。

二、纸张酸碱性值对纸张耐久性的影响

纸张耐久性是指长时间内，纸能保留的重要的物理机械性质，特别是强度和颜色。时间越长，说明纸的耐久性越好。耐久性和耐用性不同，耐用性是表示在连续使用的情况下能保持它原有品质的程度。耐久性对于法律记录用纸，重要的证明文件用纸，艺术品用纸以及有长期保存价值的高级书籍和某些印刷品用纸是非常重要的。

影响纸张耐久性的因素很多，在诸多因素中，纸张的 pH 值的影响是最为显著的，研究发现，纸张 pH 值越低（酸性越强），颜色及强度谁退越快，也就是耐久性越差。

三、纸张酸碱性的测量

①水抽出液的 pH 值。按标准方法用蒸馏水抽提纸样，测定水溶液的 pH 值作为纸样的 pH 值。

②纸张表面的 pH 值。用上述方法测量的是由纤维、辅料和吸附水所组成的多相体系的纸张 pH 值，而对印刷有直接影响的是纸张表面的 pH 值。纸张表面的 pH 值与水抽提液的 pH 值是不同的，尤其对涂料印刷纸。因此，测量纸张表面的 pH 值更具有意义。目前测量纸张表面的方法有电测量法和颜色指示剂方法。

电测量法。该方法是采用玻璃电极与参比电极连在一起对试样的潮湿表面进行测量，该法能快速地提供纸张表面的酸碱性结果。由于该法测定不破坏样品，因此特别适合于检查书和重要文件的酸碱度。其原理是将试样放置在尽量排除空气的衬有软橡皮或泡沫塑料的圆筒内，用 0.5 mL 纯水润湿试样，迅速插入由玻璃电极、参比电极组合而成的平头电极，使电极在试样上的压力保持恒定，在规定的时间内测量的 pH 值为测量结果。

颜色指示剂法。该方法是采用适宜的酸碱指示剂点滴在纸张表面进行测量，最适宜的试剂有：溴甲酚绿和溴甲酚紫。测定时可将指示剂涂于纸的潮湿表面。

复习思考题

1. 什么是纸张的两面性？产生两面性的主要原因是什么？它对印刷纸的质量和印刷有哪些影响？如何克服两面性

2. 何谓纸张的方向性？在单张纸胶印过程中，采用长边直丝绺还是长边横丝绺的纸张？为什么？

3. 油墨接受性能与油墨吸收性能有何区别与联系？

4. 在实际印刷过程中，纸张对油墨的吸收分为哪几个阶段？

5. 哪些因素影响纸张的白度？如何影响？

6. 纸张的透明度与不透明度在概念上有何不同？

7. 表示纸张不透明度的方法通常有哪些？

8. 影响纸张不透明度的因素有哪些？分别如何影响？

9. 纸张的酸碱性对印刷有何影响？

第三章　纸张的印刷适性

第一节　概　述

　　"印刷适性"这个名词，对于印刷工作者来说并不陌生，然而对这个名词的含义的认识并不统一。印刷适性确实与印刷技术密切相关，为了更有效地印刷出优质的印刷品，对纸张的要求是容易印刷，对油墨的要求是容易印上去，这种要求就被称为纸张或油墨的印刷适性。

　　印刷适性是纸张和油墨所应具有的性质之一，它不仅包含着在印刷工作现场所要求的性质，而且还包括了印刷品在适用上的牢固度、外观美以及易读性和宣传性所要求的性质。也就是说，印刷适性好的纸张和油墨，就可以在良好的工作条件下生产出质量优良的印刷品来。当然，除了纸张和油墨之外，印刷所用的印版、胶辊与橡皮布以及印刷设备和印刷车间等要素都有印刷适性的问题，它们均会对印刷质量产生影响。

　　印刷适性的文字描述并不统一，日本的《印刷字典》中这样描述：为了加工符合目的的印刷品，使用材料所必须具有的性质。美国的罗杰斯对印刷适性下的定义为：纸张、油墨、印刷过程、印版和印刷车间五个要素比较适合印刷的条件，以便于获得优质印刷品的性质，以及它们之间的关系。我国有关专家对印刷适性研究时指出：印刷适性是指纸张、油墨、印版、印刷过程和印刷车间等要素，为获得最理想的印刷质量效果所必需具备的相关性质。

　　印刷适性的研究不仅能改善印刷材料的适印性，同时，也为印刷生产的数据化、规范化奠定了基础。印刷适性的研究，除了对印刷工艺和印刷材料的适印性进行研究外，还涉及一些基本理论的研究和探讨。诸如界面化学与印刷，流变化学与印刷，以及高分子化学与印刷等。

　　纸张是纸质印刷品的基本原材料，而纸质印刷品的质量效果如何，与纸张的印刷适性密切相关。纸张的印刷适性是在指定的印刷方式下，以必要的速度、必要的数量、必要的质量来管理印刷品的生产，为记述纸张的物理、化学性质所用的综合词汇。也就是说，在特定的印刷方式下在印版和油墨以及其他条件均为最佳的状态下，纸张能在印刷机上正常运行，并能使印版上的油墨顺利地转移在表面上，获得完整、饱满、清晰的印迹。而且，油墨固结后，显现出最佳的色彩效应和印刷质量的各种性能。这些性能包括了纸张的抗张强度、表面强度、平滑度、不透明度、白度、光泽度、吸收性、伸缩性、弹性、压缩性和均一性等。仅凭测量一两个性能来判定纸张的印刷适性是不可能的，必须根据所采用的印刷方式、印刷速度和印刷品的要求等来综合确定某种纸张的印刷适性。

在具体讨论纸张的印刷适性时，可从纸张的作业适性和印刷品品质适性两个方面进行。

纸张的作业适性是指纸张在印刷机上能正常运行所需的各种性质。主要包括：抗张强度、表面强度、伸长率、伸缩性和韧性等。另外，还要求不能存在静电或者不合理地产生静电。然而对于不同的印刷方式，或者不同的印刷方式，或者不同的印刷速度，所要求的性质和性能范围是不同的。例如胶印印书与凸印印书用纸，除了凸印印书用纸的适性要求外，为了保证生产的正常进行，还要求纸张的均一性要好、表面强度高和一定的湿强度等，具体要求达到什么范围，则要根据机型和速度来确定。又如，同是胶印机，单色机与多色机的要求也有不同，单色机要求纸张的伸缩性越小越好，而多色机则要求纸张的表面强度要高一些，对伸缩性的要求就不那么严格了。

总之，纸张的印刷作业适性，虽是以强度为主要内容的各种性质，但是，由于印刷方式、印刷机型和印刷速度的不同，其作业适性要求的内容与范围也有所不同。所以，纸张的印刷作业适性是根据印刷方式、印刷机型和印刷速度来确定其具体性能的，并不存在统一的模式。

纸张的印刷品品质适性是指纸张对印刷品的质量和使用目的起主导作用的性质。它既包含了纸张对印刷品的质量起决定性的性质，也包含了纸张对印刷品的加工和使用所起的重要作用的性质。

纸张的印刷品品质适性主要是指影响印刷品的解像力、反差、调子密度、调子再现性的纸张性质和印刷品使用与加工所要求的性质。诸如纸张的平滑度、白度、不透明度、油墨受容性、压缩性、弹性、伸缩性等。当然，不同用途的印刷品对其产品适性的要求也就有所不同，例如对于网点印刷品，强调调子的复制、网点的再现性和均匀性；而对线条和文字印刷品，则强调反差、均匀性和再现性。因此，它们对纸张性质的要求也存在着差异。

第二节　纸张的调湿处理与印刷适性

一、纸张的调湿处理

由于纸张具有吸湿性，在印刷之前都应对纸张进行了调湿处理度条件相适应，以适于印刷。在胶印中，纸张的调湿处理尤为重要还要继续受到润湿液的多次润湿作用。经过调节使其水分含量与印刷车间空气的湿度相平衡后的纸张使之与印刷车间的温湿因为在胶印过程中纸张在胶印机上印刷时，可能再吸收0.5%~1.0%的水分，印刷后，纸张水分仍与空气的湿度平衡。这是由于滞后作用造成的现象，在滞后的限度以内，纸张在较低（吸收）到较高（解吸）的曲线上重新调整其平衡水分。滞后作用是胶版印刷中的一项因素，因为一般商品纸张，在造纸机上干燥后的水分含量，低于纸张在印刷车间气候条件下的相对平衡水分含量。例如，纸张在造纸机上普通干燥到的水分含量为3%~5%，而在印刷车间气候条件下的平衡水分含量一般为6%~8%。

因此，纸张在印刷前调节是从低湿度一面接近平衡水分含量（如吸收水分），并因此会在印刷过程中吸收补充水分，且仍保持在滞后限度以内。但进行多色印刷的纸张，在前几色印刷中，水分含量会继续增加，甚至经过每次印刷以后，纸张的水分仍与印刷车间的湿度相平衡。在印刷以前，可以把纸张放在比印刷车间湿度大的空气中预先调节，然后再放在与印刷车间湿度相等的空气中调节，使纸张从高湿度的一面接近平衡，也就是水分的解吸。这样的纸张在印刷过程中不会继续吸收水分，因为这种纸张已经达到了滞后限度的最大水分含量。这并不是说纸张在印刷过程中，不会吸收水分，而是说纸张在每次通过印刷机时能重行调整平衡水分，因而在每次开始通过印刷面时，纸张的原有水分含量是相等的，并且每次通过印刷机时，水分含量的变化是相同的。在胶版印刷中，解决水分平衡问题最好的办法是在印刷以前调整湿度，使水分损失到空气中的速度与从印刷机上吸收水分的速度相等，这样可以在全部印刷过程中，保持水分的适当平衡。为了达到这种目的，在印刷开始时，纸张的水分含量应当比与印刷车间空气湿度相平衡的纸张水分高0.5%~1.0%。最近平版印刷技术的文献推荐，如印刷时，印刷车间的相对湿度为45%，胶版印刷纸的水分应当为5.5%~5.8%；如车间的相对湿度为50%时，纸张水分为6.0%~6.5%。但这些数值在一定程度上决定于纸张的品种。这种水分相当于在比车间相对湿度高5%~8%的情况下调节所得到的平衡水分。

图3-1所示为不同调湿处理纸张在多色胶印机上湿含量（水分）的变化曲线。图中，a是未经调湿的纸张，b是在印刷车间（相对湿度45%）调湿的纸张，c是在比印刷车间湿度高8%（53%）的环境中调湿的纸张，d是在更高湿度（65%）下调湿的纸张，然后再在比印刷车间湿度高8%（53%）的环境中调湿处理。从图3-1可见，未经调湿处理的纸张a在印刷过程中吸湿，从而会导致纸张的伸长；纸张b虽在印刷车间调湿处理过，但仍吸湿，只是少一些。在比印刷车间相对湿度高8%的湿度下（53%）调湿的纸张c，在印刷过程中，湿含量保持不变。先在65%相对湿度下调湿处理，然后在53%相对湿度下再调湿处理的纸张d，在印刷过程中，也不再吸收水分，但这种纸张的原始水分含量高，这是滞后作用产生的结果。

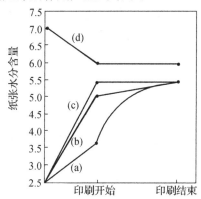

图3-1　在多色胶印中纸张湿含量的变化

a. 未经调湿的纸张；b. 相对湿度45%调湿时的纸张；c. 相对湿度53%时调湿的纸张；d. 先在相对湿度65%时调湿，然后再在相对湿度53%时调湿的纸张

在胶版印刷中，解决水分平衡问题最好的办法是在印刷以前调整湿度，使水分损失到空气中的速度与从印刷机上吸收水分的速度相等，这样可以在全部印刷过程中，保持水分的适当平衡。为了达到这种目的，在印刷开始时，纸张的水分含量应当比与印刷车间空气湿度相平衡的纸张水分约高0.5%。

二、纸张吸湿性对印刷质量的影响

纸张的含水量同时受到空气湿度和纸页吸收性能的影响。在相同的外部环境下，吸收性强的纸张具有更高的平衡水分，即较高的含水量。此时，纸张会更多地吸收空气中的水分而膨胀，纸张塑性增加、变软，抗张强度、撕裂强度以及层间结合强度等均随之下降，但耐折度指标由于很大程度上与纸张的柔软度有关，可能在一定程度上随纸页水分提高而有所增加。较高的纸页水分含量，可能导致印刷过程中印迹不能及时干燥，出现剥离现象。同样吸收性能差的纸张，在同样的外部环境下，其平衡水分含量较低，纸张内部水分易解吸，使纸张失水而收缩，缺乏韧性，由于纸张伸长率下降而容易出现破损和断裂，特别是由于耐折度下降，会导致印刷后的纸张在折叠时发生爆层，造成严重的印刷质量故障。此外，印刷时纸张水分低于 3.5%，车间相对湿度低于 40%，容易出现纸面吸附粉尘、纸毛，以及纸张之间相互吸粘，出现双涨、多张等静电问题造成的多种印刷问题和输纸故障。

三、纸张的尺寸稳定性与印刷的关系

纸张的尺寸稳定性，不仅取决于纸张自身的组成和结构，还取决于外界条件对纸张的影响。例如：在相同的外界条件下，新闻纸、胶版纸和铜版纸的尺寸稳定性是不同的，新闻纸的尺寸稳定性最差，铜版纸的尺寸稳定性最好，而胶版纸则介于二者之间。又如：在不同的外界条件下，即使是同一种纸张，其尺寸稳定性也不同。

纸张的尺寸稳定性实质是纸张在一定条件下的变形大小。纸张的变形越小，尺寸稳定性越好，反之，变形越大，则尺寸稳定性好就越差。然而，造成纸张变形的因素是多方面的，诸如印刷时受剥削张力而引起的变形；受挤压作用引起的变形；环境温度、湿度变形而引起的变形等。而环境温度、湿度变形是引起纸张变形的更为重要的因素。

纸张尺寸稳定性不仅直接影响印刷生产能否正常进行，而且还影响印刷品的质量。因为尺寸稳定性不只是纸张平面尺寸的伸长与缩短，还包括它的体形变形，即纸张不能保持其平衡状态而产生卷曲或波浪形凹凸不平的纸相变化。对于印刷用纸，特别是单张纸印刷机用纸，具有良好的尺寸稳定性是十分重要的，是保证印刷过程得以顺利进行和获得优质印刷品的重要条件，否则将会引起印刷过程的输纸故障或印刷褶皱以及套印不准等故障。

第三节　　纸张的吸墨过程与印刷适性

一、纸张的吸墨性与印刷的关系

油墨从印版或橡皮布上转移到纸张上后，油墨中的一部分，特别是连接料

向纸张渗透。与此同时，油墨中的溶剂开始挥发。另外，连结料的主体部分产生化学反应与物理反应，从而使印张表面的墨膜逐渐增加黏性与硬度，最后形成固体膜层，这是油墨转移后大体上的干燥过程。因此，纸张的吸墨能力、吸收速度影响着油墨干燥的快慢，影响着纸张吸墨后遗留在纸面上油墨的组分结构以及结膜后的物理性能，也就是说，纸张的吸墨能力将影响印刷品的质量。

纸张中毛细孔大小不一，但一般服从正态分布，油墨的颗粒大小也服从正态分布。若颜料粒子的均值远较纸张细小纤维间隙大小的均值为大，则油墨转移到纸张以后，在纤维间的毛细管作用下吸收油墨，其中细小纤维间隙仅吸收油墨连结料中低黏度的物质，形成过滤现象。如果纸张的吸墨性过强，连结料被过多地吸入到纸张内部，使墨层中的成膜物质过多地减少，颜料粒子被悬浮在纸面上，干燥结膜后印品缺乏光泽度，甚至有的印品一经摩擦，颜料后发生剥落现象，即所谓的"粉化"现象。

如果纸张结构过分疏松，吸墨性过强，加之油墨黏度较低，印刷压力过大，还会导致油墨渗透至纸张背面，形成"透印"现象。

如果纸张的吸墨性过强，而且纸张毛细管孔径的均值较大，将使部分颜料粒子连同连结料一起渗入纸内，影响墨层的结膜厚度，印迹不能在纸面上呈现应有的色彩饱和度而影响印刷品的质量。

纸张的吸墨能力对印迹的干燥速度影响比较大，用吸墨性差的纸张进行印刷时，固着干燥结膜慢，容易造成背面粘脏。

二、不同印刷方式对纸张吸墨性的要求

由于印刷方式不同，所采用的油墨性能也各不相同，因此对纸页的油墨吸收性能也有不同的要求。纸张吸墨性的强弱，直接影响着油墨对纸张的渗透和结膜情况。每种印刷纸张都必须具有与印刷方法和印刷条件相适应的吸收性能，才能保证获得饱满、清晰、牢固的印迹。

1. 胶版印刷

使用于胶版印刷的一般为含有颜料的树脂型油墨，其特点是颜料颗粒远大于油墨连结料分子，因此，油墨颜料一般不随油墨连结料向纸页内部迁移。该油墨通过连结料的氧化结膜干燥形成固化的墨膜获得印迹。印刷时，不宜采用吸收性过强的纸张，避免连结料的过度吸收，造成印刷光泽度下降。适合采用吸墨性能较弱的纸张，确保可以获得连续的、具有一定厚度的光鲜墨膜。为避免由于吸收性太差引起的印刷时纸张粘脏现象，一般控制纸张的二甲苯吸收性在 40 ~ 50 s，可获得较好的印刷效果。

2. 凹版印刷

用于凹版印刷的通常为低黏度的挥发性油墨，通过溶剂挥发，树脂在纸张表面固化成膜，应采用吸墨性能适中的纸张为好，避免吸墨速度太慢，造成斑点或层次不清，在多色印刷中导致粘脏现象。

3. 凸版印刷

用于凸版印刷的油墨连结料由不挥发的矿物油组成，适合于粗糙度较高、吸收性较好的纸张，可以利用其良好的吸收性能，使油墨迅速在纸上附着。反之，由于凸版印刷印刷时，印版图文部分凸起，印刷压力较高，对于平滑度较高、吸收性较差的纸张，容易因油墨干燥固化缓慢而出现粘脏等印刷问题。

4. 柔性版印刷

柔性版印刷印版上图文凸起，印刷压力小，主要使用水基油墨，连结料主要由水和水溶性树脂及乳液组成，油墨在纸上的固着主要依赖于纸的吸墨性能，同时加热会存进溶剂和氨的挥发，使油墨在纸张上结膜干燥。所以，柔性版印刷用纸张应具有良好的吸墨性能，使油墨能迅速在纸上附着。对于薄膜类承印材料，由于不具有吸收性，所以目前主要使用溶剂型油墨，依靠连结料中溶剂的挥发，树脂逐渐形成凝胶而干燥。而水基油墨中，水是主要溶剂，水的挥发速率远远低于各种有机溶剂，在正常的印刷速度下，在薄膜上不能实现油墨的固着和干燥。

综上所述，在保证基本的纸张质量的前提下，印品的质量好坏与油墨性能、印刷过程控制以及纸页性能之间存在着密切的关联。充分了解和掌握纸张作为印刷基材所具有的各种理化性能、光学性能对于印刷效果的影响，采取合理的印刷工艺参数，选配和调整适当的油墨，是提高印刷功效和产品质量的重要手段。在实际印刷过程中，应根据印刷品的不同用途、外观效果和内在质量的不同要求，结合纸张油墨吸收性能调整油墨的印刷适性和相应的印刷工艺参数，从而适应各种不同印品的质量要求，取得最佳效果。

第四节 纸张的表面强度与印刷适性

一、纸张的拉毛对印刷的影响

拉毛对印刷的影响主要有两方面：一是造成图文部分的污染；二是胶印中橡皮布及墨辊清洗次数增加。图文部分的污染有两方面，其一是纸面粒子剥落后，由于未沾上油墨面引起白斑点，这一现象能较早地得到发现。这种情况下，剥落下的粒子会粘在橡皮布表面，然后转移到印版上。转移到版上的粒子在版上旋转半周之后，在与墨辊接触之前先与上水（润版液）辊接触一次。这样，沾上水的粒子再接触新油墨时，就不易沾上油墨。结果，这一部分再旋转半周并与橡皮布接触后，使橡皮布也无法上油墨，从面使图文部分产生白斑。只要这一部分不再接受油墨，就会继续在同一位置上留白斑点，这种白斑会越积越多。再有一种污染是由细微的纸粉或微细的涂料粒子等的拉毛引起的，在初期发现它是非常困难的。但经过几千张的印刷后，逐渐在图像边缘发现拉毛现象，此时停机检查橡皮布，就会发现严重的堆墨现象（剥落物在橡皮布上堆积的现象）。这种堆墨现象一旦出现，其发展甚快，因此必须及早进行消除。

目前，长时间印刷后对橡皮布表面进行清洗仍是不可避免的。问题在于清洗的频繁程度如何，这与纸张的表面强度的高低和印刷的图文内容有关。不言而喻，纸张在印刷中发生拉毛后，橡皮布清洗的次数会明显地增加，从而大大地影响印刷生产。不仅如此，拉毛严重时，还会出现纤维从印版经由上墨辊沉积在油墨槽的现象，还会出现版面受填料粒子磨损的现象，严重时会影响到印刷的继续进行。若发生这种故障时，单纯依靠橡皮布的清洗是无法解决的。

二、减轻纸张掉粉、掉毛的方法

纸张的掉粉、掉毛主要取决于纸张的表面强度和印刷条件两个方面，印刷条件包括的内容较多，有油墨的黏着性、油墨的塑性黏度、印刷速度、润湿液供给量等。

要从根本上解决纸张的掉粉、掉毛问题，就是选择表面强度高的纸张进行印刷。当供给印刷的纸张表面强度较低时，要避免纸张掉粉、掉毛现象，可在油墨中加入适量的撤黏剂，以降低油墨的黏着性，或在油墨中加入适量的调墨油（稀释剂），以降低油墨的黏度，从而提高纸张的拉毛速度，这是目前生产现场广泛应用、行之有效的方法。

若在油墨中加入适量的撤黏剂或调墨油后，仍然发生较严重的纸张掉粉、掉毛现象时，应根据纸张的性能，结合实际印刷条件，采用相应的措施来排除纸张掉粉、掉毛的故障。例如，对于多色胶印印刷，可减少润湿液的供给量至最低限度，且润湿液的供给量按印刷色序依次递增；另外，还可适当减少印刷压力或降低印刷速度。

第五节　纸张的平滑度与印刷适性

一、纸张的印刷平滑度与印刷的关系

印刷平滑度是研究纸张的印刷适性的重要内容之一。由于纸张表面客观存在着微观的缺陷和可压缩性，而不同组成与构成的纸张所反应的程度不同，因此就存在着印刷后的图文再现性的优劣和差异。

印刷平滑度的好坏，从纸张角度来看，主要受平滑度和可压缩性两项质量指标的影响。当然，纸张的平滑度高低和可压缩性的强弱是纸张本身结构的影响的。如植物纤维的性质、打浆程度、填料的性质与用量、胶料的用量、抄纸的方法与压光的状态等，都会造成纸后的平滑度和可压缩性造成影响。

从印刷的角度来看，由于印刷方式不同和印刷品的要求不同，对纸张的印刷平滑度的要求也有所不同。

印刷方式不同，对纸张的印刷平滑度要求也有所不同，因为纸张在压印瞬间所处的状态有所不同。如胶印与凸印这两种印刷，它们在压印瞬间不仅是间接印刷与直接印刷的区别，还有印迹受压印力大小的区别，以及衬垫与橡皮布的可压缩性的区别，所以它们对纸张的印刷平滑度的要求也就有所不同。若印同一类产品，胶印所要求纸张的印刷平滑度可低于凸印要求的纸张印刷平滑。

从印刷品的角度来分析纸张的印刷平滑度就比较复杂了。印刷品有一般印刷品与精细印刷品之分；有图像与文字之分；有线条版与网纹版之分。而网纹版又有粗网和细网之分等。由于纸张的印刷平滑度不只影响印刷图纹的再现性，还涉及图纹在纸张表面上的分辨力和失真。因此，就要求具有不同适性的纸张与之适应，否则就难以印刷出符合预期要求的优质印刷品。一般精细网线版印刷品要求纸张的印刷平滑度应该高一些，也就是说，印刷这种产品所用的纸张，应该比较柔软，它的平滑度应该高一些，精细文字产品可以略差一些。一般产品所用的纸张，其印刷平滑度虽然可以差一些，但也应有个界限。

由于文字的大小与笔画的粗细不同及网点的粗细与大小的不同，即使在印刷压力作用下，纸张表面的凹凸不平仍然存在，油墨层因不能全面与纸面接触，使有的地方形成空白。如用胶版纸印刷 60 线/cm 的层次网线版的产品，不能得到优质的产品，就是因为纸张表面的凹凸比某些网点大得多，而无法接触油墨；某些网点只是接触纸面凸起处，而油墨无法与凹处接触，造成图像不能真实再现。虽然可借助增大印刷压力的方法或提高纸张的可压缩性来进行弥补，但实际效果是不同的，因此，它们的印刷平滑度不同，适印性也不同。一般非涂料纸很难用于印刷 50 线/cm 以上的网线产品，特别是新闻纸、书刊印刷纸和未经超级压光的胶版纸更是如此。

二、纸张的印刷平滑度与油墨的转移

在印刷过程中的压印瞬间，油墨从印版或橡皮布上向纸张表面转移，这是吸墨过程的开始，即纸张对油墨的吸着与吸收。转移量的多少受多种因素制约。许多印刷理论工作者为寻求吸墨性与印刷品质量间关系的规律，对纸张吸墨性进行了大量的定性和定量的研究，并提出了相关的理论。如油墨转移方程式就是根据纸张和油墨性能以及印刷条件对油墨转移量的影响的方程式，以下做简略的介绍。

油墨的转移发生在印刷瞬间，印版上的油墨分裂成两部分，如图 3 - 2 油墨转移所示。一部分被转移到纸张上，另一部分则残留在版上，设版面上原有的油墨量为 x（g/m^2），印刷后转移到纸上的油墨量为 y（g/m^2），则 y/x 为油墨的转移率，而 $y/(x-y)$ 为油墨的转移系数。这对于一般测定具有实际意义，但它们都无法说明受各种条件的影响。

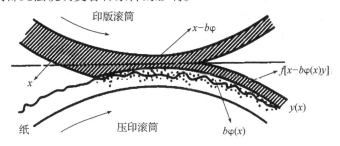

图 3 - 2　油墨转移示意图

油墨转移方程是根据以下三点提出的：

①印刷中油墨向纸张的转移量 y，是纸张与油墨实际接触部分的单位面积面积的油墨量 $Y(x)$ 与接触部分占总体的比例 $F(x)$ 之积，即：$y = F(x) \cdot Y(x)$。

②在印刷瞬间，版面上的油墨量 x 的一部分，被压入纸张表面的凹洼处与孔隙间，形成固定化墨量 b，这一墨量绝对不超过版上的墨量，当版上墨量少时，固定化墨量必然少，所以固定化墨量应为 $b\varphi(x)$，这一值的大小应在 0

~1 的范围内。

③未经固定化的油墨量 $[x - b\varphi\ (x)]$ 称为自由墨量，墨层分裂时自由墨量常以一定比例 f 向纸张转移。

根据上述三点，就得出油墨转移方程如下：

$$y = (1 - e^{Kx})\ \{b\ (1 - e^{-\frac{x}{b}})\ + f\ [x - b\ (1 - e^{-\frac{x}{b}})]\}$$

式中：K 表示油墨和纸张接触的平滑度，即印刷平滑度，它取决于纸张本身的平滑度和可压缩性，也与印刷压力和接触时间有关；b 表示在压印后纸张所得到的固定化墨量，它不仅与纸张本身的凹洼程度有关，还与油墨的黏度、油墨的供给量有关，也与印刷压力和接触时间有关；f 表示转移到纸张表面上自由墨量的比例，其数值大小主要取决于油墨的流变特性和连结料的黏度，纸张的性质与供墨量也有一定的影响。

油墨转移方程式综合了影响油墨向纸张上转移的诸多因素。由方程式可知，印刷过程中油墨向纸张上的转移率取决于油墨的性质、供墨量、纸张的平滑度、可压缩性和吸附性，同时，还取决于印刷时的压印力和接触时间等。

图 3-3 是涂料纸和非涂料纸在相同的油墨与印刷条件下的油墨转移量曲线图。从图中曲线可以看出，涂料纸与非涂料纸在相同情况下所得到的油墨转移量式不同的。这是因为涂料纸表面的涂层的作用，它不仅使纸张的平滑度大为提高，而且其表面对油墨的吸附能力也优于纤维交织的表面。因此，在较少的供墨量条件下，也会有较高的转移量，而且在一定限度内，其转移率会出现最大值。当供墨量超过限度，无论供墨增加多少，转移率只会下降，非涂料纸的平滑度受纸张表面的凹洼状态的影响，在较少的供墨量条件下，是不可能得到较大的油墨转移量的。只有当供墨量足够多，在压印瞬间墨层能与纸张表面

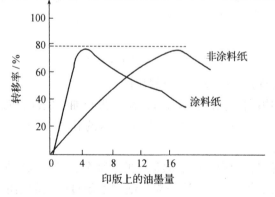

图 3-3   油墨转移量曲线图

的凹洼的谷底接触，才可能使其得到较大的油墨转移量。因此，对非涂料纸而言，只有足够多的供墨量才能达到油墨转移率的最大值。

也就是说，油墨的转移量视纸张表面性质的不同而不同。因此，为达到预期的印刷效果，在相同情况下，必须根据纸张的表面性质来确定供墨量的多少。

从以上讨论可以看出，油墨的转移性受到多种因素的影响，即使油墨与印刷条件相同，纸张的表面性质也不同，则油墨的转移量也不同。为保证达到一定的印刷效果，就应该根据不同的纸张性质，给予不同的供墨量，以满足因不同纸张所需的固定化墨量和覆盖表面所需的自由墨量分裂在纸张上的墨量。当然，油墨与印刷的条件的变化也会给转移量带来影响，如在纸张、印刷条件一定的情况下，改变油墨的黏度，则会改变转移量的大小；或者纸张、油墨的条件一定，压印力不变，只改变接触时间，也会改变油墨的转移量。但必须认识到，在一定供墨量条件下，纸张的性质是决定油墨转移量的主要因素。

第六节　纸张的光学性能与印刷适性

一、纸张光散射对网目调印刷品印刷密度的影响

用良好的黑墨在纸上印刷 50% 的网点。按理想的情况，该印刷品反射入射光的能力应为未印纸反射能力的一半，但实际测得的印刷品密度不是 0.30 而是 0.34 或更高。这是为什么呢？请看图 3 - 4。当入射光照在印刷品表面对，一半被网点吸收，照在网点之间空白部分的一半部分被镜面反射，部分进入纸张内部。若进入纸张的光在射出纸外前完全扩散，则又有一半被墨层吸收，因而从 50% 网点的印刷品上反射的光远不到入射光的一半，在这种情况下，印刷品的反射密度可能为 0.34 或更高，而并非 0.30。实际上，从纸张内部射出的光在纸与空气的界面上还将发生一系列的多重内反射，其结果将导致反射率更低，使反射密度增高。多重内反射现象对反射密度的影响程度，取决于印刷加网的线数和纸张的光散射能力。

二、纸张光散射对网目调印刷品图像反差的影响

从上述分析可看出，由于纸张的光散射现象，降低了网目调印刷品网点间空白部分（即纸面）的反射率，使空白部分的密度增加，因而导致它与网点

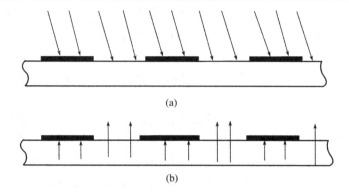

图 3 - 4　网目调印刷品对光的反射与吸收

（a）吸收 50％；（b）再次吸收 50％

部分密度差的减少，造成图像层次反差下降。

三、纸张光散射对网目调印刷品图像清晰度的影响

很早以前，人们通过观察就发现，在纸张上印刷的网目调印刷品比在无散射承印材料上印刷的网目调印刷品显得更模糊一些，尤其是非涂料纸更为明显。曾经有人通过将网目调图像分别印刷在非涂料纸、涂料纸和无散射现象的铝板上，通过用显微反射密度计测量单个网点的密度发现，即使印刷在纸面上的是实网点，如图 3 - 5（a）所示，网点之间的空白处进入纸张内部的光由于

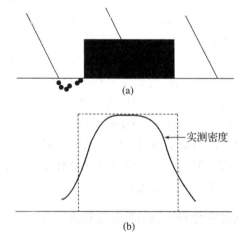

图 3 - 5　内部光散射对网点密度的影响

散射作用有部分从网点处穿入，越靠近空白处，穿出的光越强，造成网点边缘部分的密度低，中间部分密度高，出现横跨网点密度的不均匀分布，如图 3 - 5 (b) 所示。而且在网点边缘的空白处也有一定的密度，即网点发生了所谓的扩大现象，这种由于纸张内部光散射现象而导致的网点增大称之为光学网点增大。

复习思考题

1. 印刷适性的概念？

2. 在印刷开始之前，为什么要对纸张进行调湿处理？通常采用哪些方法？各种方法之间有何不同特点？

3. 不同印刷方式对纸张吸墨性的要求有何区别？

4. 减轻纸张掉粉、掉毛的方法？

5. 纸张的光散射对网目调印品的质量有何影响？

第四章　常用印刷用纸

纸张的品种很多，分类方法也较多，从纤维原料经过制浆抄纸而得到的成纸，可以划分为纸和纸板两大类，它们是以纸的定量或纸的厚度予以区别的。所谓纸的定量是指单位面积纸的重量，以克/米^2（g/m^2）计，也称为"克重"。纸与纸板的区分界限并不很严格，一般，定量在 200 g/m^2 以下或纸厚在 0.1 mm 以下的，称为纸；定量在 200 g/m^2 以上或纸厚在 0.1 mm 以上的则称为纸板或板纸。有些产品定量虽然达到 200~250 g/m^2（例如白卡纸、绘图纸等）习惯上仍称为纸。

纸的分类除了按定量或纸厚划分以外，还可根据抄纸方法的不同、原料纤维的不同和用途来分类。

按抄纸方法纸张可以分为机制纸和手工纸两大类。我国手工纸具有悠久的历史，它是通过对稻草、竹子、檀皮、桑皮等进行石灰沤制而成纸浆。沤制周期较长，有时达 2~3 个月。沤制所得纸浆经洗净后，通过舂料或碾料，加水稀释成为浆料悬浮液，再在纸浆槽中利用竹帘捞纸后干燥而成纸。手工抄纸周期长、劳动强度大，生产率又低，难以适应现代大规模生产发展的需要。为此，手工纸生产已为机制纸所取代。但是也应该指出，有少数传统手工纸，例如宣纸，属我国特有文化遗产，具有独特的民族风格，是书法，国画不可缺少的原料，它驰名中外，远销东南亚、日本地区，这种纸仍用手工抄纸工艺制成。

在机制纸的抄制中，通常以水作为纸浆的悬浮介质，使纤维充分分散，然后在造纸机网部成形和脱水，再经过压榨和干燥，制成纸张。这种传统方法称为湿法造纸。除湿法造纸外，尚有干法造纸。干法造纸一般是设法使纤维悬浮于空气中，再使其均匀地散落到造纸网上，同时，喷淋黏合剂使纤维相互粘结制成纸张。近年来，在机制纸领域内又出现泡沫成型法，利用空气在纸浆中形成泡沫，以泡沫取代水作为悬浮介质，改进成纸匀度。干法造纸多限于抄制特殊纸种，如过滤咀用纸、电气绝缘纸等。泡沫法成型则问世不久，尚未获得推广。一般印刷用纸多为传统的湿法造纸。

　　根据所选用的原料制浆制得的产品又大致可分为植物纤维纸、矿物纤维纸、金属纸和合成纸四大类。其中以植物纤维纸产量最大，用途最广。植物纤维纸是以木材、竹子、棉、麻、甘蔗渣、芦苇、稻草、麦草以及其他草类纤维为原料制得的纸张。矿物纤维纸是以矿物纤维制成的纸张，也包括以矿物纤维为主掺用部分植物纤维（主要是木材）抄制的纸张。如云母纸、玻璃纤维纸、硅酸盐纤维纸、石棉纤维纸等。这些产品主要用于电气绝缘、过滤、绝热、防腐、防潮等。金属纸问世于 20 世纪 50 年代，或用金属纤维直接抄制，或掺用树脂、陶土等制得。主要用于制造防震、隔热、高温气体过滤等设施。合成纸有合成薄膜纸（又称塑料纸）和合成纤维纸之分。由合成树脂挤压成薄膜，经纸型化处理，即可制成合成薄膜纸。合成纤维经抄制而得的称为合成纤维纸。合成纤维和合成树脂可以是聚苯乙烯、聚氯乙烯、聚乙烯、聚丙烯、聚酰胺等。合成薄膜纸和合成纤维纸的主要特点是：强度高，化学性稳定，耐腐蚀。聚酰胺及聚酯制成的纸张适用于电气绝缘场合。

　　根据纸张的用途划分种类比较普遍。按用途可分为文化用纸、工农业技术用纸、包装用纸和生活用纸四大类。

　　印刷用纸属于文化用纸类。严格地讲，一切纸张都可能作为承印物进行印刷。事实上，无论是包装用纸、生活用纸，还是工农业技术用纸和其他文化用纸都有需要印刷的，但是主要供书刊、报纸用的纸张有新闻纸、凸版印刷纸、胶版印刷纸和胶版印刷涂料纸/铜版纸等。

第一节　新闻纸

一、普通新闻纸

1. 普通新闻纸组成特点

　　新闻纸，俗称白报纸，主要作为新闻报刊印刷用纸，也可作为一般书刊印刷用纸。新闻纸的组成特点是以本色机械木浆为主、未漂或半漂亚硫酸盐木浆为辅抄制而成的，加入化学木浆的作用是用来提高新闻纸的强度的。新闻纸中所加填的填料量较少，一般不超过 6%，主要是因为机械木浆中的短小纤维较多，从而起着充填纤维交织的空隙的作用。新闻纸不施胶，只是在针叶木浆中因含树脂较多而加入少量的明矾，使之成为铝皂而不致黏结造纸机的压辊和烘缸。新闻纸的结构较为疏松，弹性及可压缩性好，具有较高的不透明度和较强的吸收性，具有较低的机械强度和较大的油墨受容性，抗水性较差。

新闻纸的结构较为疏松，弹性及可压缩性好，具有较高的不透明度和较强的吸收性，具有较低的机械强度和较大的油墨受容性，抗水性较差。

2. 新闻纸种类及规格

新闻纸分为 A，B，C，D 四个等级，其中 A，B 等级可适用于高速轮转胶印机。新闻纸的定量有 45 g/m²，49 g/m²，51 g/m² 三种。新闻纸有卷筒纸和平板纸两种包装形式。

3. 新闻纸性能特点

新闻纸的基本性质是具有较高的不透明度，这是因为机械木浆本身具有较高的不透明性；由于短小纤维多，弥补了纤维间的缝隙，使缝隙变小，光线不易透过，同时也增加了光的扩散系数，从而使不透明度增加；由于新闻纸的紧度较低，从而使纤维的非光学接触面积增大，使光线在纤维—空气交界面发生散射的作用增大，造成不透明度高。新闻纸具有较高的可压缩性，这是因为纸张中存在着大量的机械木浆，并以短小纤维取代填料的作用，从而造成纸质松软，孔隙率高，在压力作用下，厚度的变化较大，同时也具有一定的弹性。

新闻纸具有较强的吸收性，因为纸张具有多孔结构，新闻纸的孔隙率为50% 左右，是印刷纸张中最高的。孔隙率高说明纸张的多孔程度高，加入短小纤维的填充作用降低了气孔直径，从而大大增强了对液体的吸收能力。

新闻纸的机械强度比较低，特别是耐破度、撕裂度指标以及表面强度等都比较低。纸张中含有一定比例的化学木浆，但纤维的主体仍是机械木浆，因为纤维的帚化程度极低，纤维间的交织即合理不是以氢键结合力为主导，加上短小纤维多，又缺乏韧性等原因，造成纸张的机械强度较低。

新闻纸对油墨具有较强的受容性。由于纸张的平滑度比较差，除了表面的凹凸不同外，其孔隙率也较高，所以只有较厚的墨层印刷才能填塞凹洼的空隙，在纸面上存在一定厚度的自由墨量，以保证印迹的完成、充实，如果给墨量过低，不足以填塞纸面的凹洼处，只有纸面凸峰处接触油墨，会造成印迹不完整和灰白现象。

新闻纸的吸湿性强，主要是纤维含量大，其他成分低，加上机械木浆保留了原木材的成分之故。新闻纸吸湿性虽强，但所引起的变形率小，而引起其他性能的变化较为明显，如纸张吸湿后引起机械强度明显下降，平滑度和塑性则明显提高，吸收性大大降低等。

新闻纸的抗水性差，耐摩擦性差以及遇光、遇热纸张会返黄等，因此，它不能用做久存的书刊印刷用纸。

4. 新闻纸使用特点

新闻印刷一般多使用卷筒纸，平板纸较少使用，在新闻印刷中，由于纸张的原因引起的印刷质量问题和故障较多，因此，对纸张的保管与使用必须给予足够的重视。

首先，纸张进厂时，应按规定进行验收和检测，特别是针对纸张的定量、平滑度和裂断长是否符合标准规定的指标，外观纸病是否达到标准的要求等进行严格的检测。这不仅是工厂组织生产的重要环节，同时对质量管理和降低成本均有重要的意义，而且检测的数据可反馈造纸厂。

其次，应注意纸的匀度和含水量以及存放条件。无论是平板纸还是卷筒纸都应有较好的纤维组织的均一性、纸幅厚度的一致性以及含水量的均一性等，防止印刷中发生印刷褶皱、断纸以及套印不准等故障。此外，在运输与存放时，必须注意不得受雨淋和暴晒，尽可能使纸张的含水量与相应温湿度条件基本一致。

另外，新闻纸印刷所用的油墨，不仅要选用渗透干燥型的油墨，还必须根据印刷速度的要求选用相适应的塑性黏度和屈服值范围内的油墨。这不仅是保证油墨正常转移的条件，也是保证良好图文再现性的条件，并且是防止掉粉、掉毛的重要因素。

5. 新闻纸的技术要求

新闻纸一般应满足下列要求：①纸面上不应有洞眼、裂口、褶子、疙瘩、汽斑等纸病；②复卷过程中不宜发现的内部纸病，如显著的褶子、裂口、疙瘩、汽斑等，A 等、B 等不得超过 2%；③同批纸张的白度差不大于 3%；④卷筒纸应卷在干燥硬实的纸芯上，卷筒纸的纸芯必须是整根的，纸芯内径为 75～85 mm；⑤卷筒纸的直径为 800～900 mm；⑥卷筒纸应紧密，全幅应松紧一致，卷筒纸断面应平整；纸卷内不得卷入碎纸或纸条；⑦卷筒纸在印刷中不应掉粉、掉毛。

二、胶印新闻纸

胶印新闻纸是印刷用纸的一个新品种，它是配合胶印印报、书刊印刷发展起来的配套用纸。胶印新闻纸与新闻纸的性能基本相同，它具有新闻纸的各种性质，只是在抗水性和抗张强度上有所提高。胶印新闻纸组成特点：在原料配比上机械木浆占 70%～75%，比新闻纸少 15%～20%；化学木浆占 25%～30%，增加了 15%～20%；不加填，适量加矾土，使纸张具有一定的施胶度。

胶印新闻纸中化学木浆比例的增加，能较大幅度地提高纸张的抗张强度，以满足印刷的需要。胶印新闻纸主要用于平版胶印的报纸、书刊等的印刷，也用于胶印彩色报纸、儿童读物等。这种纸张还可用于凸版轮转印刷的新闻、报刊。胶印新闻纸由于相应提高了抗张强度及施胶度，基本上能够适用于高速胶印轮转机。虽然胶印新闻纸有一定的抗水性，但因施胶度很低，所以仍具有较强的吸湿能力。特别是在胶印过程中纸张接触润湿液后，规格尺寸容易产生伸缩，造成套印不准以及纸张褶皱等工艺故障。因此印刷中对润湿液的用量必须严格控制，不能过量。

根据组成和配比，胶印新闻纸可分为 A 等和 B 等两个等级，其包装形式主要为卷筒纸。

第二节 书刊印刷纸

书刊印刷纸是指用于印刷书籍、刊物杂志等出版物的内页的纸张。书刊印刷纸主要包括：凸版印刷纸、胶印书刊纸和中小学教科书用纸三个品种。书刊印刷纸的组成，既不同于新闻纸，也不同于胶版印刷纸，其纤维配比是化学木浆占85%，机械木浆为辅，约占15%，并加入10%～18%的填料和轻度施胶的胶料。书刊印刷纸与新闻纸相比，质地虽也较柔软，但结构紧密，孔隙率低，而且纤维组织较为均匀，但这类纸的可压缩性、弹性和吸墨性不如新闻纸，而平滑度、白度、机械强度及抗水性则优于新闻纸。另外，由于纸内含有一定量的化学草浆，纸张结构较为紧密，其伸缩率较大，而且较易吸湿变形。

一、凸版印刷纸

1. 凸版印刷纸的性能要求

凸版印刷纸主要供凸版印刷机印刷选集、经典著作、一般书籍、教科书、杂志等用。其特性与新闻纸相似，质量优于新闻纸，纸张的平滑度、抗水性、白度都比新闻纸好，吸墨能力不如新闻纸，但吸墨均匀。表4－1为凸版印刷纸的质量标准。

①应具有良好的吸墨性能。在印刷生产中，如果凸版纸吸墨性能差，印到纸上的字迹就会因折叠或纸页表面摩擦等变得模糊不清，严重的导致纸面向目全非而成为印刷废品。

②应有适当的平滑度。适当的纸张平滑度，可以使印刷清晰度增加。尤其是正反面平滑度差应尽量小一些，以使印刷后两面字迹清晰程度接近。

表4-1　凸版印刷纸的质量指标

指标名称	一号		二号
	超级压光	普通压光	普通压光
定量/（g/m²）	52 60	52 60	52
紧度／（g/m³）不小于	0.80	0.65	0.60
裂断长/m 卷筒：纵向不小于 平板：纵向平均不小于	2 400 2 000	2 400 2 000	2 000 1 800
耐折度（往复次数） 纵横向平均值不小于	3	3	2
平滑度/s 纵横向平均值不小于	50 25	35 30	30 35
施胶度/mm/不小于	0.25	0.25	0.25
白度/% 不小于	68～72	65～70	60
水分/%	7±1/3	7±1/3	7±1/3
不透明度不小于	90	90	88
尘埃度/m² 0.5～2.0 不多于 其中黑点1.0～1.5 大于2.0 2.0～3.0 黄斑点不多于	300 8 不许有 4	300 8 不许有 4	500 8 不许有 6

③应具有一定的表面强度。纸张表面强度高，即掉毛掉粉少，可以延长印刷过程中刷洗印版的周期，减轻印刷工人的劳动强度，提高印刷效率，同时也可以保证印迹清晰一致。

④应具有较好的松软性、弹性，以及良好的不透明度。纸张紧度小，则松软性和弹性也好，有利于油墨的吸附。但过小的紧度会削弱纸张表面强度，导致印刷时掉毛掉粉现象增加。纸页不透明度高，印刷时不会产生透印现象。如纸张不透明度低，则会导致印刷产生透印现象，影响印迹清晰。

另外，为了美观和有利于阅读，凸版印刷纸还对纸张白度、尘埃。施胶度等都有一定的要求。

2. 产品分类

凸版印刷纸有平板纸和卷筒纸两种，又按造纸用浆配比的不同分1，2，

3，4 号 4 个级别。还分超级压光和普通压光两种。

　　3．生产原料

　　1 号凸版印刷纸漂白化学木浆不少于 50％，机械木浆、化学苇浆及其他草浆不多于 50％；2 号凸版印刷纸漂白化学木浆不少于 35％，机械木浆、化学苇浆及其他草浆不多于 65％。其他的化学木浆含量更少了。

二、胶印书刊纸

　　1．胶印书刊纸组成特点

　　胶印书刊纸是在 20 世纪 80 年代出现的，为适应胶版印书发展的要求，在凸版印刷纸基础上新开发的一个品种。这种纸张不仅具备了书刊内页用纸的印刷适性要求的纸张性能，而且还具备了凸版印刷纸不具备的胶印工艺作业适性所需的纸张性能。在胶印书刊纸使用之前，一直是以新闻纸、凸版印刷纸、书写纸等作为胶印书刊的用纸。

　　胶印书刊纸的组成特点是在浆料配比上漂白化学木浆不低于 50％，其余为漂白化学草浆或其他纤维的化学浆，适量的加填、施胶，施胶度要高于凸版印刷纸。在造纸工艺上，与凸版印刷纸相比，更强调游离状的打浆度的提高度和浆料的稀释与均匀度。由于配料与造纸工艺的改变，这种纸张的纤维组织均匀性、强度和湿强度等性能，都优于凸版印刷纸，其他性能也不能低于凸版印刷纸。

　　胶印书刊纸主要用于胶印书籍、杂志及彩色书刊，也用于胶印画报、彩色杂志等出版物。

　　2．胶印书刊纸种类及规格

　　根据纸张的组成与配料，胶印书刊纸分为 A、B、C 三个等级，其中 A 等级是经典著作和高质量文献、书籍的理想印刷纸。B、C 等级的纸则是一般书刊的书芯印刷用纸。

　　根据目前印刷厂主要采用卷筒纸胶印印刷书这一特点，造纸厂生产的胶印书刊纸的规格一般为卷筒纸。根据用户需要，亦可生产平板纸。

　　3．胶印书刊纸性能特点

　　胶印书刊纸作为凸版纸的换代产品，是为了满足胶版轮转印刷而生产起来的一种印刷纸，适用于单色和双色胶版印刷书籍纸、文献、杂志用纸。

　　①较小的伸缩变形，由于胶印书刊纸在胶印轮转机上进行多次套色印刷，反复进行润湿和干燥，如果纸张伸缩变形大，套印就无法准确，印品画面模糊、轮廓不清晰，影响印刷效果。

　　②表面强度要好，由于胶版印刷油墨一般比凸版印刷油墨黏度大，容易发

生糊版现象。为此，胶印书刊纸张的表面强度应比凸版印刷纸大，以减轻掉毛掉粉对印刷效率和印品质量的影响。

③适当的施胶度和吸墨性能，由于印刷速度不断提高，要求胶印书刊纸吸墨性一定要好。否则，会出现印品字迹模糊或印品面目全非等现象。由于胶印有套色印刷，所以胶印书刊纸应具有一定的施胶度，以防止印刷时由于润版液的作用而造成印品损坏。

④纸张应平整，纤维组织应均匀，色泽应一致，每批纸张均不允许有显著差异。

⑤纸面不应有影响印刷使用的外观纸病。如砂子、硬质块、褶子、皱纹及各种条痕、斑点、透光点、裂扣、孔眼等。平板纸件内不应有纸片、残张、破损、折角。

另外，胶印书刊纸还对纸张白度、尘埃等有一定的要求。

三、中小学教科书用纸

中小学教科书用纸是一种专供中小学教科书内页使用的印刷用纸。这种纸张是在凸版印刷纸的基础上，根据中小学生使用教材的特点而设计制造的。中小学教科书用纸的组成与结构基本上与凸版印刷纸类似，只是在化学木浆用量上稍多于凸版印刷纸。中小学教科书用纸的特点和印刷适性基本上与凸版印刷纸类似。

第三节　胶版印刷纸

胶版印刷纸，简称胶版纸，俗称道林纸。胶版印刷纸是专供胶版印刷机印刷一般彩色画报、宣传画、商标、图片、插图以及其他彩色出版物的高级印刷纸。它也可以用凸版或凹版的印刷方式印制各种彩色印刷品。

胶版印刷纸与其他非涂料纸相比，其纤维组织均匀，纸面洁白，平滑度较高。为适应胶版多色印刷的要求，纸张还必须具有良好的抗水性，较小的伸缩性，适当的吸墨性，以及印刷时不起毛、不掉粉等特点。另外，胶版纸还必须具有较好的弹性。胶版纸分单面和双面两大类，即单面胶版纸和双面胶版纸。

一、单面胶版纸

1. 组成特点及使用范围

单面胶版纸是指一面光滑、另一面粗糙的胶版印刷纸。这种纸张适用于印刷彩色宣传画、烟盒及商标等印刷品。

单胶纸是以 100% 的化学浆料为原料抄造而成的。根据等级的不同，其化学浆料的配比也不同。一般 A 等纸是用 100% 的漂白化学木浆与漂白化学竹浆；B 等纸是用 80% 的漂白化学木浆与漂白化学竹浆，不多于 20% 的漂白化学草浆和漂白化学苇浆；C 等纸是用不少于 50% 的漂白化学木浆与漂白化学竹浆，不多于 50% 的漂白化学草浆。纸浆中还要加入 10% ~ 22% 的填料和一定量的松香与明矾胶料。另外，为了提高纸张的白度，在纸浆中还投入了适量的染料和荧光增白剂等。

为了使胶版纸的伸缩性小、不透明度大、纸张的组织均一型号，在造纸工艺中，特别注意适当提高长纤维游离状打浆度，以提高纤维的平均长度和两端的帚化长度。同时，为了使纸张具有较高的抗水性，采用重施胶工艺，除灾浆料中增加胶料的投放量外，还要进行表面施胶。

2. 种类及规格

根据浆料的配比不同，单胶版纸分为 A，B，C 等纸。单面胶版印刷纸为平板纸，按订货合同要求可生产卷筒纸。

3. 技术要求及参数

单胶纸的纤维组织应均匀，色调应一致，同批纸张白度差应不超过 3%。纸张切边应整齐、洁净。纸面应平整，不许有沙子、硬质块、褶子、皱纹、裂口及迎光可见的孔眼、显著地毛布痕、鱼鳞斑等影响使用的外观纸病。单胶纸在印刷过程中不许有明显的掉粉、掉毛现象。

二、双面胶版纸

1. 组成特点及适用范围

双面胶版纸是指两面均匀光滑的胶版纸，就是通常所说的胶版纸。其用途相当广泛。

双面胶版纸是以 100% 的化学浆料为原料抄造而成的。根据等级的不同，其化学浆料的配比也不同。一般 A 等纸是用 100% 的漂白化学木浆与漂白化学竹浆和漂白化学竹浆；B 等纸是用 80% 的漂白化学木浆与漂白化学竹浆，不多于 20% 的漂白化学草浆和漂白化学苇浆；C 等纸是用不少于 50% 的漂白化学木浆与漂白化学竹浆，不多于 50% 的漂白化学草浆。纸浆还要加入 10% ~ 30% 的填料和一定量的松香和明矾浆料，另外，为了提高纸张的白度，在纸浆中还投入了适量的染料和荧光增白剂等。

为了防止胶版纸在印刷过程中过多地吸收润湿液而产生伸缩变形，胶版纸的生产采用了重施胶和表面施胶工艺，所以双胶纸的施胶度高、抗水性较强。为了使纸张的不透明度大、纤维组织均一性好，在造纸工艺中，特别注意适当提高长纤维游离状打浆度，以提高纤维的平均长度和两端的帚化长度。同时，减少了短纤维和细小纤维的比例。

胶版纸的吸墨性比较适中，低于凸版纸，但吸墨性比较均匀。胶版纸使用漂白化学浆料为原料，其白度较高。纸张中填料用量较大，经压光、超级压光或表面施胶后，纸张的平滑度、表面强度较高，紧度大，不透明度也较高。

2．种类及规格

胶版纸分为 A，B，C 三等，其中 C 等不适用于高速轮转胶印。在 A，B 两个等级中，胶版印刷纸分超级压光和普通压光两类。胶版印刷纸分为平板纸和卷筒纸，也可按订货合同的规定供货。

3．使用要点

胶版印刷纸在使用时应注意以下几个方面。

①明确纸张的等级与压光的类别。胶版纸由于定量和品种的不同，它们的价格和用途也不同。所以，纸张在出厂的包装上都有明显的标志和说明，包括定量、单、双面，超级压光和普通压光等。印刷厂在用纸时，应该根据造纸厂标明的技术指标，明确地在施工单上写明纸张的定量、特征、等级和压光状态，而不应该统称为胶版纸，目的在于施工时作为工艺调整的依据。

②印前应进行调湿处理。胶版纸要在平版印刷机上印刷，为了不发生故障，纸张含水量的均匀性及含水量与环境温湿度的平衡是十分重要的。所以，胶版纸在印刷前必须经过调湿处理，当然，调湿的方法和时间应根据纸张的性质而定。

③选择适当的包衬。由于胶版纸的等级和压光的差别，纸张的可压缩性和弹性恢复性存在着较大的差别，因此，要取得良好的印刷平滑度，使图像和文字的再现性良好，应根据纸张的性质选用相适应的包衬，如 A 等超级压纸采用中性包衬，而 C 等普压纸则应采用中性偏硬包衬，以使图文上的墨层在压印时与纸张具有良好的接触。

④选择相匹配的油墨

胶版印刷纸虽是非涂料纸中比较高级的印刷用纸，但是其本质仍然受纸内纤维状态的影响，特别是表面性质。这种纸张不仅吸墨性强、表面强度弱，而且，因等级、定量、厚度的不同，它们表现出的吸墨性和表面强度也不同。因此，印刷中对油墨的选择就十分重要。一般胶版纸应采用氧化结膜为主、渗透干燥为辅的油墨，而且应具有足够的屈服值和触变性以及相应的黏度与之匹配。一般来讲，油墨的黏着性保持为 5～7，并视纸张的结构松紧程度有所降低和提高。

⑤控制润湿液的用量。胶版印刷离不开润湿液，而胶版纸则是一种具有较强吸收性的纸张，润湿液的吸入必然引起纸张的含水量的变化和不均匀，造成纸张的变形。所以，印刷中应尽可能减少润湿液的用量，使纸张在印刷过程中吸收的水分最少。

⑥注意纸张的丝缕性。胶版纸具有丝缕性，而纸张的纵丝缕和横丝缕，无论是受力作用还是稀释作用都会引起纸张变形，而且它们的变形率是不同的。一般总是以纵丝缕纸印刷为宜，如果一批纸张中既有纵丝缕纸，也有横丝缕纸，在印刷过程中应严格加以区别，便于分别处理。

第四节　涂料纸/铜版纸

铜版纸是一种涂料纸，是在原纸上涂布一层白色涂料而成。它是一种高级包装装潢及印刷用纸。铜版纸的主要原料是铜版原纸（亦称纸坯）与涂料。中高级铜版纸采用特制的原纸进行加工；一般铜版纸采用优质的新闻纸或胶版纸进行加工。采用不同的原纸制得的铜版纸在性能上的主要差别是平滑度和白度不同，高级铜版纸的平滑度可达 800s 以上，白度不小于 90%；一般铜版纸的平滑度小于 600 s，白度为 75%～80%。

涂料由白色颜料与胶黏剂及辅助剂组成。颜料包括高岭土、碳酸钙、硫酸钡和钛白粉等。胶黏剂有动物胶、淀粉、干酪素、聚乙烯醇、水溶性树脂以及合成树脂的乳胶等。辅助剂包括分散剂、增塑剂、防水剂及其他助剂。

铜版纸表面的涂料填充了原纸表面凹凸不平的纤维空隙。因此，这种纸具有较高的平滑度和白度，纸的质地密实，伸缩性小，耐水性良好，印刷性好，印刷产品的图案清晰。色彩鲜艳，具有很好的装潢效果，广泛用于画册、商品包装中的高级商标纸，如各种罐头、饮料瓶、酒瓶等贴标以及多种彩色包装，如高级糖果、食品、巧克力、香烟、香皂等生活用品的包装。铜版纸还可以作为高级纸盒、纸箱的贴面。

铜版纸分为特号、一号、二号、三种类型。每一种类型又有单面涂料与双面涂料，其规格尺寸如下：

尺寸：787 mm×1 092 mm，880 mm×1 230 mm，850 mm×1 168 mm。

定量：单面有 70，80，100，120，180（g/m²）等数种，双面有 80，100，

120，150，180，200，210，240，250（g/m^2）等数种。

铜版纸是包装装潢印刷适性最好的纸张之一，由于其白度高，故颜色再现件极佳，图文色彩表现鲜丽纯洁。又因为其表面平滑度高，故对极细的线条、文字都能清晰再现；网点印刷表现出网点边缘整齐、颜色饱满，图像的高调、暗调的层次都能清楚地表现的特点；铜版纸上可印刷高线数的精细图文，印刷加网线数可达 175～300 线/in，并且铜版纸上印刷的网点扩大值较小，50% 网点的扩大值平均在 15% 左右。

国家标准 GB/T1033—1995 规定，铜版纸分为 A、B－Ⅰ、B－Ⅱ、C 四等，白度值除 C 等为 80.0% 外，其余三等均为 85.0%。不透明度值因定量不同而异，70～90 g/m^2 的不小于 85.0%，90～130 g/m^2 的不小于 90.0%，大于 130 g/m^2 的纸规定不小于 95.0%。同定量不同等级产品的不透明度值相同。国标对铜版纸的色度值无具体要求，但同批纸颜色不应有明显差异。

根据铜版纸的用途，对其有如下要求：

①平滑度。铜版纸主要用于细网线产品的印刷，而且纸的弹性较差，如果纸面的平滑度不高，就很难得到完整，光洁的网点，影响到产品的层次和形态的立体感。同时，粗糙的纸面还会使印迹暗淡无光。所以铜版纸应具有较高的平滑度，一般均要求达到 250 s 以上。达到这对铜版纸的加工就提出较严格的要求，因此在配料时必须使涂料调合分散均匀；在涂布时必须使涂层在纸上分布均匀而不能在纸面上出现厚薄不匀的现象。对于目前对平滑度的测定具有一定的局限性，不能完全说明纸面的光滑结实的实际情况，所以，对铜版纸的平滑度的测定最好采用纸张表面粗糙度测定仪来评价它的表面光洁度。一般优质铜版纸的纸面高低（即粗糙度）在 4～8 μm，差的要到 12～15 μm。

②纸面不脱粉、不分层。铜版纸是在原纸上涂有白色颜料的涂料层。如果表面涂料和原纸的结合不牢，印刷时就会出现脱粉或分层的现象。另外，如果涂料与原纸虽已粘牢，但由于原纸本身纤维结合力不高，在印刷过程中产生纸层的分离现象，这些都会给印刷带来许多困难，影响到印刷品的质量，甚至还会造成印刷品的报废。从造纸角度来讲，应该选用结合力较好的原纸及适当的胶黏剂，以保证涂料与原纸的亲合性。从印刷的角度来讲，注意纸张的受潮。铜版纸特别不应堆放在潮湿与黑暗的地方。

③纸的吸墨性应尽量小。铜版纸的吸墨性一般不宜过快，通常在制纸时就充分的注意了这一点。一般铜版纸的吸墨性控制为 30～60 s，较高级的铜版纸控制在 90 s 以上。这样可使印迹清晰而光亮。如果铜版纸的吸墨性较快的话，将会引起印迹暗淡无光，严重时还会造成印迹的粉化现象。

④纸面涂层无气泡孔。铜版纸涂层如有气泡会使网线不能接触纸面，这是因为有气泡的涂料容易脱落的缘故。因而造成印迹发花或空虚现象，严重时会影响到印刷品的质量。在加工过程中应考虑消除涂料起泡的因素，改进涂布机械运转的起泡性。另外，也可将涂料的 pH 值控制为 8 ~ 9。或在涂料中加入适量的消泡剂等。

第五节　其他印刷用纸

一、白版纸

白版纸是一种较硬型的包装用纸，供印刷各种商品的包装纸盒与商品装潢衬纸之用。也可用来印制各种教育图片。由于目前国内对白版纸尚无统一的技术质量标准，仅根据生产的各种白版纸分别归类介绍如下：

1. 品种与规格

白版纸目前按纸面分有：粉面白版与普通白版两大类。

2. 白版纸的主要特点

白版纸由于纤维组织较均匀，面层具有填料与胶料成分，而且表面涂有一定的涂料，并经多辊压光，所以纸版的质地较紧密，厚薄也较均匀，其纸面一般都较洁白而平滑，具有较均匀的吸墨性，表面脱粉与掉毛现象较少，纸质较强韧而具有较好的耐折度，但其含水量较高，略有一定的伸缩性。这给印刷会带来一定的影响。

目前国产的白版纸与日本比较，虽在某些质量指标已达到一定的水平，但仍有一定的差距，如吸墨性与伸缩率等。。

二、字典纸

1. 字典纸的性能要求

字典纸是一种薄型高级凸版印刷纸，主要供凸版印刷机和胶印机使用，印刷字典、袖珍手册、工具书、科技资料、高级印刷品等。

字典纸按技术质量水平分为 A，B，C 三级，定量有 25 g/m^2，30 g/m^2，35 g/m^2，40 g/m^2。字典纸主要为卷筒纸，也可生产平板纸。卷筒纸宽度为 787 mm，880 mm；平板纸尺寸为 880 mm×1 230 mm；787 mm×1 092 mm。

字典纸纸页较薄而抗张强度较大，在轮转印刷机上不会发生断纸；纸面洁白细腻且不透明度高，印小号字亦字迹清晰。字典纸的白度要求是 77% ~ 79%，纵横向裂断长平均为 2 300 ~ 2 500 mm，不透明度不低于 70% ~ 81%。字典纸在印刷时不应有掉毛、掉粉现象发生，纸面不许有尘埃、斑点等外观纸病。

通常，篇幅较多的印刷品，为了便于翻阅和携带，都喜欢选用字典纸来印刷。某些因特别需要的刊物（如航运发行的）也可选用字典纸来承印。

2. 生产工艺

字典纸的主要原料是漂白化学木浆，也可以适当地掺加一些棉浆、漂白破布浆和漂白草浆。通常要加入较多的质量较高的填料，采取轻度施胶，在长网多缸薄型纸机上抄造。干燥后要经过超级压光或普通压光，使纸面具有较高的平滑度。

三、凹版印刷纸

1. 凹版印刷纸的性能要求

凹版印刷纸是一种供单色和多色凹版印刷机印制高级画报、美术图片、高级插图等用的纸张。其按技术质量水平分为 A 级和 B 级两种，定量为 70 g/m^2，80 g/m^2，90 g/m^2，100 g/m^2，120 g/m^2，既有卷筒纸，又有平板纸。

凹版印刷纸的纸质洁白、坚挺、抗张强度较高。纸张纤维组织的均匀度高，伸缩性小，纸面具有优良的平滑度和耐水性。白度规定不低于 82%，正面与反面的平滑度均不小于 180 s，正反面平滑度差不大于 25%。吸墨性要求较高，印刷时纸面不应掉粉、起毛和透印等现象发生。

2. 生产工艺

凹版印刷纸采用漂白针叶木化学浆或棉浆以及部分漂白化学麻浆为主要原料。浆料经黏状打浆后，加填料约为 20%，进行轻度内施胶后在长网多缸造纸机上抄造而成。

用于凹版印刷的纸张已发生了变化：一是一些用于凹版印刷的纸张改用专用纸张名称如邮票纸、钞票纸等；二是一些涂布印刷纸常被用来进行凹版印刷，尤其是彩色凹版印刷使用涂布加工纸较多。因此，凹版印刷纸这一纸名已不常用。

四、不干胶纸

不干胶纸基本上是由表面基材、黏合剂、底纸三个要素构成。根据使用目的和用途，这三个要素都有很多品种，通过不同的组合可生产满足不同性能要求的标签材料。下面对这三个要素进行介绍。

1. 纸基材

纸基材可以是以下材料:

①胶版纸。印刷、加工适性良好的无涂料印刷用纸。

②铜版纸。在胶版纸面上涂覆涂料,最适于高级印刷。

③玻璃卡纸。与铜版纸、涂料纸相比,进一步提高了平滑度和光泽度,档次更高。

④箔膜纸。在平滑度较高的纸张上复合很薄的铝箔片,有金色、银色(有光、无光)两种。

2. 黏合剂

黏合剂就功能和形态有不同的分类。

①从功能分:

永久黏结(强黏)型——适于永久性粘贴。

再揭开(强黏)型——适用于贴附一定时间后还要揭下来之用途。

重黏贴型——适用于将接下来的标签再次粘贴。

②从形态分:

丙烯类。乳剂型、溶剂型。其耐候性很好,并具有耐热、耐油等性质,是一种用途广泛的胶型。

橡胶类。乳剂型、溶剂型、热熔型。

其中溶剂型橡胶对于不易粘贴的聚乙烯、聚丙烯的承贴物可发挥其优势。

特殊黏合剂。硅树脂黏合剂。耐热性、耐湿性及耐候性都很好的胶型。

3. 底纸

底纸按用途可以分为透明、半透明和不透明三种。

不透明底纸(适合单张纸印刷)有:PE 黄色牛皮底纸、白色牛皮底纸。

半透明底纸适于卷筒纸印刷。

透明底纸(适于卷筒纸印刷)有:PET 聚酯、双向拉伸聚丙烯。

随着技术的不断发展及市场的多方面需求,越来越多的不干胶材料将会出现。

不干胶纸主要用来印刷各种商标、标签、条码等。由于它们所选用的表现基材品质都较好,故用其印刷的图文均较清晰。不干胶纸可以采用凸版印版、胶印、柔性版印刷、丝网印刷等印刷方式进行印刷。

五、轻涂纸

轻涂纸是一类定量较低的涂布加工纸。它是通过在原纸的正反两面加上一层薄薄的涂料（由碳酸钙、阳离子淀粉等调制而成），再经过超级压光（以改善其物理性能和印刷适性）制成。轻涂纸的纤维原料一般是针叶木长纤维漂白化学浆占40%、机械木浆占60%。这样一来可大大降低生产成本。原纸的定量较低，为 $40 \sim 50 \ g/m^2$。涂布量通常是 $6 \sim 10 \ g/m^2$（单面）。所以轻涂纸的定量在 $50 \sim 72 \ g/m^2$，它是原纸定量与两面涂布之和。

轻涂纸的特点：

①品质优良。从纸的性能来讲，轻涂纸介于铜版纸和胶版纸之间，其彩印效果可与铜版纸相媲美，而且具有良好的不透明度和平滑度以及良好的印刷适性和高的光泽度（包括纸的光泽度和印刷光泽度）。这样就为印刷优质的商品说明书和标贴提供了坚实的基础。

②低的成本。由于轻涂纸生产中掺有比较廉价的机械木浆（相对于漂白化学木浆而言），因此在原料成本上的投入大约要减少30%。这样就有可能扩大销路，提高效益。

③高的附加值。因轻涂纸是加工纸，比一般胶版印刷纸的售价要贵些。但是又比使用全部化学木浆又经过涂布加工的铜版纸便宜得多。

不过，由于轻涂纸的耐久性较差（受原纸中含有较多的机械木浆的影响所致，因机械木浆内残留的木素等化合物会使纸张变色、发脆而破损），故而更适宜用来印刷不需要长久保存的印刷品。

轻涂纸广泛用于商品目录、广告、商标等的印刷。

六、合成纸

合成纸又称为聚合物纸和塑料纸。它是用合成树脂（PP、PE、PS 等）为主要原料，经过一定工艺把树脂熔融、挤压、延伸制成薄膜，然后进行纸化处理，赋予其天然植物纤维纸的白度、不透明度及印刷适性而得到的材料。

合成纸在外观上与一般天然植物纤维纸没有什么区别。用合成纸印刷的书刊、商标、广告、纸袋、说明书等如果不标明，一般消费者不会看出与普通纸有什么区别。

1. 合成纸的类型

一般将合成纸分为两大类：一类是纤维型合成纸，另一类是薄膜系合成纸。前者是采用合成浆或者把合成浆与普通纸浆配比后，在长网造纸机上抄造完成的。由于制造合成浆的工序比较繁杂，抄造时还要就加入黏结助剂等，且生产出来的合成纤维纸应用有限，多用来制作糊墙纸、茶叶袋纸等。所以，尽管早在 1947 年已有专利出现，至今的影响面都不很大。相反，薄膜系合成纸从一开始就打入了高级印刷纸的市场，能够适应多种印刷机印刷，甚至还能用钢笔或铅笔在上面书写，从而赢得青睐。由此可知，现在在市场上我们所说的合成纸，仅指薄膜系合成纸，这种合成纸的品牌也不少，例如日本的优泊、美国的金佰利、英国的普丽亚等。

2. 合成纸的性能

合成纸的性能取决于它的原料和制法。目前，生产合成纸的原料主要是聚丙烯（也有聚乙烯）和碳酸钙填料等。总的说来，合成纸的优点是：

①强度高。合成纸的薄膜基材经过纵向、横向双向延伸处理，其抗张强度、撕裂强度、抗冲击强度、耐破强度都比普通纸高得多，即使在低温冷冻条件下，其强度的稳定性也好。所以在印刷时绝对不会发生"断纸"现象。

②优良的印刷性能。合成纸的表面呈现极小的凹凸状，对改善其不透明性和印刷适性很有帮助。能够适合各种印刷方式：如凸版印刷、凹版印刷、柔性胶印、丝网印刷、热转移印花、喷墨印刷等，并且图像再现性好，网线清晰、色调柔和。

③尺寸稳定，不易老化。合成纸在空气中或在润湿状态下，其尺寸不会发生变化，即使在紫外线下照射 1 000 h，该纸的强度和外观色泽也不变化。因此，用它制作的海报、广告等可在户外长期使用。

④质轻、耐水、抗化学性突出。聚丙烯合成纸的相对密度只有 0.3 g/m^3，与相同定量的涂料纸相比，大约轻 1/3。这就意味着大大地节省了资源，也减轻了重量，当然能印刷品的邮寄费也相应降低了。合成纸浸泡在水中长时间内也不会软化、破损。它能抵抗油脂的渗透，对于稀酸、碱等化学溶液都具有抵抗能力。

⑤具有防虫性和安全性。对于某些需要长期保存的书册、资料来说，蛀虫的侵蚀不可忽视，往往因为一个字或一个标点的"穿洞"而使使料原意全非。合成纸是高分子化合物，不像植物纤维的普通纸，蛀虫对它是无能为力的。另外，合成纸中不含重金属，更适于食品包装。

合成纸也有以下的缺点：

①抗热性较差。当温度高到一定程度时（是不同品种而异），纸有可能发生部分软化，这就不利于进一步使用。

②耐折度虽然高于普通纸，但是折叠后合成纸面会有难以消失的折纹线，

有损于美观。故印制精品图册时要留意尺寸，不可过大。

③合成纸的用后废纸回收困难，容易形成"二次污染"。而且目前合成纸的生产成本比普通纸要高一些。

3. 合成纸的用途

正因为合成纸的性能优良，所以它的应用范围十分广泛。现在归纳为以下几个方面简要地加以说明：

（1）印刷出版方面

原则上说，合成纸可以用来印刷一切纸能够承印的产品。为了做到物尽其用，应当考虑这种印刷品的特殊性，例如在海滨旅游地点发行的耐水报刊、旅游观光指南、各种地图（包括航海图、航天图、军用地图）等。室外宣传广告、商业横额、海报、垂幕帘或招牌（这比绸布、棉布更耐久）、汽车窗帘文件卷宗、台月历、身份证、结婚证等。利用合成纸具有不吸尘、不沾水的地特点制成公司或私人名片，小巧雅观不易破损，被人誉为撕不烂纸做的名片，深受顾客的欢迎。此外，教育挂图、技术图表、电话薄、烹调书籍、餐厅菜单等长期使用又易破损的印刷物，都可以用合成纸来印制。

（2）商业包装方面

使用合成纸制成礼品袋、西服袋、购物袋、轻型包装容器盒等，应有尽有。在食品包装上它更是大有市场，可用来制作成各种冷冻食品、糕点、饮料、药品、化妆品等的包装标签，风干肉制品、干制鱼、乳酪点心盒的垫纸，外包装用的粘贴装、捆束带和悬挂带等。

（3）加工纸类方面

利用合成纸的尺寸稳定性好，耐水性、平滑度、白度高等特点，可以把它进一步加工成晒图纸、无碳复写纸、第二底图纸、复印纸、病历卡纸、无尘纸、制图纸、测量记录纸、穿孔卡片纸、高尔夫球积分卡纸等。据说，有的国家专门用合成纸制成选票纸（防止有人捣鬼）、债券纸等。

（4）建筑用材方面

合成纸作为建筑上使用的壁纸，可以搞出许多花样来，例如，各种远古图案、大海波涛、草原晨曲、森林朝霞等。各种家具（床头柜、大衣柜、化妆台）的饰面纸。茶几上的垫布纸、饭桌上的桌布纸等。在日本还把合成纸加工成拉门隔扇纸，这是一种特别的应用。

（5）其他利用方面

由于合成纸具有纸张的印刷和加工能力，又有塑料的特殊性能，因此，用它制作许多小而轻巧的制品，更有"胜人一筹"之感。以合成纸做货架吊牌、送货传票、花卉、电器、衣服的挂牌、汽车、送货车、自行车的牌照，参观门票、瓶盖垫片，扑克牌、咖啡杯垫、模型飞机等，不胜枚举。

4．合成纸的印刷

合成纸的吸收性币普通纸要差，表面平滑度和铜版纸类似，属于高平滑度材料，其白度较高，具较好的颜色表现能力。

合成纸可以采用平印、凹印、凸印、丝印、柔性版印刷等方式进行印刷。

但由于合成纸的吸收性很小，表面又很平整，在油墨附着、润湿、干燥等方面较普通植物纤维纸要差得多。因此，合成纸印刷要特别注意以下几点：

①平版胶印：不能使用以渗透干燥为主的胶印油墨，因为合成纸几乎不渗透油墨。要采用专用的合成纸胶印印刷油墨。现在国内主要油墨生产厂家都有相应的专用油墨可选用，也可采用紫外线油墨。

润版液采用酒精润湿液最佳。如果采用普通水性润版液供水量应尽可能小。

由于油墨干燥慢，要采用外部干燥措施以促使油墨快速干燥，如采用光干燥、热风干燥等，印刷时还应多喷粉，收纸堆不能太高，勤收纸，以防止蹭脏。油墨墨层应该尽量薄些，太厚的话，会导致干燥慢及粘页。

②采用凹版、柔性版印刷时，印刷条件几乎与普通的塑料薄膜的印刷相同，且对油墨适印范围广，相对来说比塑料膜印刷更容易。所有的塑料油墨都可用，干燥可以采用热风干燥，温度要低于80℃。

③用丝网印刷时，注意不要选用含有石油类溶剂的油墨。

七、新型纸材料

1．无碳纸

（1）无碳纸的特点

无碳纸携带方便，使用时干净、整洁，显色可多达7层，并可在背面印刷。与有碳复写纸相比，无碳纸价格略高，而且无碳复写纸对压力和光都很敏感，对化学药品及蒸汽也比较敏感，环境温度的变化易导致无碳纸的卷曲。

（2）无碳纸的结构

无碳复写纸采用微胶囊技术制造而成。微胶囊的种类很多，应用比较广泛的是明胶胶囊。微胶囊直径一般为 $1 \sim 30~\mu m$。明胶微胶囊直径为 $3 \sim 10~\mu m$。胶囊壁膜物质是由明胶（聚阴离子胶态物质）和阿拉伯树胶（聚阳离子胶态物质）组成，内芯物质由无色染料（如亚甲基蓝或结晶蓝等）和高沸点溶剂油组成。微胶囊是无碳复写纸的发色剂。

（3）无碳复写纸的显色原理

复写时，笔尖的压力使发色剂微胶囊壁破裂，油溶性无色染料与显色剂层中的酸性黏土一接触立即发生显色化学反应。在化学反应过程中，油溶性无色染料失去电子以醌型结构变为有色染料，酸性黏土吸收电子完成显色反应。按显色的颜色不同，无碳复写纸又分为黑印纸、蓝印纸等。

2．防伪纸张

（1）印钞纸

钞票等有价证券所用的载体—纸张不同于一般印刷纸，尤其是印制钞票的纸均采用坚韧、光洁、挺括、耐磨的印钞专用纸。这种纸经久耐用，不起毛、耐折、不断裂。其造纸原料以长纤维的棉、麻为主。

（2）无荧光专用纸

一般纸张在紫外光照射下均显有荧光。于是印钞纸及一些有价证券或票据则采用无荧光的专用纸防伪。如各国的纸币、护照以及一些票证的纸基均无荧光，这样更容易显露出附加暗记的荧光图文。

（3）有痕量添加物的纸

利用生物具有抗元抗体特异反应的原理，将极微量的抗元加入纸浆或纸张的某一局部。检测时用相应的特异性抗体与之结合，通过显色、荧光灯标记物反应的有无来辨别真伪。也可在纸中加入痕量化学元素分辨真假。

美国在研究开发一种特殊人造纤维或用基因棉花造纸、印制美元防伪。

有一种化学加密纸是在纸浆中加入或是在纸张表面施胶时在胶中加入了特殊的化合物。这种化学加密纸当涂上特定的化学试剂后可显色或显现荧光。据报道，在国外有一种球赛的门票就是用这种纸印制的，检查时只要拿浸有特制试剂的笔在票面上划一下，划过出真品即显示黑色笔迹，假门票则无，以此可辨真伪。

（4）带水印纸

造纸过程中，在丝网上安装事先设计好的水印图文印版，或通过印刷滚筒压制而成。由于图文高低不同，使纸浆形成厚薄不同的相应密度。成纸后因图文处纸浆的密度不同，其透光度有差异，故透光观察时，可显出原设计的图文，这些图文即称之为水印。水印有固定水印、半固定水印、半固定水印及不固定水印三种。固定水印必须固定在纸币、护照、证件等主体的一定位置上，而且通常要于肉眼可见的印刷图文或其他防伪措施匹配准确。半固定水印每组水印之间的距离、位置均固定，各组在纸上成连续排列，故也称为连续水印，这种水印多用于专用的纸张。不固定位置的水印分布于纸张或票面的满版，故也称为满版水印。

（5）纤维丝、彩点加密纸

造纸时在纸浆中加入纤维细丝或彩点。掺入纸浆中的纤维有彩色纤维与无色荧光纤维两种。前者用肉眼即可在纸面看到；后者及彩点必须在紫外线照射下方可显现，其颜色有红、蓝、橘红等，其形态可粗可细、可长可短，依设计而定。有的纤维是在纸张未成型前撒在纸面上。纤维与彩点在纸中的位置一般都是随机分布的，因此其疏密、嵌露的多少各异。也有固定位置的，如美国1928年以前印制的美元，红蓝两色纤维只分布在票面正中的一条狭长区域内。

（6）带安全线纸

在抄纸的过程中，在纸张的特定位置上包埋入特制的金属线或不同颜色的聚酯类塑料线、缩微印刷线、荧光线。对光观察时可见有一条完整的或断续（开窗）的线埋藏于纸基中。线的形状有直线形、波浪形、锯齿形等。

3. 防复印纸

为防止造假者复印货币或机要文件，在国外有两种防复印方法。一是复印机在出厂前就安装自动复印登记装置；二是推出防复印纸。一种全吸收型防复印纸外观呈蓝色或棕红色，纸上图文只有透光才能看到，其复印件一片漆黑。这种纸不便于日常使用，难于推广应用，另一种是在纸的表面涂一层很薄的铝保护层，但不影响印刷。由于铝保护层能使复印机的光分散或偏转，使复印机呈一片黑色。还有一种类似塑料照片的新型防伪纸，可用一般方法书写、印刷或打字，但印上或写上的字不能完全消退涂改。

复习思考题

1. 简述新闻纸的技术要求和使用要点？
2. 胶版印刷纸使用时的注意事项？
3. 铜版纸的使用要求包括哪些？
4. 不干胶纸的纸基材料包括哪些？
5. 简述无碳纸的特点及结构？

第五章　其他承印材料及适性

第一节　纸　　板

纸板是纸中的一个大类，又称板纸。由单一的纤维层构成或多层纤维组合而成。以其较大的定量和厚度区别于一般纸张，但二者的界限并不十分明确，一般将定量 200 g/m^2、厚度 0.1 mm 以上的纸称为纸板。但有些定量为 110 ~ 150 g/m^{2}的也称为纸板，较厚纸板的定量则可达 800 ~ 1 100 g/m^2。纸板除大量用以包装商品外，在工业技术和建筑上也有广泛的应用。

纸板按用途大致可分为以下几类：

①包装纸板。如草纸板、箱纸板、挂面纸板、瓦楞纸板等。主要供制造纸箱、纸盒等。

②过滤纸板。用于过滤气体或液体，例如各种内燃机用的空气、燃料油、润滑油的滤芯纸板，防毒面具用过滤纸板，各种啤酒等饮料用的过滤纸板。

③建筑纸板。用于房屋建筑隔音、隔热，房顶防水用的油毡纸、石棉纸板等。

④印刷及整饰纸板。如精装书籍用的封面纸板、封套纸板、印刷铸版用的字型纸板。

⑤冲压纸板。如供压模制品用的标准纸板，纺织用的提花纸板等。

⑥垫衬纸板。供制作各种形状衬垫用。

⑦电绝缘纸板。作为空气介质或油介质中的绝缘材料，用于电机、变压器等电器设备的制造。

⑧其他工业用纸板。如制鞋纸板、车用防水纸板等。

根据使用要求，纸板可制成不同定量、不同厚度、不同尺寸的卷筒或平板。

纸板一般具有较好的物理性能，如较高的抗张强度、耐破度、耐折度、撕裂度、挺度、环压强度、耐磨强度和适当的紧度等。某些纸板还具有较好的可压缩、电绝缘、尺寸稳定和适印性能，以及流体阻力低、吸收能力强等性能。用量最大的包装纸板还有较好的弯曲性能、平压性能以及边缘抗压强度。包装纸板是所有纸质包装材料中用量最大的品种，占纸板总产量的 85% ~ 90%，地位非常重要。常用于纸盒生产的包装纸板有白纸板，箱纸板，瓦楞原纸，黄纸板及其他纸板。

一、白纸板

白纸板是指单面或双面为白色的纸板。它具有纸面平整，白色面层光滑，表面强度高，挺度好及耐折度好等特点。白纸板主要用于销售包装，其主要用途是经彩色套印后制成纸盒，供食品、药品、日用品、化学品包装用，起着保护商品、装潢商品、美化商品的作用。

白纸板的生产已有百年历史，我国也有 50 多年。白纸板之所以能在工业生产和商品经济迅速发展，人民生活需求越来越高，包装材料日新月异的形势下，依然保持其重要的地位，是因为它具有一系列其他包装材料（如塑料）难以相比的优点：

①白纸板具有良好的印刷性能，可以套印出漂亮的彩色图案，这是其他材料无法相比的；

②有较好的缓冲性能，制成纸盒后能可靠地保护商品；

③具有良好的成型性和折叠性，便于各种封口方法；

④优良的机械加工性，能高速连续生产；

⑤废旧白纸板可以回收利用，不造成环境污染；

⑥白纸板可用作基材，与其他材料进行复合，获得性能更好的复合材料。

白纸板分双面白纸板和单面白纸板，双面白纸板又分为象牙纸板和白卡纸。无论哪一种纸板都有单面涂布白纸板和非涂布白纸板两种类型。白纸板可单层成型或多层成型，大多数白纸板采用多层成型。涂布白纸板是由白纸板经涂布加工而成。通常在机内涂布，采用两道工序，第一道用计量棒预涂，再用气刀进行第二道涂布，使面层平整、光洁，涂布量为 8 ~ 20 g/m²。

白卡纸为平板纸，尺寸为 787 mm × 1 092 mm、880 mm × 1 230 mm，尺寸误差不超过 ±3 mm，偏斜度不超过 3 mm。白卡纸挺度高，耐破度高，两面平滑且白度高。白卡纸除用于纸盒包装外，也用于制作画片、名片、证书、菜单等。

单面白纸板分为平板、卷筒两种。平板纸尺寸为 787 mm × 1 092 mm 或按订货合同的规定，尺寸允许偏差不超过（ +4 mm， -2 mm），偏斜度不超过 3 mm。卷筒纸宽度按订货合同的规定，全幅偏差不超过 3 mm。

单面涂布白板纸为平板纸，按订货合同也可生产卷筒纸。平板纸尺寸：787 mm × 1 092 mm、880 mm × 1 230 mm，尺寸偏差不允许超过（ +4 mm， -2 mm），偏斜度不超过 3 mm。卷筒纸全幅偏差不超过（ +4 mm， -2 mm）。单面涂布白板纸表面白度高，光泽度好，纸面平滑，广泛用于中高档包装纸盒。单面涂布白板纸也用于请柬、广告画、奖状等。

单面白纸板的性能指标参数如表 5 - 1 所示。

表 5 - 1   单面白纸板的性能指标参数（QB/T 2250—1996）

指标名称		单位	规定			实验方法
			A	B	C	
定量		g/m^2	200（ +5%， -4%） 220（ +5%， -4%） 250（ +5%， -4%） 270（ +5%， -4%） 300（ +5%， -4%） 350（ +5%， -3%） 400（ +5%， -3%） 450（ +5%， -3%）			GB451—79
横向定量差（<）		%	6.0	10.0	12.0	GB451—79
紧度（≤）		g/m^3	0.82	0.85	—	GB451—79
平滑度（涂布面）		s	50	28	18	GB456—79
白度（涂布面）		%	78.0	78.0	75.0	GB7974—79
横向耐折度		次	10	5	4	GB457—79
表面吸水性		g/m^2	55.0	55.0	55.0	GB540—79
横向挺度	200 g/m^2	$mN \cdot m$	2.00	1.70	1.50	GB2679—3
	220 g/m^2		2.40	1.90	1.70	
	250 g/m^2		3.00	2.30	2.00	
	300 g/m^2		4.50	3.80	3.00	
	350 g/m^2		7.00	4.50	3.60	
	400 g/m^2		9.50	6.30	5.00	
	450 g/m^2		13.00	8.00	6.00	

续表 5 - 1

指标名称		单位	规定			实验方法
			A	B	C	
油墨吸收性（涂布面）		%	15.0 ~ 30.0	15.0 ~ 30.0	15.0 ~ 35.0	GB12911
尘埃度	0.3 ~ 1.5 mm²	个/m²	20 不许有	60 不许有	80 不许有	GB1541
	> 1.5 mm²					
水分		%	8.0 ± 2.0	8.0 ± 2.0	8.0 ± 2.0	GB462—79

二、箱纸板

箱纸板主要用于制作瓦楞纸箱，也可用来制作纸盒、纸桶和各种衬垫材料。

箱纸板按质量分为 A，B，C，D，E 五个等级。其中 A 等级为牛皮箱纸板，B，C 等级为挂面箱纸板，D，E 等级为普通箱纸板。

A 等：制造精细、贵重和冷藏物品包装用的出口瓦楞纸板；

B 等：制造出口物品包装用的瓦楞纸板；

C 等：制造内销较大型物品包装用的瓦楞纸板；

D 等：制造内销一般物品包装用的瓦楞纸板；

E 等：制造内销轻载物品包装用的瓦楞纸板。

牛皮箱纸板分为单层成型和多层成型两种，由 100% 硫酸盐本色木浆制成。挂面箱纸板面层由未漂硫酸盐木浆或化学竹浆制成，衬层由机械木浆、浅色废纸浆或草浆制成，芯层由废纸浆，半化学草浆或化学机械浆等制成，底层由化学竹浆或半化学草浆掺入部分化学木浆的混合浆等制成。普通箱纸板面层由废纸浆或半化学草浆等制成，芯层由不经筛选的废纸浆或半化学草浆或浆渣等制成，底层由废纸浆或半化学草浆制成。

箱纸板分为平板纸和卷筒纸两种。平板纸规格为 787 mm × 1 092 mm，960 mm × 1 060 mm，960 mm × 880 mm，尺寸偏差 ± 5 mm，偏斜度不超过 5 mm。卷筒纸幅宽为 960 mm，1 100 mm，1 600 mm 和 1 940 mm，尺寸偏差不超过 8 mm。

箱纸板的主要技术指标详见表 5 - 2。

表 5 – 2 箱纸板主要性能指标参数（GB/T 13024—1991）

指标名称		单位	规定				
			A	B	C	D	E
定量		g/m²	200 ± 10.0、230 ± 11.5、250 ± 12.5 280 ± 14.0、300 ± 15.0、320 ± 16.0 340 ± 17.0、360 ± 18.0、420 ± 21.0			310 ± 15.5、360 ± 18.0、420 ± 21.0、475 ± 23.0、530 ± 26.5	
紧度		g/m³	0.72	0.70	0.65	0.60	
耐破指数	200 ~ 230 g/m²	kPa/m²	2.95	—	—	—	—
	≥250 g/m²		2.75	2.65	1.50	1.10	0.90
环压指数	200 ~ 230 g/m²	N·m/g	8.40	8.40	6.00	5.20	4.90
	≥250 g/m²		9.70				
耐折度（横向）	< 340 g/m²	次	80	50	18	6	3
	360 g/m²		80	50	14	5	2
	420 g/m²		80	50	10	4	2
	475 g/m²		80	50	—	3	1
	530 g/m²		80	50	—	—	1
吸水性（正/反）		g/m²	35.0/50.0	40.0/—	60.0/—	—	—
水分		%	8.0 ± 2.0	9.0 ± 2.0	11.0 ± 2.0	11.0 ± 3.0	11.0 ± 3.0

三、瓦楞原纸

瓦楞原纸是一种低定量的轻薄纸板，其定量为 112 ~ 200 g/m²，主要用作瓦楞纸板的芯纸，用量非常大。在国外大多以阔叶木半化学浆生产瓦楞原纸。目前我国生产瓦楞原纸大多以麦草、蔗渣、棉杆、废纸为原料，既有单一原料，也有两种以上原料搭配使用。瓦楞纸板既可单层成型，也可多层成型。

瓦楞原纸是瓦楞纸的原纸，主要供做瓦楞纸板的中层纸芯。瓦楞纸板是由瓦楞纸和箱纸板粘合而成的，瓦楞纸在瓦楞纸板中起支撑作用。瓦楞纸由瓦楞原纸轧制而成，因此，提高瓦楞原纸的质量，是提高纸板和纸箱强度的重要方面。对瓦楞原纸的要求是纤维组织均匀，纸页厚薄均匀一致，具有一定的环压、抗张、耐折等强度，在压瓦楞时不折断，有较高的耐压性，并有挺度好，透气性好，纸面色泽亮黄、平整，水分适当等特点。

瓦楞原纸分为平板纸与卷筒纸两种：平板纸尺寸为 787 mm × 1 092 mm，卷筒纸纸幅幅宽按合同规定，幅宽范围为 734 ~ 1 448 mm。常用瓦楞原纸的技术参数如表 5-3 所示。

表 5-3   瓦楞原纸主要性能指标参数（GB 13023—1991）

指标参数		单位	规定			
			A	B	C	D
定量		g/m²	112.0±6.0		160.0±8.0	
			127.0±6.0		180.0±9.0	
			140.0±7.0		200.0±10.0	
紧度		g/cm³	0.50		0.45	
横向环压强度（不小于）	112 g/m²	N·m/g	7.10	5.50	2.80	3.30
	127~140 g/m²		7.70	6.30	4.40	3.50
	160~200 g/m²		9.20	7.70	5.50	3.50
纵向裂断长		km	4.30	3.75	2.70	2.15

四、牛皮箱纸板

牛皮箱纸板亦称挂面纸板，是运输包装用的高级纸板。它具有强度高、防潮性能好、外观质量好等特点，主要用于制造外贸包装纸箱及国内高档商品的包装纸箱。

牛皮箱纸板的原料配比，国外一般用 100% 本色硫酸盐木浆，少数采用本色硫酸盐木浆挂面，废纸浆作芯层和底层。国内因木材资源不足，所以采用 40%~50% 木浆挂面，用麦草浆、稻草浆、芒杆浆、蔗渣浆、废纸浆等一种或两种的混合浆作芯层和底层，并且开发出了用 100% 竹浆，或用 60%~70% 竹浆与草浆或废纸浆，或 20% 木浆与棉杆浆和红麻杆浆等抄造出合格的牛皮箱纸板。另外，还开发了一些质量略低于牛皮箱纸板的仿牛皮箱纸板，以 20% 左右的木浆（或竹浆、红麻杆浆、胡麻杆浆）控面，80% 左右草浆、废纸浆作芯层和底层进行生产。

牛皮箱纸板有特号和一号两种等级，5 种定量规格。一号主要用于制作高档轻纺产品、日用百货、家用电器等的包装；特号牛皮箱纸板主要用于外贸出口包装，它不仅要求具有一号牛皮箱纸板的物理强度，而且要求具有更高的防潮性能，以包装出口冷冻食品，经受零下 15~30℃ 的低温冷藏，纸箱不变形，不瘪箱。牛皮箱纸板除了要达到上述技术指标外，还必须满足下列要求：①纸板表面应平整光滑，不许有折子、翘曲、明显毯印、粘毛及突出纸面的砂粒、杂质等纸病；②切边要整齐、洁净、不许有缺角、缺边、裂口、洞眼、齿状破损等；③不经外力作用不许有分层和卷皮现象，每批纸板面浆色泽应一致，不许有露底现象；④卷筒纸不许有瘪芯现象，每个卷筒内断头不得超过 3 个，断头应接好粘牢，接头处应有标记；卷筒端面应平整，锯齿形不许超过 5 mm。

国外的午皮箱纸板有分三类的，有分五类的。例如，日本分 A，B，C 三个等级，其中 A 号用 100% 木浆砂造，B 号用木浆挂面，其他纤维作芯底；C 号为强度较低的挂面箱纸板等。

五、黄纸板

黄纸板又称草纸板，俗称马粪纸，是一种低档包装纸板。黄纸板的原料主要采用 100% 的稻草或麦草，用石灰法或石灰纯碱法蒸煮的纸浆生产，也可以用稻草浆或麦草浆为主，配用部分废纸浆，或者用 100% 的废纸浆进行生产。它主要用作衬垫，或将印刷好的或未经印刷的胶版印刷纸等表糊在表面，制作各种中小型纸盒，作包装食品、糖果、皮鞋等商品之用。

黄纸板虽属低级包装纸板，但要求表面细洁，不许有谷壳、草节等硬质杂物。纸板要平整，不许有翘曲现象，否则会影响制盒时的粘糊质量。黄纸板具有的黄亮色泽是原料的本色，它要求具有一定的耐破度和挺度。

黄纸板的质量等级分为持号和一号两种，目前生产的多数为一号。其定量规格分六种，从 310 g/m^2 开始，每递增一个规格，定量增加 110 g/m^2。黄纸板多数为平板纸，规格有 787 mm × 1 092 mm，787 mm × 660 mm，1 016 mm × 695 mm，775 mm × 648 mm 等，也可按要求生产其他尺寸。

六、标准纸板

标准纸板是一种全幅厚度严格一致的纸板，主要供制作精确的压模制品和重要产品的包装。

标准纸板只有平板型一种，规格有 1 330 mm × 900 mm，1 350 mm × 920 mm，尺寸偏差不许超过 ± 10 mm，偏斜度也不许超过 10 mm。标准纸板的厚度共有 7 种，即 1.0 mm，1.5 mm，2.0 mm，2.5 mm，3.0 mm，4.0 mm 和 5.0 mm。其技术指标：紧度不小于 0.7 g/cm^3；抗张强度（纵横向平均值）不小于 19.6 MP；纵伸长率（纵横向平均值）不小于 5%；灰分不大于 5%；水抽出液酸度（以 H_2SO_4）不大于 0.05%；水分为 10 ± 2%。

纸板表面应持别干整，正反面的平滑程度基本一致且不翘曲，无裂纹、鼓包等纸病，纸板切边整齐洁净，未经外力不许有分层现象。

标准纸板的原料是 30% ~40% 未漂硫酸盐木浆，60% ~70% 褐色磨木浆进行粘状打浆，不施胶，不加填，在多网造纸机上抄造而成。

七、厚纸板

一种为特殊用途而抄造的纸板。主要供制作特种纸箱及纸箱内的隔栅纸板。厚纸板的厚度有 0.8 mm，1.0 mm，1.5 mm，2.0 mm，2.5 mm 和 3.0 mm 几种。一般为平板纸，尺寸有 1 350 mm×920 mm，1 150 mm×880 mm，或根据合同规定生产。其技术指标：紧度不小于 0.78 g/cm³；抗张力（纵横向平均）不小于 15.6 MPa；耐折度（0.8 mm 厚的）不低于 200 次（厚度越大，要求越高）；水抽出液的 pH 值为 7；水分为 10±2%。

厚纸板用 100% 褐色磨木浆或部分化学木浆为原料，进行轻微打浆之后，在多圆网多烘缸纸板机上抄造，并经过压光而成。

八、瓦楞纸板

瓦楞纸板是由瓦楞原纸加工而成。首先把原纸加工成瓦楞状，然后用黏合剂从两面将表层粘合起来，使纸板中层呈空心结构，这样使瓦楞纸板具有较高的强度。它的挺度、硬度、耐压、耐破、延伸性等性能均比一般纸板要高。由它制成的纸箱也比较坚挺，更有利于保护所包装的产品。

瓦楞纸板之所以应用非常广泛，主要是与传统的包装材料相比较，具有下列优点：

①用瓦楞纸板制成的空瓦楞纸箱，重量轻、结构性能好。瓦楞纸板包装箱的质量与同体积的木箱相比，其原材料的质量为木箱的 1/4～1/5；与内部尺寸相同的普通木箱和胶合板箱相比，其外形尺寸要小得多；且其成本仅为同体积木箱的 2/3～2/5。其内的瓦楞结构类似拱形结构，能起到防冲减震作用，具有良好的力学特性；

②对包装物品具有许多良好的保护功能。例如，防潮、散热、易于搬运等；

③运输费用低，且易于实现包装与运输的机械化和自动化；

④规格与尺寸的变更易于实现，能快速适应各类物品的包装；

⑤封箱、捆扎均方便，易于自动化作业；

⑥能适应各种类型的纸箱的装潢印刷，能很好的解决商品保护和促销问题；

⑦废品易于回收再利用，符合环保要求；

⑧可通过与各种覆盖物或防潮材料结合，而大大扩大其使用范围。例如，

防潮瓦楞纸板箱，可用来装运蔬菜、水果。有聚乙烯覆盖层的瓦楞纸板箱可用于易吸潮的产品包装或要求表面非常清洁的制品的包装。有薄蜂蜡覆盖层的瓦楞纸板箱，可用于内河和海上运输，避免直接吸潮。使用聚乙烯衬套或复合材料衬套，在纸板箱中可形成产品的密封包装，并且可以在纸板箱中包装液体或半流体产品及容易吸收潮湿的物品。

1. 瓦楞纸板的楞形

瓦楞楞形即瓦楞的形状，一组瓦楞由两个圆弧及其相连接的切线所组成。楞形可分为 V 形、U 形和 UV 形三种。V 形楞的圆弧半径较小，加压初期抗压性能较好，但超过最高点后即迅速破坏。所以其缓冲性能差、抗压力强、黏合剂施涂面小、不易粘合。U 形楞的圆弧半径较大，富有弹性，吸收冲击能量较大，且当压力消除后仍能恢复原状。所以其缓冲性能好、抗压力弱、黏合剂施涂面大、易于粘合。UV 形楞介于 U 形楞和 V 形楞之间、其圆弧半径大于 V 形，小于 U 形，因而兼有二者优点，应用较广。瓦楞纸板的楞形平面压缩试验负荷—变形曲线如图 5－1 所示。

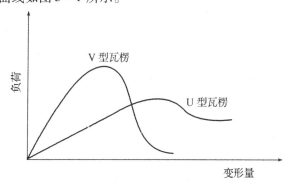

图 5－1　楞形平面压缩试验负荷－变形曲线

2. 瓦楞纸板的类型

瓦楞纸板按其材料的层数，分为以下几种类型（如图 5－2 所示）。在该图中，由 1－4 分别代表双层瓦楞纸板、三层瓦楞纸板、五层瓦楞纸板和七层瓦楞纸板。

双层瓦楞纸板是在波形芯纸的一侧贴有面纸，该瓦楞纸板一般不直接用来制作瓦楞纸箱，而是卷成筒状或切成一定的尺寸，作为缓冲材料和固定材料来使用。

三层瓦楞纸板是在波形瓦纸的两侧贴以面纸而制成的。目前，世界上制作纸箱使用最多的就是双面瓦楞纸板。

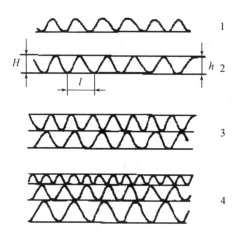

图 5-2   瓦楞纸板类型

H. 纸板厚度；h. 瓦楞高度；l. 瓦楞间距

五层瓦楞纸板是使用两层波形瓦纸加面纸制成的，即由一块单面瓦楞纸板与一块双面瓦楞纸板贴合而成。在结构上，它可以采用各种楞型的组合形式，因此其性能也各不相同。由于它比普通双面瓦楞纸板厚，所以其各方面的性能都比三层瓦楞纸板，特别是垂直方向的抗压强度，有明显的提高。由五层瓦楞纸板制成的瓦楞纸箱，多用于易损物品，沉重物品以及长期保存的物品（如新鲜蔬菜水果之类含水分较多的物品）的包装。

七层瓦楞纸板是使用三层波形瓦纸制成的，即在一张单面瓦楞纸上再贴上一张双瓦双面瓦楞纸制成。在结构上，这种使用三种楞形组合而成的瓦楞纸板，比使用两种楞形组合而成的三层瓦楞纸板要强，因此，用这种三瓦双面瓦楞纸板制成的瓦楞纸箱，多用于包装沉重物品，以取代过去的木箱，而且这种纸箱并不限于单独使用，往往是与木制的托盘和拖板组合。二者的结合处用钢带或专门的箱钉进行固定。

瓦楞纸板可以有不同的瓦楞层截面形式，主要有 5 种：大瓦楞 A 型、小瓦楞 B 型、中瓦楞 C 型、微瓦楞 E 型、超微小瓦楞 K 型，其中前四种较为常用。各截面形式的瓦楞技术参数如表 5-4 所示。

表 5 - 4 各截面形式的瓦楞技术参数（GB 6544—1986）

楞 型	楞 高/mm	楞个数（300 mm）	平面抗压强度/mPa
A	4.5 ~ 5	34 ± 2	0.227 ~ 0.248
B	2.5 ~ 3	50 ± 2	0.352 ~ 0.374
C	3.5 ~ 4	38 ± 2	0.284 ~ 0.320
E	1.1 ~ 2	96 ± 4	0.61

①A 型瓦楞。具有极好的防震缓冲性，垂直耐压强度比 B 型好，当需要堆叠时由于 A 型瓦楞有较大的厚度，因此具有较大的承载能力和吸收冲击振动的能力。

②B 型瓦楞。峰端较尖，黏胶面较窄，其瓦楞高度较小，可以节省瓦楞原纸，但平页抗压能力超过 A 型瓦楞。B 型瓦楞单位长度内楞数较多，与面纸及里纸有较多的支承点，因而不易变形，且瓦楞纸板表面较平，在印刷时，有较强的抗压能力，可得到良好的印刷效果。

③C 型瓦楞。兼有 A 型和 B 型瓦楞的特点，它的防震性能与 A 型相近，而平面抗压能力接近 B 型瓦楞，与 B 型瓦楞相比，可减少瓦楞芯纸的消耗。

④E 型反楞。这是最细的一种瓦楞，它的高度为 1 mm 左右，单位长度内的瓦楞数目最多，能承受较大的平面压力，可适应胶版印刷，能在包装面上印出质量较高的图文。

在生产实际中，可根据上述四种瓦楞各自的特点及具体情况选用。三层瓦楞纸板以选用 A 型和 C 型为宜，五层瓦楞纸板选用 A、B 型或 B、C 型相结合为宜；接近表面的应选用 B 型，以利用其较好的抗冲击能力；接近内层的应选用 A 型或 C 型，其弹性较高，缓冲性能较强；中型瓦楞纸盒以选用 B 型为宜；E 型瓦楞多用于小型包装。国外的瓦楞纸箱中，日本以 A 型为主，欧洲及美国则以 C 型为主。

瓦楞纸板的技术参数如表 5 - 5 所示。

瓦楞纸板的强度受环境相对湿度的影响很大。当相对湿度增大，纸板的含水量增加，强度就下降。若以相对湿度50%时，纸板强度为100%，则随着相对湿度的继续增大，压缩强度就急剧下降，其强度变比如表 5 - 6 所示。当相对湿度达90%时，瓦楞纸板的压缩强度只有原来的60%。

表 5 – 5　瓦楞纸板的技术参数（GB 6544—1986）

种类	代号	优等品			一等品			合格品		
		代号	耐破度 kPa	边压强度 N/mm	代号	耐破度 kPa	边压强度 N/mm	代号	耐破度 kPa	边压强度 N/mm
单瓦楞纸板	S – 1.1	S – 1.1	638	4.5	S – 2.1	410	4.0	S – 3.1	392	3.5
	S – 1.2	S – 1.2	785	5.0	S – 2.2	686	4.5	S – 3.2	588	4.0
	S – 1.3	S – 1.3	1 177	6.0	S – 2.3	980	5.0	S – 3.3	784	4.5
	S – 1.4	S – 1.4	1 570	7.0	S – 2.4	1 373	6.0	S – 3.4	1 177	5.0
双瓦楞纸板	D – 1.1	D – 1.1	785	6.5	D – 2.1	686	6.0	D – 3.1	588	5.5
	D – 1.2	D – 1.2	1 177	7.0	D – 2.2	980	6.5	D – 3.2	784	6.0
	D – 1.3	D – 1.3	1 570	8.0	D – 2.3	1 373	7.5	D – 3.3	1 177	6.5
	D – 1.4	D – 1.4	1 960	9.0	D – 2.4	1 765	8.0	D – 3.4	1 570	7.0

表 5 – 6　各截面形式的瓦楞技术参数

相对湿度/%	吸湿量（水分）/%	压缩强度/%
50	8	100
65	12	90
80	14	80
90	17	60
95	23	40

　　为了防潮，目前生产出一种抗潮瓦楞纸板，抗潮瓦楞纸板是在温度 130 ~ 180℃下，使石蜡液进行雾化。雾化工作是在 1.2 ~ 2 MPa 的压力下进行的。在抗潮纸板中，石蜡成分的重量为 30% ~ 45%，这种瓦楞纸板具有很高的抗潮性能，其强度比未浸渍的纸板大大提高。例如，浸渍过的质量为 750 g/m² 的瓦楞纸板，承受压力能力和端面刚度比未浸渍的纸板提高了 65%，同时，用这种纸板制造的包装箱也提高了强度。特别是堆垛时，承受压缩载荷的抵抗力大大提高（根据包装箱尺寸不同，提高 30% ~ 60%）。

　　近年来，由于合成树脂工业的发展，我国生产出一种新型钙塑瓦楞纸制成的瓦楞纸板，可以克服原有瓦楞纸板怕潮的缺点。所谓钙塑瓦楞纸，就是加有钙化物填料的塑料纸，制造钙塑瓦楞纸的配方大致如下：

　　表面纸：低密度聚乙烯 15%，高密度聚乙烯 45%，轻质碳酸钙 40%，另外还有硬脂酸锌、硬脂酸钡、抗氧剂、紫外线吸收剂；瓦楞芯纸：低密度聚乙烯10%，高密度聚乙烯45%，轻质碳酸钙40%，另外还有硬脂酸锌、硬脂酸钡、抗氧剂、紫外线吸收剂；瓦楞芯纸：低密度聚乙烯10%，高密度聚乙烯40%，轻质碳酸钙50%，其他添加剂与表面纸相同。

钙塑瓦楞纸具有防潮、防雨、强度高等优点，且材料来源丰富，随着合成树脂工业的迅速发展，必将得到更多的应用。

第二节　塑料承印材料

通常人们认为在一定温度或压力条件下，能够流动的材料（如石蜡、玻璃等），或者是能够塑成一定形状的材料都可称之为塑料。随着科学技术的发展，现在所说的塑料是指以合成树脂为基本成分的高分子有机化合物，可在一定条件（如温度、压力、填充料、染料等）下制成一定形状的、在常温下保持形状不变的材料。塑料是一类多性能、多品种的合成材料，一般为透明、半透明或不透明的固体，其质量轻，有一定的物理强度，有较好的防潮、耐热、耐寒、绝缘、抗腐蚀、易加工等性能。

塑料是以合成的或天然的高分子化合物为基本成分，在加工过程中可塑制成型，而产品最后能保持形状不变的材料。塑料的主要组成是合成树脂。有些合成树脂可以单独做成塑料，有些合成树脂则须加入一些添加剂，这些添加剂有填科、增塑剂、稳定剂、着色剂、发泡剂、防老刑、润滑剂等等。塑料因其具有质轻、比强度高、耐化学腐蚀性好、易加工成型等特性。在包装及建筑装饰领域得到了广泛的应用，尤其是塑料薄膜已成为塑料包装制品中的主要材料，以下将对印刷中常用的几种塑料薄膜的印刷性能进行分述。

一、塑料的组成与特点

1. 塑料的组成

塑料是以合成树脂为主要成分，并加入适量的增塑剂、稳定剂、填充剂、增强剂、着色剂、润滑剂、抗静电剂等助剂制成的。各成分的作用如下：

（1）合成材脂

合成树脂是由人工合成的高分子化合物，又称高聚物或聚合物。它是塑料的主要成分，在塑料中起胶结作用，其自身与其他助剂牢固地胶结成一个整体。

（2）增塑剂

增塑剂是为了改进塑料成型加工时的流动性和增进制品的柔顺性而加入的一类物质。它可以通过降低聚合物分子间的作用力来达到上述目的。增塑剂大多是低挥发性的液体有机物，少数为熔点较低的固体。常用的增塑剂有邻苯二甲酸二辛酯、邻苯二甲酸二丁酯等。增塑剂的用量一般在40%以下。

（3）稳定剂

稳定剂是阻碍材料老化变质的物质，又叫防老化剂。它能阻止或抑制聚合物在成型加上或使用中受到的因热、光、氧气、微生物等因素引起的破坏作用。稳定剂按性能分为热稳定剂、光稳定剂（紫外线吸收剂、光屏蔽剂等）、抗氧剂等。稳定剂的用量一般低于2%，但有时可达5%以上。

（4）填充剂

填充剂是能改善塑料某些性能而添加的物质，别称填料。填充剂一般是粉末状物质，如碳酸钙、硅酸盐、黏土、滑石粉、木粉、金属粉等。加入填料的目的是为了改善塑料的成型加工性能，改进并赋予塑料某些物理性能并降低成本，其用量一般在40%以下。

（5）增强剂

增强剂是为了提高塑料制品的机械强度而加入的纤维类材料，它实际上也是一种填充剂。通常用的增强剂有玻璃纤维、石棉纤维、合成纤维和麻纤维等。

（6）着色剂

着色剂又叫色料，是能使塑料具有色彩或特殊光学性能的物质。它不仅能使制品色彩鲜艳、美观，有时还能改善塑料的耐候性。常用的着色剂有无机颜料、有机颜料和燃料。

（7）润滑剂

为了改进塑料熔体的流动性及制品表面的光洁度而加入的物质叫润滑剂。常用的润滑剂有脂肪酸皂类、脂肪酯类、脂肪醇类、石蜡、低相对分子质量聚乙烯等。润滑剂的用量一般低于1%。除上述成分外，还有抗静电剂、阻燃剂、发泡剂等其他辅助剂。塑料的性能是由合成树脂和所用助剂的件能决定的。根据实际使用要求，不同的塑料可选用不同的助剂。同一种树脂加入不同的助剂，可制成性能上相差很大的塑料制品。

（8）固化剂

固化剂的作用，在塑料聚合物分子中生成横跨键，使分子交联，由受热可塑的线形结构变为体形的热稳定性结构。只有在塑料成形之前加入热固化剂，才能形成坚固的塑料制品。通常加固化剂要根据塑料制品的品种和加工条件，如用于酚醛树脂的固化剂为六次甲基四胺；用于环氧树脂的固化剂为胺类、酸酐类化合物；用于聚酯树脂的固化剂为过氧化物等。

（9）抗静电剂

抗静电剂用来防止塑料产品在加工和使用过程中，由于摩擦而产生静电。抗静电剂的作用是使塑料表面形成连续相，增加表面的导电性，使塑料上的电荷迅速放电，以防止静电的积累而影响生产和安全。常用的抗静电剂由季铵剂、磷酸酯、聚乙二醇酯等。

2. 塑料薄膜的特点

为了获得精美的塑料包装，塑料薄膜应具有保护功能、美化产品功能，方便稳定高，这就要求塑料薄膜具有强度高、能防潮、能耐热、化学性能稳定、透明光滑性质。

（1）优异的物理机械性能

塑料具有一定的透明性，质量轻，且密度大多为 $1 \sim 1.4 \ g/cm^3$，聚乙烯、聚丙烯塑料比水还轻，许多塑料的比强度（材料在断裂点的强度与其密度之比）比金属高。塑料的机械性能，如抗拉、抗压、抗冲击、抗弯曲强度等，主要取决于高聚物的聚合度、结晶度和内聚力等。聚合度与结晶度越大，高聚物的机械强度越大；内聚力越大，机械强度也越大。有的塑料分子中含有一定的极性基团，使分子间引力增强，有利于分子的整齐排列。

（2）高阻隔性

塑料薄膜的阻隔性是从另外一个方面来反映其透气性的一种性能。透气性越好，阻隔性越差；反之，阻隔性越好。塑料的阻隔性包括气体阻隔性、水蒸气阻隔性和保香性等。塑料包装材料对气体、水蒸气的阻隔性依其密度不同而有差别，而不同的物品又要求包装具有不同程度的阻隔性。

（3）抗化学溶剂性

一般塑料对酸、碱等普通化学药品均有较好的耐腐蚀能力。防腐蚀包装常采用塑料作为包装材料，如用石棉作填充料制成的石棉酚醛塑料可盛装浓盐酸和磷酸，甚至能耐160℃的氢氟酸，大大超过玻璃容器的耐酸性；用硬质聚氯乙烯塑料容器，可耐98%的浓硫酸、各种浓度的盐酸和60～80℃的碱溶液。

（4）加工适应性

各种塑料，特别是热塑性塑料，有着良好的加工适应性。如许多塑料平滑性较好，具有热成型适应性、机械加工适应性和热封性等优良性能。

（5）美观性能

一般塑料有透明、滑润、柔软、光洁、鲜艳的特点，对人的视觉、感觉都有一定的刺激感，看着美观，手感舒适。作为印刷材料又能印刷出各种迷人的图案、商标，用其印刷食品、日用品、服装等的包装，对消费者有较强的感染力和诱惑力。此外，大多数塑料还具有优良的电绝缘性。由于高分子内部没有自由电子和离子，所以不具有导电能力，因此塑料是优良的绝缘休。主要缺点是：大多数塑料耐热件差，在高温下物性下降，热膨胀率大，易燃烧（燃烧带有气味并释放有害气体），易老化，低温条件下易变脆；塑料废弃物不易降解，容易污染环境；印刷时不易接受油墨的浸润，影响油墨的附着力。

二、常用塑料薄膜的分类

1. 聚乙烯薄膜

聚乙烯是由乙烯单体聚合而得到的热塑性高分子聚合物，具有优越的机械强度、介电性和耐潮性，在低温时能保持柔软性和化学稳定性。聚乙烯薄膜可以利用聚乙烯原料通过吹塑、压延和流延等方法制造成型。聚乙烯膜耐久力、撕裂度非常大，在20℃左右有显著的柔软性，在0℃以下无味无臭。

与玻璃纸及其他薄膜相比，聚乙烯的透明度低，化学性能稳定，若不做前处理，印刷时油墨和聚乙烯的黏合力弱，油墨容易脱落；由于薄膜的延伸大，对于套色印刷有一定困难。

聚乙烯材料的印刷方式，有照相凹印、柔性版印刷、丝网印刷、胶印等，但通常对薄膜的印刷采用凹印或柔性版印刷方式。由于在印刷时施加适当的张力，造成成品比印版的尺寸收缩1%～2%，使套准不稳定。提高套准稳定的方法，有的使用裱背纸的方法，或在印刷机上安装张力控制器。如果事先招收缩量考虑在内，将印版制得大些，印刷品的尺寸也可与所要求的尺寸取得一致。

低密度聚乙烯薄膜是一种柔软而透明的薄膜，具有良好的耐水性、防潮件和耐寒性，因此常用作食品、医药品、日用品及金属制品的防潮包装材料和用于冷冻食品的包装。低密度聚乙烯薄膜还具有良好的热封性和热封强度，常用作复合薄膜的热封层，但耐热性差，不能用作蒸煮袋的热封层。低密度聚乙烯薄膜的透气率大，包装食品不宜久藏，却适用丁水果蔬菜的保鲜包装。低密度聚乙烯薄膜的耐油性差，适应性不良，印刷前需进行表面处理。

中密度聚乙烯的外观为乳白色，密度为 $0.93 \sim 0.94 \text{ g/cm}^3$。兼有低密度聚乙烯和高密度聚乙烯的性能。还具有较高的拉伸强度、耐穿刺性、撕裂强度、耐热性、化学稳定性及阻隔性，常用于吹塑、注塑和滚塑成形制品，有较高的强度。由于中密度聚乙烯耐热性能、耐寒性能好，还用于制作蒸煮包装袋、食品袋及冷冻袋等。需要注意的是，薄膜作为食品包装保存期不宜过长。

高密度聚乙烯薄膜是一种韧性的半透明薄膜，呈乳白色，表面光泽性较差，拟纸件强，手感舒适，其抗张强度、防潮性、耐热性、耐化学药品性和耐油性等均优于低密度聚乙烯薄膜。相同用途时采用高密度聚乙烯薄膜比采用低密度聚乙烯薄膜少一半厚度。厚度 0.01~0.015 mm 的高密度聚乙烯薄膜可代替牛皮纸使用。高密度聚乙烯薄膜的耐热性好，可用作蒸煮袋的热封层，但它的气密性差，不具有保香性，包装食品的储藏期不长。

2. 印聚乙烯膜

印刷聚乙烯膜时，最关键的是印刷后油墨不脱落，检验的方法有 3 种。

（1）胶带法

胶带法是将透明胶带切成适当的长度，密合到印后干燥的股面上，前半缓慢地、后半迅速地剥下胶带，观察转移到胶带上的油墨量，可以推断油墨的黏着力究竟有多大。如果油墨从经过完苦处理的股面脱落，说明油墨的组分不合适。

（2）刻划试验

刻划试验是将印刷品放在乎整的硬台面上，用尖针刻划黏着状态，墨面就不会因刻划面脱落。

（3）粘页试验

粘页试验是将印好的薄膜卷取，测验其内层的粘页程度能不粘页。只要油墨和薄膜处在完全只要处理完善，完全有可能不粘页。

此外，判断薄膜表面处理程度的方法，还有测定聚乙烯表面润湿性的方法。它是通过测定聚乙烯和液滴的接触角，得出结论。

三、聚丙烯薄膜

聚丙烯薄膜有未拉伸薄膜和双向拉伸薄膜两种。未拉伸聚丙烯薄膜与聚乙烯薄膜相比具有更好的透明性、防潮件、耐热性、和耐摩擦性等，且耐油性、热封性良好，常用于饼干等硬性物品的包装以及蒸煮袋的热封层。但其耐寒性差，在 0~10℃时发脆，不能用于冷冻食品的包装；印刷性不良，印刷前需进行表面处理。且容易带静电，一般需加入防静电剂或涂布防静电涂料。双向拉伸聚丙烯薄膜与未拉伸聚丙烯薄膜相比，其透明度、光泽度可与玻璃纸相媲美；耐寒性提高，可在 −50~30℃使用；机械强度提高，但伸长率降低；透气率、透湿率约降低一半，有机试剂蒸气的透过率也有不同程度的降低；单膜不能直接热封合性，但可在封口部位涂布黏合剂或与其他塑料薄膜复合以改善其热封合性；未经定型处理的双向拉伸聚丙烯薄膜具有热收缩性，其收缩率高达60%～80%，是最便宜的热收缩包装材料，广泛用于食品、医药品、香烟、纺织仍等包装。

聚丙烯是一种热塑性树脂，由丙烯用三乙基铝和三氯化钛作催化剂进行聚合，并将反应生成物的无规则聚合物溶解后，分离出结晶性的聚合物而成。聚丙烯的性质类似低压法、中压法制成的聚乙烯，但比聚乙烯轻，机械强度大；它的气体透过性、透明性、耐热性及化学稳定性都比聚乙烯优良。未延伸的聚丙烯薄膜拉伸强度低、弹性小，没有挺度，密度低为 0.88～0.91。双向延伸薄膜的拉伸强度、弹性率高，透明度高，物理性能类似玻璃纸，可用它代替玻璃纸。对印刷适性要求不像聚乙烯那么严格，但若不进行前处理，也难于印刷。一般采用电晕处理法、火焰处理法等将表面活化后，加强对油墨的黏着力。但因进行了表面处理，透明度和热封性稍有降低。目前已出现了可不进行表面处理直接印刷聚丙烯的油墨。

四、聚氯乙烯薄膜

聚氯乙烯膜是将聚氯乙烯粉末与增塑剂、稳定剂、填料等混合加热凝胶化后加工面成的薄膜。增塑剂的添加量在30%以上的为软质聚氯乙烯101%以下的称为硬质聚氯乙烯。软质聚氯乙烯股的厚度最小在 0.1 mm 左右，进行延伸处理后，可以得到 0.05 mm 的薄膜。聚氯乙烯透明性好，耐水性、耐药品性优良，但含有增塑剂和有害稳定剂的聚氯乙烯不适于食品包装。延伸处理过的薄膜可用于收缩包装。

聚氯乙烯薄膜的印刷大多采用照相凹印方式；在同等张力下，聚氯乙烯膜的伸长率大于纸张和玻璃纸，所以难于套准，而且容易产生皱折。含增塑剂多的、薄的软质薄膜，伸长的程度就愈大。聚氯乙烯的印刷效果与纸张的印刷相比，印刷图像的清晰度较高，尤其是 0.05～0.08 mm 的硬质聚氯乙烯膜，能满足彩色印刷的要求，印制出较精美的印刷品。

五、聚酯薄膜

聚酯是由二元或多元醇和二元或多元酸缩聚而成的高分子化合物的总称。包括聚酯树脂、聚酯纤维、聚酯橡胶等。这类树脂的聚合度和结晶度高，因此聚酯片基的压缩弹性、硬度和弯曲刚性较高，抗张强度大，耐冲击，且耐试剂性能优异、渗透率小。聚酯薄膜多用于印刷远洋及海运商用船舶的数据资料，在国外还被用来印制阅读卡。与玻璃纸及其他塑料薄膜相比，聚酯膜的弱点是耐热性能好，难于热封。在聚酯膜上印刷与 PE、PP 等塑料膜上印刷有相似之处，即由于表面光滑，印刷前要对薄膜进行表面处理，提高表面对油墨的附着能力，防止墨迹的脱落，及油墨印后能迅速干燥。印刷方式多采用凹版印刷。

六、塑料薄膜的印前表面处理

塑料薄膜品种很多，有的在印刷前不必进行表面处理，如玻璃纸、聚氯乙烯薄膜等，而聚乙烯薄膜、聚丙烯薄膜、聚酯薄膜等必须进行印前处理。这是因为这些薄膜的表面张力较低，化学惰性强，且表面又紧密光滑，因而难以被油墨之类的物质所润湿和牢固附着，即使是对于高能的聚合物薄膜或金属材料的表面往往也都因吸附了低能的水膜和空气的有机污染物而成了低能表面。因此，在这些材料表面印刷或涂布以前都必须进行表面处理，以改变其表面化学组成、结晶状况、表面形貌，增加表面能，去除污染物和弱边界层，从而改变油墨在其表面的润湿性和附着牢度。

1. 塑料薄膜的表面特性

薄膜对印刷油墨的黏附性与薄膜的特性有关。通常塑料薄膜具有下列一些特性，表面平滑，表面张力低；在溶剂中溶解度低；结晶度高，化学稳定性好；分子链为无极性基团；塑料薄膜中的助剂易析出，汇集于表面形成一层强度低、厚度薄的界面层。

2. 塑料薄膜印刷前处理方法

对塑料薄膜进行印前处理的方法很多，大致可分为两类，一类是化学处理法，另一类是物理处理法。化学处理法有化学氧化法、药品处理法、溶剂处理法、聚合物涂层处理法、耦合剂处理法及表面活性剂处理法。物理处理法有火焰处理法、电晕放电处理法。电晕放电处理法是目前对塑料薄膜进行印前处理的主要方法。因为电晕放电处理法操作简单，容易控制，材料处理范围广泛，处理时只涉及薄膜表层极浅的范围，对其力学性能不产生较大影响，处理时间短，速度快，对环境基本上无污染。另外，溶剂处理法和在线处理法也用得较多。

（1）物理处理法

①电晕放电处理法。电晕放电处理法又称为电子冲击法或电火花处理法，将高压引入两个电极，两电极之间保持一定的距离。把需要处理的薄膜连续地送到两个电极之间，由于高压电使空气中的氧高度电离而产生臭氧，使薄膜表

面受到氧化处理。该方法是采用高频高压或中频高压电流对塑料薄膜表面进行处理，使其表面活性化，呈多毛孔性，这样便能提高其对油墨的黏结力，改善了薄膜的印刷适性。

电晕处理的机理，电晕处理时电离的空气分子，虽然整体呈中性，但其中的电子与光子能量都较高。电子能量一般为 2 ~ 10 eV，光子能量 2 ~ 4 eV。而塑料的有机化合物的许多键能一般为几个电子伏，其结合能的大小与电晕放电中的电子、离子、光子的能量相近。因此，当这些粒子与材料表面作用时，可以轻易地把链打开。使他们成为自由基，进而生成活性的基团，如—OH、—COOH 等，加速了表面活化，同时使表面结构紧密的大分子变成较小的分子。表面润湿性能明显提高，易与其他材料结合。放电时空气中产生自由基，主要是氧的自由基。自由基和高速电子作用于表面，使表面层分子断裂，引起自由基加入生成羰基、羟基等极性基团，而且能使表面粗化。电晕处理时首先使薄膜通过高压电场，空气及塑料中的分子同时发生作用，产生正负离子分别向阳极和阴极移动。形成电流击穿薄膜，这时薄膜便产生机械变化和极化效应，并有臭氧生成。电晕处理装置如图 5 – 3 所示。

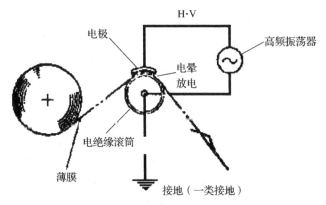

图 5 – 3　电晕处理装置图

机械变化即所谓表面粗化。粗化的表面对油墨、涂料的吸附会增强，而且其表面活性也会增大，利于连接性的加强，从而适应印刷的需要。极化效应能吸引油墨中的分子，所以就提高了附着力。电晕处理时空气中产生的臭氧有利于油墨的氧化结膜，还可除去塑料表面的油污，这样就能使油墨的干燥加快。臭氧是一种强氧化剂，使薄膜表面氧化，在活性点上生成极性基团，从而改善了薄膜与印刷油墨之间的界面关系。

②火焰处理法。该方法是利用火焰经过制品表面的瞬间高温作用，去除掉

表面油污、表面气体。因为在薄膜的弱边界层处，塑料薄膜易氧化，其化合物的表面能高，因为火焰高温下能除掉表面的弱边界层，可改善其润湿性能。用这种方法处理过之后，最好马上进行印刷，否则新生成的活性表面又会很快附着其他气体和污物，影响处理效果。

（2）化学处理法

化学处理法是利用化合物对塑料表面进行涂布，使之氧化或腐蚀，提高其与油墨的亲和力，增加比表面积。目前用得较多的是溶剂处理法与在线预处理法。

①溶剂处理法。因为塑料表面深处各种添加剂（防冻剂，增塑剂，防静电剂），阻碍了油墨或涂料的浸润，这些添加剂可以在印刷前用溶剂清洗掉。例如，对于聚丙烯可以用四氟乙烯、三氯乙烯、五氯乙烯、二氯戊烷等含氯系溶剂处理，用工业酒精加香蕉水反复擦洗，晾干后再印，可提高油墨对塑料薄膜的附着牢度。

②在线预处理法。在线预处理法是在聚酯薄膜生产过程中同时在其表面涂一层树脂类物质，经高温固化后形成一层牢固树脂层。树脂层里含有许多活性基团，所谓活性基团是指由羟基、酮基和羧基组成的基团，该基团可以与油墨树脂中某些活性基团或镀铝层发生化学反应，因而对它门有很强的附着力。涂层中的活性基团不同与电晕处理膜表面的活性基团，它们对空气中水分吸附力较弱，因此涂膜对油墨和镀铝层均具有优异的附着力，明显高于未处理膜和电晕处理膜。

对薄膜表面进行放电处理后，其表面性能主要发生以下变化：薄膜表面粗糙化，并增加了它的表面积；薄膜表面活性点被氧化，生成极性基团，使其由低表面能转化为表面能；在薄膜表面形成的感应电荷，与极性的油墨颗粒产生吸引；薄膜的表面张力增加，由此提高了薄膜对印刷油墨的吸附能力。

第三节 金属承印材料

金属承印材料是指用于食品包装、饮料容器、运输包装等金属容器的金属材料。如马口铁、薄钢板、铝板以及白铁皮等复合材料。这些是人们用于长期保存内状物品等流动容器的手段；也是通过装帧设计和精美印刷，提高商品附加值，促进消费购买、增加消费量的手段。

金属承印材料所印制的金属印刷品，具有如下优点：金属印刷品再现的图像信息色彩鲜艳、层次丰富、视觉效果良好。因为金属表面具有闪光的金属效果，经过彩色印刷，图文色彩效果更加鲜艳夺目。通常在对经过表面处理和涂布的金属材料进行印刷后都可再现出特殊的闪光效果。金属承印材料具有优良的综合保护性能，金属材料的水汽透过率很低，完全不透光，能有效地避免紫外线辐射而产生的影响。其阻气性、防潮性、遮光性和密封性是其他材料所不能比拟的。金属材料包装对于商品质量的保证在货架时间可达 3 年。金属承印材料具有良好的力学性能和加工、成形性能。金属材料可根据新颖、独特的造型设计，制造出各种形状的盒、筒、罐等包装容器，已达到美化商品、提高商品品味、吸引视觉响应的目的。金属承印材料具有特殊的金属光泽，通过印刷装帧后，可使商品外包装华丽富贵、美观适销。各种金属箔和镀金属薄膜更是理想的装饰和商标材料。金属承印材料与彩色油墨通过金属印刷方式的结合，实现了金属包装商品的使用价值和艺术性的统一，增强了商品的竞争能力。

由于包装中广泛应用金属材料，所以，不少金属材料必须在表面进行印刷。包装印刷中常用的金属材料有马口铁、铝皮、金属箔、铝纸、电化铝箔等。金属承印材料常选用的印刷方式和所印制的产品如表 5 - 7 所示。

表 5 - 7   金属承印材料、印刷方式、主要产品示例表

承印材料		印刷方式	主要产品
形态	金属材料		
卷材	锌铁板	凹版胶印	建材、装饰板（电器制品、家具等）
片材	马口铁 TFS 铝板 钢板	平版胶印 干胶印 凹版胶印 丝网印刷	罐装容器，点心、食品、药品、装饰品、 油、涂料等容器，干电池、 盖类、标牌、装饰板
箔	铝箔	凹版印刷	铝箔容器
成型产品	铝冲压罐 铝白铁皮冲压罐 软管	干胶印 丝网印刷 热转印	装饰品 饮料等容器 牙膏、药品、食品等容器

一、马口铁

马口铁是镀于防锈锡层的白铁皮。白铁皮中 99.5% 的成分是钢，含有微量的硅、铜、镍、铬、钼等元素，厚度通常为 0.25 mm。镀锡层的厚度虽然只有 12 微米，但在一般情况下足以保护铁皮基材不受锈蚀。锡层保护铁皮不仅

仅靠覆盖铁皮的表面还靠与铁皮表面的铁产生化合物形成铁锡合金，约厚1 μm，能够有效地保护铁皮不被诱蚀。镀锡层又分为有光泽、无光泽与无光泽毛面三种。有光泽马口铁是采用电解法在白铁皮表面镀锡，将锡层熔融而形成光泽表面，这种马口铁外表美观可直接印刷色彩鲜艳的图案。无光泽马口铁镀锡时锡层不是熔融而成的，这种马口铁在印刷时需要涂布底漆再进行印刷，成本较低。无光泽毛面马口铁是采用冷轧而制成的，这种马口铁一般只制罐，不进行印刷。

马口铁的表面较硬，所以多采用胶印印刷，印刷后一般还要涂布一层亮光油，使马口铁印刷的图案光泽美观，装潢效果好。

二、铝皮

铝皮通常含有1%～3%的镁，铝镁合金具有抗氧化的性能，是一种受欢迎的制罐材料。铝皮的重量只是相同厚度马口铁的1/3左右，延展性好，可以进行冲压、拉拔等加工。常用的两片罐就是铝皮制成的。铝皮的强度较差，所以铝罐只能用于带内压力的商品包装，如饮料罐等。铝罐的表面光泽明亮，涂布底漆后可印上色彩鲜艳的图案。

三、金属箔

金属箔是将延展性优良的带有光泽的金属经过压延而成的薄片，表面光泽发亮，可分为金黄色和银白色两大类。在金属箔表面可以印刷色彩鲜艳的图案，增加装潢效果。常用的金属箔有金箔、铜箔、银箔和铝箔。

在装潢上应用金箔从古代就有。金是所有金属中延展性最好的，能够形成厚度仅为100 nm的箔片，表面金光闪烁，并且不易与空气中的氧结合而失去光泽。在包装装潢中，在金箔的一面涂上热熔胶，通过烫印将金箔黏附到印刷品上。金箔的颜色发红，故称赤金箔。金箔的价格昂贵，故一般只限于高级的珍贵礼品及珠宝的包装装潢上使用。

由于铜的外表很象金，所以常用铜箔代替金箔又称为假金箔。铜箔是以聚合物薄膜（例如聚酯薄膜）为片基，涂上一层树脂，再用胶辊将铜粉在树脂呈熔融状时压光而制成的。在铜箔上涂布一层热熔胶，经烫印后可转移到印刷品上。由于铜在空气中容易放氧化而发黑，所以，烫印了铜箔的包装装潢印刷品在经过了一段时间后就会失去共原有的光泽。因此，铜箔多用于一般性的包装装横印刷品上。

银也是延展性很好的金属，形成的箔片比金箔略厚，表面银光闪烁，并且不易失去光泽。银箔的价格也比较昂贵，所以，一般只有高级商品的包装装潢印刷品才烫印银箔。

铝具有银一样的色泽，所以常用铝箔代替银箔又称为假银箔。铝箔不如银箔柔软，容易被氧化而发黑，故一般只用于普通商品的外包装印刷品烫印。

四、铝纸

铝纸通常称为钢精纸，表面光泽闪烁，颜色有金、蓝、红、绿、紫等，一般以金黄色常用。铝纸是用铝锭经过700℃的高温熔融后，经热轧、冷轧、退火等加工后制成的极薄的铝箔，再裱糊在有色衬纸上而制成的。铝纸的厚度约10 μm。

铝纸可用胶印印刷，也可用凹印印刷，经过印刷后，为了保护铝不被氧化，还可与塑料薄膜复合。特别是新型的五色红铝箔纸，广泛应用于包装装潢中。

五、电化铝箔

电化铝箔是以涤纶薄膜为片基，涂有醇溶性染色树脂层，经真空喷镀金属铝，再涂上热熔胶层而制成的。电化铝箔适用于在纸张、纸板、塑料、木材、皮革等材料上进行烫印，广泛应用于各种包装装潢印刷品上。

电化铝箔的片基起载体的作用，对于片基的要求是保证烫印时不因温度升高而熔化并且在烫印压力下不变形太大。因此，常选用能够耐高温，抗拉强度较大，厚度为10~20 μm的聚酯薄膜作片基。

电化铝箔的染色树脂色层与聚酯纤维薄膜牢固地黏合在一起，而在烫印时又能使其与聚酯纤维薄膜脱离，转移到印刷品上。

常用的树脂有三聚氰胺醛类树脂、有机硅树脂等。这些醇溶性树脂经染色后可有多种颜色常用的是金黄色，红色、银白色、蓝色、绿色、桔色、海蓝色、翠绿色、浅金黑色等数十种，从而使电化铝的颜色五彩缤纷，这是金属箔所不能实现的。

电比铝箔的铝层十分均匀，具有很强的反光性能，使染色层发出闪闪发亮的光泽。

电化铝箔的胶黏层的作用是使镀铝层与染色层在烫印时能够黏附到印刷品上，所以，一般采用热熔胶。胶粘层还可以起到保护层的作用，以防止镀铝层脱落。

第四节　其他承印材料

承印物除了印刷用纸张及纸板、合成材料、金属材料之外还有玻璃、陶瓷、纺织材料、木材、皮革等多种材料。

一、陶瓷及玻璃

在玻璃或陶瓷器皿上印刷，常用贴花印刷、移印、丝网印刷等方式。一般对于玻璃器皿的印刷用丝网印刷。陶瓷印刷时分为有釉底图案与表层图案两种，釉底图案采用贴花印刷，表层图案则多用柔性版印刷。

二、木材

一般不在未经加工的木材上印刷。印刷的木材多是胶合板。胶合板是在木板的表面形成填料层与底涂层，多用胶印的方法印刷木纹或图案。

三、纺织材料

纺织品的种类很多，有棉、麻、毛、丝等天然纤维，也有化纤类合成纤维或混纺类纺织品。在纺织品上印刷也称为印染，指的是印染图案的图案染印法，而不是无图案的浸染法。印染方法有丝网印刷、凹印、静电印刷等。

复习思考题

1. 在印刷适性方面，合成纸与普通印刷用纸有何不同？需做哪些改进？
2. 各种塑料类承印材料分别有何特点？
3. 为什么要对塑料承印材料进行印前表面处理？
4. 纸板按用途大致可分为以下几类？
5. 塑料的组成与特点？
6. 电晕处理方法的过程及原理？

第六章 油墨的组成及分类

第一节 概 述

一、油墨的组成

油墨是印刷信息传媒中的一种重要色体材料，它的性能直接影响到印刷中的转移过程和印刷后的图文信息再现质量。印刷的实质就是将油墨印在被印物表面形成耐久的有色图像。要使油墨顺利地转移并有耐久的图像，就要求其具备适应印刷的作业适性。这些主要是在印刷过程中表现出来的，如触变性、黏着性、干燥性、着色力、遮盖力、耐晒性等。油墨的性质主要与其组成成分和各成分之间的结构状态及制造工艺有关。因此，作为一名印刷技术人员，必须了解油墨的组成结构及印刷适性的知识，才能在生产中合理选用油墨。

油墨是由有色体（颜料）、连结料、助剂等物质织成的均匀混合物，能进行印刷并在承印物上干燥，具有颜色和一定流动度的浆状胶黏体。因此，颜色、干燥性能和流变性能是油墨的三个最重要的件能。

油墨是由着色剂（色料）、连结料、助剂组成，二者在油墨中各自起到不同的作用。其中任何一种都是为弥补其他两种组成成分在印刷适性上的不足。它们相互影响又相互联系，是典型的浆状胶黏体。

油墨是一种稳定的悬浮体分散体系。作为分散相的色料和作为连续相的连结料是油墨的主要成分，即油墨的主剂。

1. 色料

油墨中的色料可以是颜料或染料，但使用较多的是颜料，它赋予油墨以颜色。颜料粒子是上千万个分子聚集起来的颗粒，呈球、棒、片等不规则的形态，一般颜料粒子的大小在几个到几十微米的范围之内。颜料是固体颗粒物质，具有高度的分散性，纯粹的颜料颗料无法转移到承印物上去，必须有某种物质作为载体将它们携带着进行传递和转移。而且这种物质必须具有黏合性能，这种物质就是油墨的连结料。

2. 连结料

油墨中的连结料为油墨提供必要的转移性能和印刷适性。连结料是由各类干性植物油、矿物油、树脂和溶剂配制成的黏稠状的液态流体物质，本身就是一种溶胶性混合物，其最主要的作用是分散和携载分散相的颜料粒子以及保护油墨颜料。简单地说，油墨的连结料起到了分散颜料、转移颜料、保护颜料的作用。这三种作用分别发生在印刷前、印刷中、印刷后。即在油墨墨体中，连结料起到分散颜料颗粒，使之不产生沉淀的作用；在印刷中，连结料起到载体的作用，将颜料粒子携带着在墨路上进行转移，最后转移到承印物上；到达承印物上，连结料结膜，起到固定颜料颗粒的作用，使之不容易因摩擦从承印物上脱落下来，还能起到隔绝空气和水的作用。连结料的成分和性质决定了油墨的干燥性质、流变性能、印刷适性。应该说，连结料是油墨中最重要的物质。

3. 助剂

颜料和连结料是油墨的主剂，但是仅由颜料和连结料所配制成的油墨并不能满足印刷工艺对油墨提出的严格要求。所以油墨的成分里总少不了这样或那样的助剂，用以改善油墨的性能，调节油墨的印刷适性。助剂是油墨的辅助成分，但它的作用处是十分重要的。助剂的理化性质自然不能与主剂相悖，而且要能与主剂溶和成一体。

二、油墨的分类

印刷油墨的品种可以说是非常多的，各国都有很多生产油墨的公司生产不同类型、不同用途的油墨。油墨的种类不同是由印刷方式、印刷机、承印物对油墨提出了不同的要求决定的。也就是说生产某一种油墨要考虑其使用的目的和要求。应用上的多样性决定了油墨的多样性。一般按照印刷方式进行油墨大类的划分，在每一类里又有很多分支。所以油墨按印刷方式分为：凸版印刷油墨、胶印油墨、孔版油墨、凹版油墨和特种印刷油墨五大类。每一类型的油墨根据印刷品的不同，印刷要求和印刷机械的不同、油墨性能与要求的不同又分为不同的品种。

1. 凸版印刷油墨

凸版印刷油墨是低档胶印书刊油墨、轮转凸版油墨和铜版油墨的总称，并包括橡皮凸版油墨。低档胶印书刊油墨是由植物油、矿物油、松香、沥青、炭黑及少量的蓝色提色料组成的，较高级的胶印书刊油墨，还要加入一定量的醇酸树脂和燥油。低档胶印书刊油墨的干燥方式，主要是渗透或者是渗透与氧化结膜相结合。这种油墨的黏度比其他凸版印刷油墨的黏度要大些，但光泽性好，适用于新闻纸，凸版纸等吸收性好的纸张，在平台凸版印刷机或较低速凸版轮转机上印刷书刊。凸版轮转油墨是由矿物油、松香、优质沥青、炭黑，提色料铁蓝等组成，完全依靠渗透干燥，黏度较小。这种油墨适合于用新闻纸在高速轮转机上印刷报纸。铜版油墨是一种较为高级的凸版印刷油墨，除黑色外，还有黄、品红，青三种颜色，通称为原色油墨，或称三色版油墨。原色油墨分别用炭黑、黄、品红、青颜料和合成树脂、合成蜡类调整剂、石油系溶剂、液体干燥剂等制成。铜版油墨主要是以氧化结膜的形式进行干燥，常用于网线原色版的叠合套色印刷。橡皮凸版油墨是一种挥发型快干油墨，黏度很小，是把颜料和合成树脂溶于溶剂中制成的。橡皮凸版油墨所用的合成树脂，要与承印材料有较好的附着性能，常采用硝基纤维素、聚酯、丙烯酸等；所用的溶剂要和选用的合成树脂相适应，如酯类、醇类、苯类、酮类等的溶剂。这种油墨足以溶剂的挥发完成油墨干燥的，适合在塑料薄膜、玻璃纸、铝箔及各类纸张上进行单色、双色、多色印刷。另外，橡皮凸版油墨的成分中，还必须控制芳香烃的含量，否则会使印版溶胀套印不准。

2. 胶印印刷油墨

胶印印刷油墨用于胶版纸、铜版纸、玻璃纸等有涂层的纸张的印刷。胶印印品的墨膜较薄，常在 $2 \sim 4 \ \mu m$，再加上润版液的影响，要求油墨有很强的着色力和一定的抗水性，所以绝大部分胶印油墨采用的是树脂型连结料。胶印油墨主要有快固着亮光胶印油墨和轮转胶印油墨。快固着亮光胶印油墨，是颜料、连结料再加干燥剂、防脏剂等助剂组成的。这种油墨的连结料，是由合成树脂、植物油、高沸点煤油和少量胶质油构成的，合成树脂是选用高熔点、高黏度的松香改性酚醛树脂和桐油酸改性酚醛树脂，前者具有硬性树脂固着速度快的特点，后者具有软性树脂结膜光泽性好的特点，胶质油是硬脂酸铝、合成树脂、植物油构成的树脂油，可以减少树脂—颜料集团的渗透，但不影响煤油的渗透，能增加墨膜光泽。快固着亮光胶印油墨，先依靠高沸点煤油对纸张渗透而迅速固着，然后再依靠植物油的氧化结膜而彻底干燥，具有固着快，干燥迅速的优点，还可以防止印品的背面蹭脏和印品网点扩大。这种油墨适用于平板纸胶印机进行高速多色印刷。胶印轮转油墨用于印刷速度 25 000 ~ 30 000 r/h的卷筒纸胶印轮转机，按使用纸张的不同，分为非热固型胶印轮转油墨和热固型胶印轮转油墨。

非热固型胶印轮转油墨，由颜料、溶解度高的合成树脂和馏程窄的高沸点煤油配制而成。油墨的黏度较低，利用纸张的毛细渗透作用而迅速固着干燥，适于用吸收性强的新闻纸和凸版纸印刷彩色报纸、书刊的正文。

热固型胶印轮转油墨，成分和非热固型胶印轮转油墨相似，但印品必须通过印刷机附设的加热装置，使空气带走沸点为230～270℃的煤油溶剂，剩下的颜料—树脂便迅速地变稠和固着。油墨的干燥，一方面依靠溶剂的挥发，另一方面依靠树脂的热固化。这种油墨适用于用涂料纸印刷彩色报纸。

3. 凹版印刷油墨

有雕刻凹版油墨和照相凹版油墨。雕刻凹版油墨的颜料用的是无机颜料和有机颜料的混合物，连结料用的是黏度较低的油型连结料，依靠氧化结膜干燥。这种油墨具有黏度小、黏性大、墨丝短、遮盖力强、容易从印版空白部分擦除等特点，主要用来印刷钞票等有价证券，为了防止印品被假冒，油墨中还常常加入各种不同的材料，油墨的制造和管理也由专职部门负责。

照相凹版油墨是由视比容大、对溶剂稳定性好、耐热的颜料、固体树脂和挥发性溶剂配制而成的，油墨中不含油型连结料，依靠溶剂的挥发干燥，是一种低黏度流体型墨，黏度很低，一般为100～200厘泊（25℃时）。按照选用的溶剂，分为苯型凹印油墨、汽油型凹印油墨、混合溶剂型凹印油墨、醇型凹印油墨和水型凹印油墨。

苯型凹印油墨以甲苯、二甲苯为溶剂，印刷时还要加入助溶剂苯来调整干燥速度。油墨的附着力强、成膜性好、墨膜光泽度高，是一种优质的照相凹版油墨，但毒性较大，常用这种油墨印刷高级图册，画报。

汽油型凹版油墨的溶剂中，分别以馏程为80～110℃、100～140℃和60～95℃的汽油代替甲苯、二甲苯和苯，是一种低毒性的油墨。这种油墨的印刷质量不如苯型凹印油墨，常用于一般性图册、杂志的印刷，因毒性较小，在照相凹版印刷中耗用量逐步上升。

混合溶剂型凹印油墨，毒性较小，多用于聚乙烯，聚丙烯薄膜的印刷。

醇型凹印油墨，毒性很小，适合于糖果包装纸、玻璃纸等的印刷。

水型凹印油墨的溶剂是水和少量的醇类，印刷质量不如前几种凹印油墨，因为油墨中的水分被纸张吸收后，能使纸张伸长、起皱，致使彩色印刷难以套准，目前只用黑墨印刷图册、杂志。但因溶剂无毒性，可以彻底消除污染，用量有逐年增长的趋势，是一种有前途的油墨。

4. 特种油墨

特种油墨是为特种印刷专门配制的油墨，种类很多，常用的有：印铁油墨、软管油墨，珂罗版油墨，贴花油墨、誊写版油墨、复印机油墨、静电粉墨等。

还有随着印刷工艺技术的发展而新开发出来的油墨，如紫外线硬化型油墨等。由含有不饱和双键的聚酯和预聚物、单体，光引发剂，颜料组成，不含溶剂和油型连结料。在紫外线的照射下，迅速发生光聚合反应，使油墨在极短的时间内交联固化、干燥。这种油墨适合于在塑料薄膜、金属箔等无吸收性的承印材料上印刷，也适合在各种纸张、纸板上印刷，由于干燥时间极短，在高速多色印刷时，可以不用印刷机上的喷粉装置，被认为是一种理想的新型油墨。

三、油墨的制造工艺

印刷油墨生产的目的是使颜料颗粒均匀地分散到连结料中，并根据不同种类的油墨以及性能要求适当加入辅料助剂形成一稳定悬浮胶黏体。印刷油墨的制造工艺分为准备、配料、搅拌、轧研、检验和装桶等工序。油墨生产所需的主要设备有：树脂炼制设备、搅拌机、捏合机、三辊轧墨机、砂磨机等。

1. 准备

准备是指油墨厂对生产油墨所需的主要原材料进行加工和制取，主要包括颜料、连结料和填充料的制取。油墨厂购进的原料如颜料等，往往不符合制造油墨的要求，需要进行加工，直到可供制墨为止。

准备阶段最常见的是连结料的炼制和颜料的制取。连结料的炼制是准备阶段极为重要的一个环节。它是从上百种连结料的原料中，根据配方选取几种适合的原料炼制成具有某种特性的连结料的生产工艺。连结料的炼制包括植物油的炼制、树脂型连结料和溶剂型连结料的制备。植物油的炼制，就是以去除干性植物油中的杂质和色素为目的的精制和将其加温炼制成具有一定黏稠度的调墨油的过程。制取树脂型连结料和溶剂型连结料，是将固体或高黏度的树脂溶解于干性植物油和油墨油中，或溶于有机溶剂中，形成溶胶状物质。

颜料的制取主要是合成某些特定的有机颜料，目的是使颜色稳定。

2. 配料

配料是把配方中规定的颜料和连结料机辅助剂放入专用的容器中的过程。不同类型的印刷油墨，所用的原材料、生产工艺等往往完全不同，所以要生产某一种油墨，必须根据该油墨的配方配料。配料是决定油墨各项性能的关键因素，直接影响到油墨的质量及印刷适性，在油墨制造中这一环节比较重要，各种油墨的配料都按照规定的配方严格执行。

3. 搅拌

搅拌是利用机械的作用使颜料固体粉末与连结料混合，促进连结料从某一方向进入颜料的间隙和毛细孔间隙，润湿而排除颜料周围的空气和水分，达到粗分散的目的。搅拌是在搅拌机中完成的，一般有星式搅拌机、蝶式搅拌机、高速叶轮搅拌机和双轴向搅拌机等。不管是何种搅拌机，开始搅拌时的速度应较低，以防止未湿润的颜料颗粒飞扬或逸出，搅拌一定时间后再进行高速搅拌，以加强对墨料的剪切力，将颜料团打开。当墨料呈糊状后可停机，取出颜料桶，待轧研。

另外，油墨厂还采用捏合机进行墨料的搅拌，它比较适合于带水的颜料滤饼和连结料的混合，与搅拌机相比，捏合机不仅效率高，而且分散效果好。因为捏合机是由一个槽和两把可旋转的搅拌刀组成的，当捏合机运转时，由于搅拌机的挤压作用，墨料被反复地压至槽鞍上而碾细、揉和、捏合直至均匀。

4. 研磨

研磨，俗称轧墨，是利用机械的方法将颜料加工成原始粒子分散于连结料中，使油墨油墨形成稳定悬浮分散体的一大关键。但研磨只能把颜料的聚集体打散并被连结料润湿，而不能把颜料粉碎到小于颜料的原始粒子。另外，研磨虽然使颜料充分分散，但一经存放又可能重新出现聚集，影响油墨的细度和流动性。所以，要使颜料均匀而稳定地分散在连结料中，仅靠加强研磨还不行，必须注意改善颜料和连结料的润湿性能，表面活性剂的加入可改善颜料和连结料的润湿性能。

不同性质的油墨采用不同类型的研磨机进行研磨，但它们的原理都是依靠剪切、挤压和摩擦作用来完成颗粒的分散的。通常，生产较黏稠的浆状油墨采用三辊轧墨机；生产较稀薄的挥发型油墨机则采用球磨机和砂磨机研磨。

三辊轮油墨机是由三个直径相同的滚筒组成的。三个滚筒的转速不同，速度比是 1:3:9，因存在速差而产生剪切作用使颗粒被碾碎。三个滚筒间的压力可进行调节，压力的大小将影响油墨轧严后的细度。

球磨机和砂磨机都是在封闭的容器中放入一定量的球体和砂珠，通过相对运动而产生撞击、摩擦，对液状的墨料进行粉碎，从而达到分散的目的。这类分散设备有卧式球磨机、立式球磨机、卧式砂磨机、立式砂磨机。最普通的是卧式球磨机，结构简单，操作方便，但效率最低；砂磨机的分散效果好，颜色被污染的程度低，并可连续生产，且效率高。

卧式球磨机由钢质圆筒、一定量的小球、减速齿轮和电动机组成。当电动机转动时通过减速齿轮使筒体转动，由于筒体转动，使球体群在筒中产生类似奔流式的运动，或者倾流式的运动，或者离心式的运动，球体的周而复始的倾斜或往下滚动对墨料产生撞击、摩擦，使粉末分散。

砂磨机是由圆罐搅拌器和硬质砂等组成的。使用砂磨机研磨时墨料由罐的底部用压力泵打入，随着搅拌器高速旋转带动砂珠运动，墨料由下至上被研磨后，通过上部的筛网过滤后流出罐体。由于利用小砂珠代替了小钢球，与墨料的接触面积增大，所以，油墨分散的速率加快，缩短了油墨的研磨时间，提高了生产效率。

为了保证油墨达到相应的质量标准，墨料一般都要反复进行多次研磨，普通油墨为 3~5 次，而特殊油墨要为 8~10 次。

5. 检验调整与装桶

墨料经研磨后还不能作为成品出厂，因为它在流变性、干燥性、颜色和其他特性上并未完全达到预定的印刷适性要求，还需要进行适性的调整和性能的检测工作。

调整是根据适性要求在研磨料中加入一定量的溶剂或低黏度的调墨油、适量的辅助剂和基墨进行搅拌调和，使其流变性、黏性、干燥性、颜色和其他特性符合印刷要求。

油墨的质量检验是用一定的仪器或检测工具，在一定的条件下对油墨的流动度、细度、黏性、干燥性、着色力等指标进行检验和鉴定。

经过调整和检验，符合质量标准的油墨即可装桶、包装出厂。

四、印刷油墨的结构

根据印刷适性的要求，油墨是一种稳定的胶体分散体系。这种分散体系是以颜料颗粒为分散相，以连结料为连续相所组成的。然而，颜料颗粒与连结料的混合，并非都能成为稳定的胶体分散体系。从表面化学的观点来看，颜料颗粒在连接料中的分散，主要取决于它们的亲和性、润湿性以及其他界面特性。如亲水性的颜料，就难以在亲油性的连结料中形成稳定的分散体系；颜料颗粒细小的比颗粒粗大的更易在连结料中产生凝聚沉降等。

要使颜料颗粒在连结料中均匀分散，而且形成稳定的悬浮体，通常是借助于分子中具有二重性的表面活性剂。在这类物质的作用下，在颜料与连结料的界面上形成定向有规律排列的表面活性分子，从而降低了它们的界面张力，同时也提高了连结料对固体颜料颗粒表面的润湿能力，为颜料在连结料中的分散创造了有利条件。另外，再分散体系中，颜料颗粒表面被表面活性剂包裹，形成一层牢固而柔软的保护外壳。不仅使颜料颗粒表面的高能状态大为降低，而且还由于分子的二重性使颗粒表面带有一定的电荷，颗粒间产生斥力，从而阻碍了颜料颗粒间在连结料中的凝聚沉降。当体系中颗粒间的斥力与吸引力相等时，颜料颗粒就能稳定地悬浮于连结料中，形成稳定的分散体系。

理想化的油墨结构模型就是微细的颜料颗粒表面包裹一层由表面活性剂构成的牢固而柔软的外壳，稳定地悬浮在黏稠液态的连结料中，形成一个稳定的胶体分散体系。颜料四周的保护外壳由几层分子组成，层数的多少视颜料的性质而定。在整个分散体系中，若只有保护颜料颗粒的表面活性分子存在，而无一定数量的连结料存在于颗粒之间，油墨便会失去流动性，而呈胶化状态。因此油墨中的颜料，除被表面活性分子所包围外，还必须有一定量的连结料存在，以保证印刷所要求的流变性、传递转移性和干燥结膜性。

第二节　颜　　料

印刷油墨中使用的有色材料通常都是颜料，也有用一些染料的。颜料和燃料都是颗粒极细的有色物质。颜料是一种呈细微粉末状的固体有色物质，可以呈现球状、片状等不规则形态。一般颜料粒子的直径在几百纳米到几十微米的范围内。颜料可以均匀地分散在介质中，但不溶于介质，且不与介质发生化学反应；颜料是有色体，它既赋予油墨颜色，同时，它的分散、聚集又直接影响油墨的流动性、油墨的化学稳定性及油墨的干燥性。

一、颜料的分类

颜料的分类有以下几种方法：

1. 按化合物特性分类

可分为无机颜料和有机颜料。在有机颜料中，又可以按分子聚集状态不同分为色淀颜料、色原颜料和颜料型染料。按分子结构不同分为偶氮颜料、酞菁颜料等。

2. 按色彩特性分类。

可分为彩色朗料（如黄灰）等。现将颜料分类及常用品种概括如图 6-1 所示。

二、颜料的理化性能

1. 颜料的分散度

颜料的分散度是指颜料颗粒的大小，分散度越高，颜料粒径越小。分散度是影响油墨性质的重要因素。通常，颜料分散度高，着色力、遮盖力随之提

颜料的分类

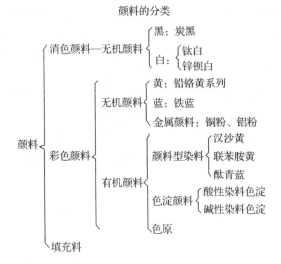

图 6 - 1　颜料分类

高。颜料的分散度越高，油墨的稳定性越好。油墨的着色过程是以颜料的细微颗粒均匀分散在连结料中，通过转移到承印物上而实现的。颜料的分散度关系到油墨的细度、着色力、密度、遮盖力等性能以及油墨结构的稳定性。

2. 着色力

颜料的着色力是指颜料呈现颜色的强度，又称色强度。着色力表明了一种颜料与其他颜料混合后，对混合后的颜料颜色的影响程度。着色力的强弱与高于无机颜料，颜料的分散度人时着色力较强。

颜料的着色力关系到油墨的着色力和其他相关性能。颜料的着色力低，油墨中颜料的用量比例需加大。油墨中固体颗粒比例增加，对油墨的流动性、干燥性、胶体结构的稳定性都有一定程度的影响。着色力强的颜料，油墨中的用量少，可降低成本，可保持油墨的色相，所以颜料着色力较大时为好。

3. 遮盖力/透明度

遮盖力是指颜料遮盖底层的能力。遮盖力与透明度是对颜料同一性质的相反的描述。油墨是否有遮盖力取决于颜料折射率与连结料折射率之比。当比值为 1 时，颜料是透明的；比值大于 1，颜料是不透明的，即具有遮盖力。颜料的遮盖力还取决于颜料的分散度，分散度越高，遮盖力越高。不同的印品，对颜料的遮盖力要求不同，印铁油墨要求颜料有较强的遮盖力，防止底色外露。四色叠印油量要求颜料有较高的透明度，使叠印后的油墨通过成色效应达到较好的呈色效果。

4. 吸油量

颜料吸油量是对颜料与油脂结合能力的一种描述。吸油量等于将颜料制成浆状体所需加入的油脂重量与颜料重量之比，以 g/100 g 颜料表示。吸油量直接影响油墨的性能。一般吸油量小的颜料制成油墨后，颜料所占比率较大，这样的油墨遮盖力强，但稳定性不好，印刷时易产生堆版，也容易被乳化。所以，胶印油墨通常选用吸油量较大颜料来配制。

颜料的吸油量与颜料的分散度、润湿能力密切相关。一般情况下，分散度高、颗粒细、颜料的比表面积大，则吸油量大。另外，吸油量与颜料的水分、油类的酸度有关。颜料含水分多、吸油量低。油的酸度提高，颜料吸油量降低。颜料的吸油量还与颗粒的形态有关。

5. 密度

颜料的密度对油墨的力学性能及稳定性都有相当大的影响。颜料密度也可以用"视比容"来描述。视比容是指每克重颜料所占的体积，用 g/cm^3 表示。颜料是细小的颗粒，每克重颜料所占的体积，并非颜料的比窖，称为视比容。颗粒不同的相同颜料视比容是不同的。颜料的视比容越大，其密度越小，在连结料中不易沉淀，油墨的稳定性好。而视比容小的颜料制成的油墨墨性差，传递不良，易糊版；较稀薄的油墨易沉淀、结块等。所以，用来配制油墨的颜料，视比容越大越好。

6. 耐抗性

印刷品将使用于各种环境之中。对于一些特定环境，如高温、日晒、酸、碱、有机溶剂等，颜料必须抵抗外界作用，尽量不产生物理及化学变化，以保证原有色彩。因此，要求颜料具有相应的抵抗能力，称之为耐抗性。耐抗性的考察通常将样品置于被强化了的模拟环境中，观察变色情况，并分出等级。

其他理化指标，如颜料的 pH 值、含水量等也会对油墨性能产生影响。颜料 pH 值调节不当会使连结料发生变化而导致胶化；含水量的高低会明显影响颜料的分散度，进而影响吸油量。

三、颜料的分类

1. 无机颜料

在有机染、颜料问世以前，人类用以美化、装饰生活的合成产物只有有色的无机化合物，即无机颜料。无机颜料历史悠久，品种也很多，一般都有着很好的耐光、耐候、耐化学性能，其遮盖力比有机颜料强得多。但相当一部分有色颜料是金属铅、铬的化合物，毒害性强，而且色彩不如有机颜料鲜艳，比重也较大等。目前在油墨行业中，绝大多部分彩色品种被有机颜料所替代，只有铁蓝，因其深蓝的色相、低廉的成本，尚无合适的有机颜料可以替代，而铁蓝也主要用于黑墨调色中。但是钛白与炭黑，具有优良的性质，及独有的白与黑的色调，是任何有机颜料所无法比拟的，仍广泛用于油墨行业中。

无机颜料一般指由单质元素、金属氧化物、无机盐、络合物等组成的颜料。它们的共同特点是色彩鲜艳，遮盖力强，视比容小，耐抗性好，廉价。但由于彩色颜料含有 Pb、Cr 等元素，对人体和环保不利，越来越多地被有机颜料取代，只有黑色、白色和少量黄色、蓝色无机颜料用于油墨的配制。

（1）白色颜料

油墨中使用的白色颜料，以钛白与锌钡白为多。

①锌钡白：俗称立德粉，是硫酸钡和硫化锌的晶状混合物，含有少量的氧化锌杂质。实际上锌钡白中各组分化合物之间没有化学上的结合，各自独立存在于锌钡白分子中，因此可以得到任意比例的锌钡白。锌钡白为结晶性颗粒，颗粒大小波动于 $1 \sim 3 \mu m$ 范围内，锌钡白的遮盖力与折射率取决于两种成分的比例。硫化锌含量高时遮盖力大、颜料品质好。在标准的锌钡白中硫化锌含量为 $28\% \sim 30\%$。锌白与锌钡白、铅白等白色颜料比较，含金属锌量小，无毒，对硫化氢不敏感，是较好的白色颜料。但硫化锌的最大缺点是对光敏感和不耐酸，遇酸分解放出硫化氢，所以在油墨中不能广泛使用。

②锌白：锌白的化学成分是氧化锌，又称锌氧粉。由针状或不定形的细胞微颗粒组成。锌白的着色力、耐酸性较差，遇热时颜色变黄，冷却后又恢复白色。锌白带着碱性，与酸值较高的连结料配合，易产生皂化，使油墨胶化变质。锌白油墨在空气中不太稳定，长期接触空气会变稠、变质。锌白油墨与其他油墨拼配的浅色油墨极易褪色。所以锌白颜料在白油墨中的使用已逐渐减少。

③钛白：钛白的化学成分是二氧化钛，又称钛氧粉。这种颜料的白度纯、遮盖力极强，在日光下稳定，耐酸碱性、耐热性均十分优良，而且分散度高，具有优良的印刷适性。钛白是当前最优良的白色颜料，是制造高级白油墨的主要颜料。它逐渐取代了其他各种颜料，使用量越来越大。

④铝钡白：铝钡白一般是由 75% 硫酸钡和 25% 氢氧化铝组成的，这种白色颜料实际上是二者的混合物，其性能也介于二者之间。

（2）黑色颜料

黑色颜料中炭黑是用的最多的一种。炭黑是碳氢化合物不完全燃烧或裂解后所得的粉末黑色颜料。炭黑颜料的主要成分是碳元素，在碳晶格中会含有少量氢、氧等元素，这些少量杂质元素会对炭黑性质影响很大。按照来源可分为灯黑、炉黑、槽黑、热裂解黑等。炭黑的原生颗粒极为细小，且颗粒越小，着色力越强。炭黑具有很高的比表面能，所以，通常是以聚集体的形式出现。聚集体可以有个同的大小及形状，根据炭黑粒子聚集的多少可分为高结构炭黑及低结构炭黑。结构不同对炭黑的各项性能，如着色力、吸油量、分散度等有明显的影响。由于炭黑是聚集体，具有较大的比表面和空隙，因此具有很强的的吸附性。另外，炭黑表面的酸度不同，pH 值较低的炭黑，吸附油墨中干燥剂能力很强，使油墨中干燥剂的含量相对下降，产生抗干性，且酸性越强，抗干作用越强。如果用 pH 值低的炭黑配制的 UV 油墨，其 UV 固化的速度也会减慢。黑墨很多特殊的性质与炭黑性能间的内在关系还需要进行大量的研究。

（3）黄色颜料/铅铬黄

黄色—铝箔黄是系列黄色颜料的统称，是铬酸铅、硫酸铅，氧化铅的混合物。根据三者混合的比例不同，可以形成从浅柠檬黄到深黄的一系列颜色。这类颜料色相丰富，遮盖力强，着色力较强，耐化学溶剂性强，价廉。但密度大，且含有有毒元素，是一种低质颜料，在某些廉价的黄墨中仍有使用。

（4）蓝色颜料

常用的蓝色颜料是铁蓝，又称普鲁士蓝，是 1704 年被炼丹士偶然发现的。由于铁蓝具有鲜亮的深蓝色色相，有良好的耐光性及较强的着色力，引起了人们的注意。

铁蓝是亚铁氰化铁与亚铁氰化钾及水的复杂配合物。铁蓝由于制造方法不同，可得到许多颜色、性质、名称各异的铁蓝，如柏林海、普蓝米洛里蓝、钢蓝等。其颜色与组成成分有关。铁蓝主要有中蓝、深蓝等色相。

铁蓝颜料具有良好耐光性及较强的着色力，颗粒细软，易于轧制。铁蓝的耐碱性很差，遇碱产生分解，与锌白颜料制成的油墨混合使用时会显著褪色。铁蓝因成本低、具有一定有点，在蓝色油墨中仍然继续使用。

（5）填充料

填充料是一种性能良好、能均匀分散在连结料中的物质，多为无机化合物。

填充料在印刷油墨中起着调节油墨浓度的作用，是调节油墨体质、流动性等物理性能的一类物质，同时冲淡油墨颜色，也可以取代一些高成本颜料，降低油墨成本。这类物质主要是胶质碳酸钙、氢氧化铝、硫酸钡等白色固体粉末状物质。

胶质碳酸钙是一种新型的填充料，其主要特点是颗粒细微，为 0.02～1 μm，具有较大的表面积。与天然碳酸钙和轻质碳酸钙相比，胶质碳酸钙具有吸油量大、透明度高、亮度好、稳定性好等优点，所以在印刷油墨中得到了广泛应用。在实际应用中，胶质碳酸钙又分为一般胶质碳酸钙和透明胶质碳酸钙，后者的颗粒更细微，具有更大的吸油量及透明度。胶质碳酸钙时目前树脂型印刷油墨中常用的填充料。

氢氧化铝是一种典型的两性化合物，它不溶于水，但能在酸、碱溶液中溶解。氢氧化铝曾被广泛应用于油型油墨中，它不仅起着填充料的作用，而且也是一种很好的增稠剂。氢氧化铝具有良好的分散性和较强的延伸力，但也极易引起油墨的胶化。目前，已逐渐被胶纸碳酸钙取代。

硫酸钡天然产的又名重晶石，油墨用的均为白色粉末，具有良好的耐化学性，遮盖力低，可以作为填充料使用。硫酸钡的相对密度较大，使用于油墨中可以改善某些相对密度轻的颜料的流变性。但用量过多会影响油墨的印刷适性。

2. 有机颜料

有机颜料是一种有色的有机化合物，具有色彩鲜艳、着色力强、密度小等优点，有机颜料的色体结构比较稳定。有机颜料品种多，色相齐全，质量好，是彩色油墨中的主要材料。

有机颜料一般由苯、甲苯等一类芳香烃通过改变键的连接方式形成的，分子结构与无机颜料相比要复杂的多、庞大得多。有机颜料可分为色源性和色淀性两种。色源性有机颜料有偶氮颜料，酞菁颜料、硝基颜料、亚硝基颜料，还原颜料等；色淀性颜料有普通色淀、耐晒色淀和茜素色淀等。

有机颜料中应用量比较大的品种是偶氮颜料、酞菁颜料、色淀颜料等。

（1）偶氮颜料

偶氮颜料是有机颜料中重要的种类，也是有机颜料中产量最大的一类。由于偶氮颜料色光鲜艳、着色力强、价格低廉、色谱齐全，制造工艺简单，在油墨制造工业中用量很大。偶氮颜料色谱以黄、橙、红色为主。

偶氮颜料的特征是分子结构中含有偶氮基团：—N＝N—，它是偶氮颜料的发色团。有黄色、橘色和红色等色相。

油墨中使用的单偶氮黄颜料基本上都是俗称汉沙黄系的颜料。这类颜料因耐晒牢度较为突出又称为耐晒黄。结构上，重氮组分为色基类，氨基邻位上多有强吸收电子基—NO_2、—Cl 等基团、偶合组分为乙酰乙酰苯胺及其衍生物。因分子上没有磺酸基、羧基等耐水性较好，但极性下，耐溶剂性、耐迁徙性等则相对较差，而且亮光也较差，一般多用于铅印油墨中。

油墨中使用最多的单偶氮红色颜料是萘酚 AS 系列染料，也属于不溶性偶氮颜料，而且是品种最多的一个系列，主要色相是红－枣红色。这类颜料的色泽鲜艳，耐晒牢度较好，有良好的耐水、耐酸碱和耐溶剂性，是制造印刷油墨较好的红色着色剂。

双偶氮颜料色相范围常用的是黄－橙色。是以联苯胺衍生物位重氮组分，以乙酰乙酰苯胺及其衍生物，苯基吡唑啉酮衍生物为偶合组分的反应物。常称为联苯胺黄系颜料。重氮组分弱选用氯代联苯胺，与乙酰乙酰苯胺类偶合时，颜色躲在黄至中黄范围内。与苯基吡唑啉酮偶合时，颜色约在桔黄－桔红范围内。联苯胺上氯代基数量越多，合成颜料后颜色越浅，耐光越好。若用联苯胺，甲基取代或甲氧基取代联苯胺等为重氮组分时，与乙酰乙酰苯胺类偶合后生成物的颜色为桔黄－红的范围内，其耐光等坚牢度更差。油墨中常用的为氯代联苯胺制造的颜料。

联苯胺系颜料的特点是着色力高，相当于耐晒黄的 3 倍，透明度、耐溶剂性能也都较好，印刷性能良好，是制造四色版油墨中黄色油墨的主要颜料。但耐光性不如耐晒黄系列。

联苯胺黄系颜料制备较为简单，只要经过重氮化偶合反应即可制取相应的颜料。但因此类颜料色相均属浅色范围，各部分操作要求更为准确严格，重氮组分绝不能过量。

提高相对分子质量是改变颜料性能的一个手段。相对分子质量增大后，一般耐光，耐溶剂牢度增加，溶解度下降。缩合偶氮颜料就是因此而诞生的。将两个单偶氮颜料用过桥剂使之彼此缩合，生成缩合偶氮颜料。过桥剂为芳香族二胺类，如苯二胺、联苯胺、二氮基萘等。缩合偶氮颜料保持了偶氮颜料的色光，其耐溶剂、耐热、耐迁徙等性能得到了提高。

（2）酞菁颜料

酞菁颜料出现于世界颜料市场上已有半个世纪的历史了。酞菁颜料具有鲜艳的色泽，极高的着色能力，优异的化学稳定性，很好的耐光性，并具有 200℃ 高温不变色，500℃ 升华而不分解的耐热性等等，而且，其制造工艺较简单，成本较其他高级颜料低得多，堪称是集各种颜料的优点于一身，是当前最优良的蓝绿色颜料。但人们并未以此为满足，以更为理想的现代颜料的研制为目的的研究仍在持续进行。

酞菁可与多种金属络合生成稳定的化学物，已合成过的金属酞菁由 40 种以上，但作为颜料使用，仅有无金属酞菁与铜酞菁有实际意义。特别是铜酞菁，本生有多种晶型，用不同方法可制出不同色光、性质及用途的高级蓝色颜料。铜酞菁的氯代与溴代产物是优良的绿色颜料。

酞菁颜料是当前有机颜料重中最优良的品种，具有鲜艳的色泽，很高的着色力，有一定的化学稳定性，很好的耐光、耐热性，在200℃高温下不变色。酞菁颜料的色相有蓝、绿两种，是制造这两种颜色油墨的主要颜料。

油墨中应用的酞菁颜料的主要品种是酞菁蓝，又名铜酞菁，是酞菁与铜结合后形成的蓝色颜料。铜酞菁外围的十六个氢原子可被卤素原子取代，如氯原子、溴原子，形成酞菁绿。它的性质与酞菁蓝相同，是一种色彩鲜艳、品种优良的高级绿色颜料。

（3）色淀颜料

水溶性的染料经沉淀后成为颜料，称为颜料色淀，也可将染料沉淀附着在某种载体之上，得到不溶性的有色物质，这些均称为色淀颜料。用于制取色淀颜料的载体有氢氧化铝、硫酸钡和铝钡白等。

色淀颜料可以根据母体染料的结构、性质不同进行分类。如母体染料带有磺酸基、羧基等阴离子，一般要用无机盐如氯化钡、氯化钙等进行沉淀，这一类色淀颜料称为酸性色淀颜料。如果母体染料带有碱性阳离子如碱性桃红、玫瑰红等，要用单宁酸或杂多元酸进行沉淀，称为碱性色淀颜料。

色淀颜料的颜色鲜艳，性能较为优良，但耐水性较差，制墨后有化水性。目前在油墨产品中还有应用。

偶氮色淀是含有磺酸基或羧基的偶氮染料，以氯化钡、钙、铝、锰、锶等金属盐在一定条件下沉淀而得的。与不溶性偶氮颜料相比较，偶氮色淀的颜色一般更为鲜艳、饱和，耐溶剂性也较之为好，价格较低廉。不足之处是耐水、耐酸碱性较差。经过多年的研究、筛选，改进，现在偶氮色淀中有一些各项性能较为突出的品种，如洋红6B，是一个很鲜艳的蓝光红，有着很好的亮光，耐溶剂性与耐热性好，是目前油墨三原色之一的红色。为适应多种油墨的要求，此品种在国外生产的规格型号先后有十余种之多，用途很广。又如金红光C是其他颜料中少见的金红色颜色，在油墨中大量使用。耐晒红F5R具有色淀颜料中稍有的耐光、耐热牢度，是偶氮色淀中的优良品种。目前，油墨行业中偶氮色淀的生产量及品种都远远超过了不溶性偶氮颜料。

由于偶氮色淀颜料具有明显的同质多晶现象，偶合时及色淀化时的介质pH值、温度等，对结晶形态、粒子状态等影响很大，而这些因素又直接与色淀的色光、亮度、性质相关联，所以其制造过程的条件控制比一般不溶性的偶氮颜料更为复杂，单批稳定性更不容易掌握。制备过程中严格选择及控制工艺条件尤为重要。当偶氮颜料的制造相同，偶氮色淀颜料必须经过重氮化、偶合两主要反应。

酞菁的各项牢度极好，将其磺化制成直接染料，再用金属盐使之在填料上沉淀，就可生成耐晒很好的色淀。这类色淀因其具有鲜艳的蓝色，耐光性较好，曾是一种相当重要的颜料，在β－铜酞菁广泛应用以后，其使用量有所降低，但仍不失为一个较好的品种。

磺化酞菁所含的磺酸基团数量，与酞菁色淀的质量有很大关系，磺酸基太少时，溶解度不好，大于 2 以后，因溶解度太大，而不易生成难容的色淀。一般为 1.5 ~ 2 个磺酸基效果为最佳，如锡利翠蓝。此外，磺化酞菁必须在填料上沉淀，才能沉淀完全。

磺化酞菁色淀对酸碱较为敏感，反应时介质 pH 偏酸时，色光较绿；偏碱时，色光较蓝。生成色淀时，也有这一弊病，此外其耐水性也较差。

磺化酞菁就其用途不同，可选用不同的填料，如在铝钼白上沉淀，生成耐晒天蓝色淀。透明度较好，多用于油墨中。若在硫酸钡上沉淀，则生成遮盖力较强的湖蓝色淀，多用于油漆。

碱性色淀，又可称为阳离子型燃料色淀或盐基性染料色淀。具有极为鲜艳的色彩及很高的着色能力，这两点远非其他各种颜料所能替代。这类色淀的母体染料多为三芳甲烷系染料，颜色鲜艳，但耐光性能甚差，只有 12 级。使用单宁酸沉淀，耐晒牢度也依然不好，实用意义不大。自 20 世纪初，使用杂多元酸－复磷酸为沉淀剂后，使该色淀的耐光性提高到 56 级，增加了这类颜料的用途。由于它具有独特的鲜明色彩与光亮、优良的印刷性能，使之成为当前配置高级油墨的主要原料之一。但由于母体颜料性质的限制，这类颜料耐光、耐水、耐迁移性都较差。已出现了部分为偶氮色淀型颜料取代的趋势。

在碱性色淀颜料中，习惯上人们常常把纯色淀称之为色原，颜色鲜艳，浓度较高。另外一种情况是在沉淀染料时加入填料。加填料的目的有两个：一是提高颜料的某方面性质，如耐热、耐溶剂性能，另一方面是使染料吸附在填料上，使沉淀效果好些，而且防止颜料颗粒的聚集。加填料的碱性染料色淀，常称为色淀。

3. 特殊颜料

（1）金属颜料

①铝粉。铝粉即银料。铝粉颗粒表面有一层透明的氧化铝膜，使之比较稳定。密度 2.7，熔点 660℃，沸点 2 427℃，800℃时表面张力 0.865 N/M。

②铜粉。铜粉是铜与其他金属合金的粉末，即金粉。不同的合金有不同的

色相，密度 7~8。超细级金粉可用于制造胶印和铅印油墨，特细级金粉适用于凹版及柔性凸版油墨。

（2）发光颜料

①夜光颜料/磷光颜料。这种颜料能在夜间发光，实际上是高纯度硫化锌晶体经过高温处理，具有特殊的晶格构造，并掺入铜、钴等激发剂制成的。如需要长期在夜间自己发光，则需要在每千克夜光颜料中加入 2~16 mg 的放射性元素。由于硫化锌粉的颗粒较粗，只能用丝网印刷方法印在表盘或纸张上。

②荧光颜料。有一些物质当收到不可见光的照射时，能够吸收它的能量放出可见光波，称为荧光物质。它与磷光物质不同，发光现象在射线作用停止后立即消失。目前纺织业已采用将荧光染料用树脂处理的方法，使它们成为不镕性的颜料，只要 2% 左右，即可制成萤光油墨。目前使用的萤光颜料透明性好，但遮盖和着色力较差。目前应用的萤光染科有盐基嫩黄、盐基桃红和盐基亮绿等，所用的树脂有酚醛树脂等。

第三节　连结料及辅助成分

一、连结料的基本性能

1. 黏度

作为油墨的连结料，应当具有适当的黏度。黏度的一般概念是流体的黏稠程度。通常由直观就能感觉出流体黏度的大小，例如植物油的黏度比水的大，三号聚合油比四号聚合油大。流体之所以具有黏度的特性，是由于它的分子间的吸引力，这种吸引力称为内聚力。固体物质内聚力大，几乎把所有分子都固定着，没有相对位移；液体则不然，分子间的内聚力较小，各分子作相对运动，从而产生内部的摩擦。如果连结料没有足够大的黏度，与颜料一起研磨时，颜料就不能被研细，配制成的油墨也不能在印刷机上很好地传递，印刷时会发生糊版，甚至印品会出现粉化现象。如果连结料的黏度过大，配制成的油墨在印刷机上使用时，会引起飞墨、拉纸毛，甚至撕破纸张等弊病。因此，连结料的黏度必须控制在一定的范围内，而这个范围则随油墨的种类和印品的不同而各异。

2. 干性

油墨应该在合理的时间内干燥。油墨的干燥性能主要来自连结料的干燥特性。例如油型平版印刷墨的连结料是纯用干性植物油炼制成的，因此这类油墨是属于氧化结膜干燥类型；树脂型平版印刷墨的连结料是用合成树脂、矿油、干性植物油和凝胶助剂等炼制而成的，因此这类油墨是属于氧化结膜干燥类型；凸版印刷墨的连结料使用松香、沥青、矿油、植物油等炼制成的，故这类油墨属与渗透氧化结膜干燥类型；照相凹版印刷膜的连结料是用合成树脂和挥发性溶剂配制而成，故这类墨是属于挥发干燥类型。此外，还有湿固着干燥和光固化干燥等类型的油墨，都须有它们特定的连结料组成。

3. 色泽

连结料的色泽应当是越浅越好，因为连结料的颜色越浅，对颜料鲜艳的木色影响越小；即使是配制黑色的油墨，应用色连结料可以配得更纯净的黑墨。测定连结料颜色的方法很多，大都用比色法，如碘量比色法、加氏比色法等。

4. 气味

连结料的气味应当越小越好，否则会给轧墨工段和印刷厂带来麻烦。连结料的气味主要来自原料中的挥发性成分，因此必须选择纯净的原料来炼制连结料。尤其是溶剂的选用，必须充分注重选用无毒或低毒溶剂的原则，尽量避免污染大气，保护车间、工厂环境卫生；国外近年来对于矿物油中的芳烃，也尽量采取措施予以脱除，从而生产无臭油墨。连结料接触空气还会发生氧化作用，使分子裂解，也会放出象醛类那样的挥发性物质，产生气味。

5. 抗水性

也叫疏水性。因为在平版印刷时，为了使套印准确，纸张必须具有一定的潮湿度，以免变形；同时平版印刷是依靠油水相斥的原理进行印刷的，所以连结料必须具有很强的疏水性。如果连结料不耐水，则当油墨和湿版药水在胶版上相遇时，水会进入墨中使油墨乳化，急剧下降油墨的黏性，破坏油墨的结构，造成传递不良、堆版、糊版等一系列故障，故检测连结料的疏水性是很重要的。

二、连结料的组分

连结料是印刷油墨的重要组成部分，是油墨的流体成分。印刷油墨的流变性、黏度、干燥性、成膜性以及印刷性能，主要取决于连结料。油墨中的固体成分依靠连结料的润湿作用能够在制造过程中被研细，依靠其黏度完成印刷过程的传递转移，在印刷品上依靠连结料的干燥成膜性使印迹形成光泽和牢度的墨膜，而保护颜料。用同一种颜料和不同类型的连结料配制，能得到不同类型的印刷油墨，而用同一种连结料和不同类型的颜料配制出的油墨，仍属于同一类型。连结料的优劣，直接影响到油墨的质量和性能。

油墨连结料，又称凡立水，是由高分子物质混溶制成的液状物质，在油墨中作为分散介质使用。是一种具有一定黏度和流动度的液体，但不一定都是油质的。连结料使颜料粒子得以良好分散，是颜料粒子的载体，使之通过印刷机转移到承印物表面，因此，连结料赋予了油墨流动能力，印刷能力；同时它又是一种成膜物质，颜料要依靠连结料的干燥成膜性牢固地附着于承印物表面并使墨膜耐摩擦，有光泽，因此，连结料决定着油墨干燥性和膜层品质。由此可见，连结料是油墨的关键组成。如果说油墨的色相，透明度（或遮盖力）和耐光性主要由颜料决定的话，那么，印刷油墨的流变性质，干燥性质，抗水性，光泽等则主要是由连结料的性质决定。

连结料的类型按照油墨的干燥形式可以分为挥发干燥型连结料，渗透干燥型连结料和氧化结膜干燥型连结料等；按照构成连结料的介质材料不同可分为干性油型连结科、矿物油型连结料和溶剂型连结料。每一种类型的连结料都是由多种成分构成的，每种成分的作用也各不相同，一般说来，连结料主要由植物油，矿物油，有机溶剂，各种天然和合成树酯以及少量蜡质构成。

1. 植物油

植物油，过去是油墨连结料的主要原料，现在仍然是它的重要原料之一。

植物油的基本化学组成是高级脂肪酸的甘油酯。与甘油结合的脂肪酸可以是相同的或不同的。因此，植物油是一个混合物，是多碳直链结构，碳数一般为 6 ~ 24，可相同可不同；碳链间的结合可完全为单键，也可含有一个、二个或三个双键，前者叫做饱和脂肪酸基，后者叫做不饱和脂肪酸基。故植物油是含有多种复杂的饱和与不饱和甘油三酸酯的混合物。它的不饱和程度常用碘值来表示。

植物油通常根据它的不饱和程度分为干性油、半干性油和不干性油三类。

（1）干性油

这类油在空气中有较好的干燥性，在玻璃板上涂一薄层暴露于空气中，在数天内即能结膜干燥，失去其原有的黏性，所以称为干性油。它之所以能在空气中较快结膜干燥，是由于它的成分中含有较多的不饱和脂肪酸基，这些不饱和脂肪酸基均匀地吸收空气中的氧气，氧化结合形成坚韧的固态薄膜。通常干性油中的甘油三酸酯平均含有六个以上的双键数，碘值一般在 140 以上。属于这一类的有桐油、亚麻仁油、梓油、苏子油、大麻油等。

亚麻仁油又名胡麻油，是从亚麻种子提取而得，是油墨工业的一种重要干性油，用以炼制质量优良的聚合油。亚麻的主要产地在我国的东北、华北和西北地区，国外如苏联、北美、印度、阿根廷等也有出产。种子含油率随产地和气候而不同，一般在35%左右，也有高达14%的。出油率则随提取方法而异，一般为25%～33%。

亚麻仁油的脂肪酸组成：饱和脂肪酸（棕榈酸、硬脂酸、花生酸）9%～11%，油酸13%～29%，亚油酸15%～39%，亚麻酸44%～61%。亚麻仁的提取方法有冷榨法、热榨法和溶剂浸出法三种。冷榨法是将亚麻子压碎后，不再加热即水上压机压榨，工艺操作较为简单，所得的油质量较好，色浅，无恶味，酸值较低，碘值较高；但因出油率较低，故成本高，不常采用。

热压法是用贮藏四五个月较干燥的亚麻子，炒熟脱水碾碎，再加热至70℃，使亚麻子中的蛋白质凝固，然后放入压榨机压榨。亚麻子加热后，油脂的黏度减小，压榨时容易流出，同时由于蛋白质凝固，树胶质不致混入油内；但固体脂肪酸却混入油内较多，而且颜色加深，臭味增大，油墨工业中使用时必须精制。

溶剂浸出法较机械压榨法彻底，能将种子中的油分全部提出。它的处理过程是先将种子压碎，放入溶剂中浸出，然后用蒸汽加热使溶剂挥发，留下油分，溶剂再经冷凝回收。用此法所得的油略含有色素和胶质，故必须选用优良的溶剂，最近则采用优质汽油作溶剂，可避免这些缺点。直至目前为止，我国多采用热榨法取油。

桐油是我国的特产，由油桐籽的种仁提取而得，也是油墨工业的一种重要的干性油。我国油桐的主要产地分布在华中、华南及西南各省。种仁含油率在51%左右。桐油的脂肪酸组成：饱和脂肪酸（棕榈酸和硬脂酸）3%～5%，油酸4%～10%，亚油酸8%～15%，桐油酸71%～82%。

桐油是黄色或深棕色的液体，用冷榨法制得的为黄色，热榨法制得的为棕黑色。在油墨中应用，必须精漂至浅色。桐油有特殊气味，黏稠度很大，干燥性很快，生桐油放置1～3 d内即生油膜。桐油的碘值虽小与亚麻仁油，但其干性却强于亚麻仁油，这是由于桐油含有大量的共轭双键之故，它不仅会因接触空气而致表面氧化结膜干燥，而且内部也会发生聚合作用。这种聚合作用受温度的影响极大，如在150℃时约需60 h才能聚合成胶状物，称为胶化，加热至250℃越1 h即起胶化，若加热至280℃，约不到10 min即胶化。又桐油聚合系加热反应，热能不易被聚合体导出，促使温度继续升高，即使炼制桐油离火后也能自动升温，控制不当会引起胶化，甚至发生燃烧。

利用桐油受热胶化的特性，可用来检验桐油的质量，这种方法叫做华氏胶化试验法。正常桐油迅速加热到280℃，4～8 min即能成胶，成胶物用刀剖切时，硬脆不黏，掺有其他油类或转变为 β – 型桐油均可使成胶点发生变化。

梓油是从乌桕籽的种仁榨得的干性油。我国乌桕的产地也是华中、华南、西南和东南沿海各省。从乌桕籽的外皮白色蜡状物榨得的油叫做桕油，碘值只有 20～30，主要的脂肪酸组成是棕榈酸和油酸，不能用来制造油墨和油漆。种仁含油率为 65% 左右，就是梓油。

梓油的脂肪酸组成：饱和脂肪酸（棕榈酸和硬质酸）9%，油酸 20%，亚油酸 25%～30%，亚麻酸 40%，十碳二烯酸 3%～6%。梓油是一种很好的干性油，它的干性比亚麻油快，但又没有桐油易起皱皮的缺点。它的聚合诱导期短于亚麻仁油，如在 290℃聚合 8 h，黏度可达到 60 泊，而亚麻仁油在相同条件下聚合和，黏度远低于此值。

（2）半干性油

这类油在空气中干燥较慢，其表面不易形成薄膜，即使形成薄膜，也不像干性油所形成的那样坚韧，故称为半干性油。这是由于其成分中所含有的不饱和脂肪酸基较少之故。通常半干性油中的甘油三酸酯平均含有 4～6 个双键数，碘值一般为 100～140。属于这一类的有豆油、菜籽油、葵籽油、棉籽油、芝麻油等。

豆油是从大豆中提取出来，大豆含油率 17%～23%。我国遍产大豆，尤其是东北地区。豆油是半干性油，可供食用，干燥性缓慢，差不多能结成坚固的薄膜，故很少单独使用，大多与桐油或亚麻仁等配合使用，如以桐油 25%、豆油 75% 配合炼油，其干性可与亚麻仁油相仿。豆油虽然干性慢，但颜色浅，不易变黄，适用于制浅色油墨，特别是制烘干型的油墨。

用压榨法提豆油，通常出油率为 11%～13%，如用溶剂法提取，出油率可达 16%。粗豆油中含有多量的蛋白质，可由加热至 250℃把它分离出来，称为热漂法，然后再用碱漂，活性白土，活性炭等精漂，以提高豆油的质量。

菜籽油是从油菜籽中提取出来，种子含油率 40%～42%。我国长江流域和西北地区都有大量栽培油菜。

菜籽油通常用压榨法提取，也有用溶剂法浸出的，以后者较为纯粹。粗制油色深，精漂后色淡黄。通常不用于制胶印油墨，可用来配制油墨脂，常与桐油配合使用。

（3）不干性油

这类油在空气中氧化极慢，表面长期不能形成薄膜，不能自行干燥，故称为不干性油。通常其中的甘油三酸酯平均含双键数在 4 个以下，碘值一般在 100 以下。属于这一类的有蓖麻油、椰子油、花生油、茶油等。

蓖麻油是从蓖麻籽压榨而得，种仁含油率 69% 左右。蓖麻原产非洲，我国各地均有栽培，在南方往往成半野生状态。

蓖麻油是不干性油，它的特点是相对密度大，黏度高，能溶于乙醇和醋酸中，这是由于分子内含有羟基之故。在我国油墨工业中尚未大量应用，通常把它制成蓖麻油改性醇酸树脂，用于软管油墨和圆珠笔油墨中。

蓖麻油虽为不干性油，但在酸性催化剂存在下，经高温脱水反应，可转化为干性油，含有共轭双键，干燥性近于桐油，可以代替桐油与半干性油配合使用，用于制油墨效果很好。

椰子油是从椰子种仁中提得，我国福建、台湾、广东、云南等省均产椰子，种仁含油率 65% ~ 72%。

故椰子油几乎含有 90% 的饱和脂肪酸，而且以低碳酸为主，因此它是不干性油、碘值低、皂化值高，熔点高，一般为 24 ~ 27℃，在常温下可以凝固，而且颜色较浅。通常用来制造不干性醇酸树脂，硬度大，保色性好。

2. 矿物油

矿物油作为连结料的重要材料，能对树脂进行溶解和稀释。矿物油是石油分馏得到的一系列馏分的总称。主要组分是烷烃，不具有发生交联的能力，因此，在油墨中不能作为成膜组分。

油墨中常用的矿物油有：

（1）汽油

汽油的主要成分是戊烷和十二烷。汽油是油脂、树脂的良好溶剂，在油墨中，常使用沸点在 160 ~ 220℃ 的重汽油与二甲苯混合，制造照相凹版油墨。

（2）高沸点煤油/油量油

这是 270 ~ 310℃ 的馏分。油墨业经常将其叫作高沸点、窄馏分煤油。主要用于快固油墨及热固型胶印油墨的连结料中，其作用是迅速脱离膜层进入纸张纤维之间，使膜层增稠、增黏。油墨油之所以要求较窄的馏程，是油墨性质所决定的，初馏点不能过低，否则挥发过快，影响油墨在印刷机上的稳定性；终馏点不能过高，否则渗透过度，影响油墨在纸上的固着速度。

（3）机械油

这类矿物油为不挥发黏稠液体，工业上用作润滑剂，在油墨中，通常与石灰松香、沥青等廉价树脂配合使用，用来制造沥青油和石灰松香油连结料，用于轮转新闻油墨。这类连结料是典型的渗透干燥型连结科，无氧化结膜，不能形成固态膜层。通常，在渗透型油墨连结料中，不同标号的机械油混合使用，高标号用于纸张表面凝固，低标号用于向纸张内部浸透。

3. 有机溶剂

溶剂是连结料的重要组成材料之一。所谓溶剂是指能够溶解其他物质的液体。广义上的溶剂包括溶解树脂等高分字物质的真溶剂，起稀释作用的稀释剂和起潜溶作用的助溶剂。他们之间并没有严格的界限。因为对某一溶剂来讲，它可能是某一树脂的真溶剂，而对另一种树脂只能起潜溶作用或稀释作用；有时两种溶剂混合则是某种树脂的真溶剂，而这两种单独使用则不能溶解该树脂。

树脂等高分子物质在溶剂中的溶解与无机物在溶剂中的溶解完全不同，高分子物质不仅是在溶剂中均匀分散。在这种溶解的开始阶段，是高分子与溶剂两种分子互相钻入对方分子中间的空隙中，由于高分子物质相对分子质量大，向溶剂中扩散速度很慢，而溶剂相对分子质量小，向高分子物质的空隙中渗透扩散较容易，从而使高分子物质的分子间隙逐渐被溶剂分子所充填，产生溶胀现象。在溶解的完成阶段是溶剂分子继续向高分子物质渗透扩散，溶液将出现浓度相差很大的稀液和稠液两相；在低于某一温度的条件下，两相将达到平衡而产生分层现象，这一温度称为临界温度；温度升高，溶液的分子运动加剧，扩散速度加快，最后达到浓度均一的单相溶液。

（1）油墨对有机溶剂的基本要求

用于油墨的有机溶剂要求具有以下几个特征：对树脂等高分子物质的溶解能力和释放能力，较快的蒸发速度及符合环境保护和安全的要求。

溶剂对于被溶解物质的分散和溶解本领，称为溶解力。溶解度参数与氢键强度是描述物质溶解性的两个重要方面。一般，当溶剂与聚合物的溶解度参数和氢键值近似时，其溶解性即互溶性是良好的。物质的溶解度参数及与物质的内聚相关的参数，决定着它与其他物质的混溶能力，各类溶剂的溶解度参数不尽相同。物质的氢键值不易测定，通常按弱、中、强等级分类。

（2）油墨中常用的有机溶剂

有机溶剂是指能溶解高分子物质的有机化合物，常为液体，具有一定的挥发性。它是印刷油墨连结料的主要成分，使油墨具有一定的流动性；当油墨转移到纸张上以后，挥发性大的溶剂迅速挥发，挥发性小的溶剂，依靠毛细管作用渗入纸张内部，这样使得留存于纸张表面的树脂连结料和颜料粒子固着在纸张表面并干燥。在油墨配制中，常用的有机溶剂有芳香烃类溶剂、醇类溶剂、酮类溶剂和酯类溶剂。所有的有机溶剂对人体都有一定的毒性。人在有机溶剂浓度很大的气氛中工作，吸入这类气体，会产生不良后果，所以在选择溶剂、稀释剂时，应尽可能避免采用强毒性的溶剂，如烷烃、醇类、酮类、酯类、溶纤剂等溶剂。最好开发以水为溶剂、分散剂的连结料，减少环境污染，保护人们的身体健康。

①芳烃类溶剂。主要有苯、甲苯和二甲苯，它们来源于煤焦油或石油。芳烃类溶剂溶解性好，能溶解植物油松香、多种天然树脂及合成树脂，并具有一定的挥发性，主要用于凹印油墨中。其中苯的挥发性过强，毒性大，限制了它的直接应用。

②醇类溶剂。主要有乙醇、异丙醇和丁醇等，是用合成法或发酵法制得的。醇类溶剂通常与苯类或酯类溶剂混合后，配成混合溶剂应用。可以用来溶剂而多种树脂，制造凹印油墨和苯胺油墨。

③酮类溶剂。主要有丙酮、丁酮等，丙酮又称为二甲酮，用发酵法或合成法制得。其溶解力强，能溶解多种树脂，稀释效果快、制得溶液的黏度很低。但因丙酮挥发太快，必须与挥发性较慢的溶剂配合使用。

④酯类溶剂。主要有醋酸乙酯、醋酸丁酯等，是由醋酸和醇类酯化而得。酯类溶剂的挥发性较强，能和烃类溶剂、亚麻仁油、蓖麻油等相混溶，并能溶解多种树脂。通常与乙醇的混合溶剂用于塑料凹印油墨中。

4. 树脂

"树脂"一词起源于某些树木的分泌物。例如松树的分泌物——松脂，松脂经过加工得到松香。随着科学技术的发展，人们利用化工原料合成出各种用途的树脂产品。因而，"树脂"这一名称，已经远不是原来的简单含义了。一般说，树脂是一类具有大相对分子质量或称高相对分子质量的物质的通称。印刷墨的各种属性，如黏稠度、光泽、干燥、坚牢度、耐摩擦性，以及各种抗性等，大部分是由其所含的树脂所决定的。

（1）树脂的组成特性

树脂是一种结构复杂、具有高相对分子质量的有机化合物的统称，它包括的种类很多。用于油墨制造中的树脂都是一些有机化合物的聚合体和缩合体，他们必须具有印刷油墨所要求的通性。

①树脂的溶解性及释放性。由于印刷的工艺决定了印刷墨应具有一定的流变特性，因此，印刷墨中的树脂一般都作为液态被应用。甚至某些已经是液态的树脂，也因黏度过大而常需用溶剂或稀释剂降低黏度后才能使用。所以，树脂的溶解性就很重要了。所谓树脂的溶解性，是指树脂在组成其连结料的溶剂中溶解的难易程度。由于树脂都是大相对分子质量的物质，一般不可能呈真溶液状态溶解，而是以溶剂分子渗透到树脂的大分子间隙之中，引起树脂无限溶胀，进而被分散在溶剂中，成为胶体分散状态的溶液。且这种溶解的难易程度

是相对于溶剂而言的，有极性基团的树脂较易溶于极性溶剂中；与树脂有相似结构或基团的溶剂也较易溶解该树脂；同种树脂，相对分子质量较低的比相对分子质量大的较易溶解；此外，还和外界因素，如温度、搅拌速度等有关。

由于油墨中树脂是以固态—溶解成液态—干燥结膜成固态这种转化形式被应用的，因此，树脂的溶解性并不是越大越好，而是要一个恰当的程度。溶解性过于好的树脂，不利于溶剂或稀释剂从树脂中析离出来，使墨膜干得不快、不爽，以致使印品产生蹭脏、黏连等弊病。这种从树脂中析离出溶剂的现象，油墨业称之为树脂的溶剂的释放性。一般说，对某种溶剂溶解性过好的树脂，它对该溶剂的释放性是差的。由于印刷工艺及防治环境污染等方面的限制，油墨用的溶剂及稀释剂，往往是受到局限的。因此，油墨制造者在选择溶剂及稀释剂来调节树脂的溶解性及释放性两个方面的同时，更重的着眼于对树脂本身的选择，要选择上述两个方面性能达到很好平衡的树脂。

②树脂的黏度。通常说的树脂黏度，实际上是指树脂在特定情况下的溶液黏度，或称溶解黏度。它包含两方面的意义：一是表明了相对分子质量的大小；二是表明了这种树脂在该溶剂中的溶解性。同系树脂中，相对分子质量大的，黏度则大；非同系树脂中，溶解性差的，表现为黏度也大。因此，溶解度大的树脂，不一定相对分子质量也大；反之，溶解黏度下的树脂，也不一定相对分子质量就小。还要看具体情况加以分析来判断。此外，溶液的温度升高时黏度下降，溶液的浓度增大时黏度增高，而当稀释剂过量时，黏度有时反会上升，这就是溶解性变差，黏度增大的表现。

由于树脂溶液，特别当浓度高时，是具有一定塑性的流体，即非牛顿流体，所有，静电的毛细管法不适用于对这种树脂黏度的测定。当今生产实际使用的黏度测定方法有爱米拉旋转黏度计、涂料4号杯、落球黏度管、气泡黏度管等。了解树脂的溶解黏度，有助于了解树脂的性质。熟练地油墨制造者，能由此预测油墨诸多方面的性能。

③树脂的软化点。多数固体树脂属于无定形物质，当温度升高时，树脂从一个脆性和弹性都很大的固体逐渐软化，可塑性增大，最后变成液态。树脂软化过程中，在变成黏稠液体时规定一个温度，这个温度称作软化点（流动温度）。相当于结晶体的熔点。但因树脂的软化过程是逐渐进行的，变成液体时没有一个十分明显的界限，因此，软化点的高低，受测定方法的影响。环球法为油墨业通常采用的软化点测定方法。软化点与树脂的相对分子质量有较直接的关系，相对分子质量大，软化点也高。

④树脂的酸值。酸值又叫酸价。油墨中使用的许多树脂，是由树脂酸、脂

肪酸、芳香酸等有机酸与其他化合物经缩合、酯化等反应而制得的。这些树脂中，多少都存在着未参加反应的羧基。这种羧基的量，通常以酸值来表示。它的定义是中和每克树脂所消耗的氢氧化钾的毫克数。酸值的高低，对油墨的性能有一定的影响。酸值过高，会使油墨的性质不稳定，如耐水性下降，与见型颜料易起反应等；酸值过低，使树脂与颜料的润湿性不佳。因此，树脂的酸值并非越低越好，和其他指标一样，要控制到一个适当的数值。而水性墨用的树脂的酸值，要更控制到一个很高的数值。总之，酸值也是树脂反应过程中标志反应程度的一个重要指标，要防止为片面追求其他质量指标，而任酸值下降到不适当的限度。

⑤树脂的色泽。树脂的色泽是由多种色素杂质造成的，因此树脂应尽可能制得无色或浅色，尽量减少影响油墨的色相。树脂的色泽除与制造树脂的原料性质及纯度有关外，和合成的工艺过程及设备状况等均有很大关系，如溶剂法生产的醇酸树脂较熔融法生产的色浅很多，用惰性气体隔绝产品与氧气接触，也能有效地降低色泽。色泽指标对制造浅色墨，如印铁白墨、罩光油等尤为重要。

⑥树脂的透明度。树脂的透明度是凭视觉直观的。上述溶解性中已谈到透明度是树脂溶解性好坏的参考；同时，也表明树脂的反应程度，如间苯二甲酸醇酸树脂在未反应完全时往往是浑浊的，随着反应的完全才转透明。此外，树脂若混有水分及其他杂质时，也影响透明度。

⑦树脂的抗水性。树脂的抗水性直接影响制成油墨的抗水性。油墨的抗水性有两种含义，即在印刷过程中的抗水性和成墨膜后的抗水性。前者如胶印墨印刷时要求有足够的抗印刷药水的性能，否则油墨会造成乳化、糊版、传递不良等一系列毛病。后者如食品包装用的耐蒸煮印铁墨，要随着成品经受水煮或蒸汽杀菌工艺的考验。

（2）油墨中常用的树脂

①天然树脂：天然树脂一般是半透明发脆的固体，带有黄棕色，来源于动、植物及矿产中。油墨应用的天然树脂主要有松香、沥青、达玛树脂等。

松香是从松树中分泌出来的黏稠液体——松脂，经过加工得到的脆性固体，颜色由浅黄色到棕黄色。松香中主要成分为树脂酸，含量约占90%以上。树脂酸有九种异构体，其中最有代表性的是松香酸，在松香中含量为50%以上。松香酸是一种不饱和酸，具有共轭双键。

沥青是一种棕黑色复杂的胶体物质。由于来源不同高，可分为天然沥青和人造沥青两大类，人造沥青又包括石油沥青、煤焦沥青、页岩沥青等。油墨中常用的是天然沥青和石油沥青。

　　天然沥青是从地上采掘出来的矿产，石油沥青是蒸馏石油后的残余物。它们的成分基本相似，主要都是碳氢化合物聚合成缩合产物的混合物，有烷烃类、环烷烃类、芳香烃类及烯烃类等。

　　②改性天然树脂：天然树脂经过简单的化学加工，其性能较天然树脂有所提高，而且加工简单、成本低，所以得到广泛应用。这类树脂的主要品种有加工后松香和纤维素的衍生物。

　　聚合松香是具有共轭双键的松香酸在一定的条件下由两个分子聚合而成的，又称为二聚松香。

　　石灰松香又名松香酸钙、松香钙皂、钙脂等。松香酸是一元酸，所以理论上应由 2 mol 的松香酸和 1 mol 的氢氧化钙作用，脱去 2 mol 的水而生成的。

　　松香酯类是指松香或聚合松香与多元醇经酯化反应所成的产物。常用的多元醇有甘油和季戊四醇。松香酯是浅黄色透明固体，软化点可为 90～180℃，国外资料介绍甚至可以到达 200℃ 的。酸值均较低，一般 10～20。这些酯类制造方便，价格较低，且溶解性好。用于油墨制造，性能较石灰松香有所提高。特别是用季戊四醇酯化得产品，有更好的性质，软化点高，干燥快。这类树脂在铅印及溶剂凹墨中均有应用。

　　③合成树脂：合成树脂是采用人工合成的方法制造出来的树脂类高分子化合物。合成的方法主要有加成聚合和缩合聚合两种。油墨制造中应用的合成树脂主要是酚醛树脂和醇酸树脂。

　　酚醛树脂是酚与醛在催化剂存在下综合生产的产品。由于使用的原料、催化剂的种类、以及反应条件的不同，可以获得一系列性能各异的树脂。油墨中用的主要是改性酚醛树脂。这些树脂具有良好的油溶性，有较松香加工树脂配制出的墨固着快、光泽高、抗水性强等优点。

　　单纯由多元醇与多元酸聚合而成的树脂称为聚酯树脂。醇酸树脂则是用植物油（或脂肪酸）等进行改性后的聚酯树脂。

　　醇酸树脂因为可由多种改性剂来制得，所以有广泛而优异的性能。但应对应用于油墨来说，主要是取其有好的光泽、附着力、柔韧性、干性、对颜料的润湿性，以及各种抗性，而且在多数情况下能与其他树脂拼合使用。

　　其他类型合成树脂是聚酰胺树脂、环氧树脂、三聚氰胺树脂及丙烯酸树脂等等。这些树脂在印刷墨连结料中的使用时间虽较短，有的还在不断发展之中，但由于它们有各自的特点，因此，应用范围日趋广泛，其地位也愈来愈重要。

聚酰胺树脂一般由氨基和羧基之间缩聚而得，如二元胺与二元酸之间缩聚而得。高相对分子质量的聚酰胺树脂多用在合成纤维工业中，日常所称的尼龙即是。印刷墨用的聚酰胺树脂是相对分子质量较低的线型缩聚物，与上述产品性能上有很大不同，它是十八碳不饱和脂肪酸或其酯的二聚体与二元胺缩聚而成的，其分子量一般为 500 ~ 9 000。

三、连结料的类型

1. 油型连结料

油型连结料是以不同品种、不同相对分子质量的植物油完全混合后形成的一种单相体系。不同品种的植物油具有不同的功能，分别起着增强墨膜干燥能力、提高墨膜柔软性电荷提高墨膜光泽的作用。

油墨连结料是有干性植物油炼制而成的，分为聚合油和氧化油两种。干性植物油不能直接用来作为油墨的连结料，必须经过精制和炼制工艺处理后才能制成油型连结料。其原因是：在干性植物油中除含有大量的甘油三酸酯外，还有一定的游离脂肪酸、甘油、色素及磷脂等杂志。这些物质的存在会影响连结料的质量、油墨的质量及印刷适性。用于印刷油墨的连结料，必须具有一定的黏稠度，而且要求各种植物油必须很好地混溶在一起。对干性植物油进行加热炼制可以使各种不同的油脂很好地混在一起，而且可以增进植物油的干燥速度、光泽度、结膜的硬度，提高耐抗性。通过加热炼制工艺处理还可以使油分子产生聚合作用，从而得到一定黏度的连结料。

（1）聚合油

干性植物油经过加热炼制后非共轭结构转化为共轭结构的油，各种植物油由共轭之链端相互反应聚合体连结料，又称为聚合油。聚合油是植物油单体、二聚体、三聚体的混合物。

（2）氧化油

干性植物油在加热时吹入空气，氧化聚合炼制而成的连结料称为氧化油。氧化油与聚合油相比，黏度小、流动性大，具有一定的干燥性，结膜牢固并耐磨。但其颜色较深，不宜配制浅色油墨。氧化油主要用于雕刻凹印油墨中。

2. 树脂型连结料

树脂型连结料是由树脂、干性植物油和高沸点矿物油等炼制而成的混合体系，即由高分子树脂溶于干性植物油中，又称为树脂油。主要用于胶版印刷的亮光油墨、快固着油墨等。

树脂在植物油、矿物油体系中属于胶体分散体系，是以胶体颗粒的形式存在于分散介质中。在该体系中，即使树脂分散得最好，以分子状态存在，但因树脂本身是高分子聚合体，其大小也必然属于胶体颗粒。树脂的分散程度与炼制温度有关，按照炼制方法的不同，树脂型连接料分为高温树脂油、较低温树脂油和凝胶树脂油三种。

（1）溶解性树脂连结料

它是在大约250℃使树脂溶解在植物油和矿物油体系中，然后保温一段时间，使树脂分散均匀，甚至和植物油之间有一定的反应。用这种连结料制成的油墨，光泽大、稳定性好，但固着比较慢。

（2）分散型树脂连结料

它一般在180℃左右把树脂分散在植物油和调墨油体系当中，保温时间短甚至不保温。用这种连结料制成的油墨，身骨好、固着快，但光泽比较差。

（3）凝胶树脂油

凝胶型树脂油是在树脂中加入适当的凝胶剂如硬脂酸铝、八碳酸铝等铝皂和树脂油中的某些活性基团形成交联结构，把油类稀料包围在该结构中，从而形成凝胶状态。凝胶型树脂油在油墨中，能增进油墨的黏弹性，使油墨更具有身骨，从而在印刷机上传递优良、墨膜光泽强、油墨渗透小、不蹭脏、印品的网点清晰、抗水性更强、不易乳化，更能适应高速印刷需要。

3. 溶剂型连结料

溶剂型连结料主要由树脂和有机溶剂组成，是将树脂溶解在各种不同的有机溶剂中，从而形成不同种类的溶剂型连结料。在这类连结料中某本上不含植物油，主要用于凹印油墨和柔性版油墨中。由有机溶剂连结料形成的油墨均有较强的挥发性，油墨干燥属于挥发干燥类型。油墨干燥的快慢，在很大程度上受溶剂性能的影响。溶剂与树脂的相溶程度决定了油墨的印刷性能和印刷质量的稳定性。

4. 水基型连结料

水基型连结料是以水为主要溶剂，使树脂易溶解、胶体或乳液的状态存在的连结料。水基型连结料是最符合环保要求的绿色连结料，目前使用较多的是碱溶性树脂连结料。水基型连结料中必须使用特定的树脂与之相配合，常用的水溶性树脂油丙烯酸树脂和丁烯二酸松香。水基型连结料中含有50%以上的水，并配用适当的溶剂，如氨水、醇类等，以保证油墨具有一定的印刷适性。水基型连结料的缺点是稳定性较差、光泽度不高等。水基型油墨正处于发展之中。

5. 反应型连结料

反应型连结料是指连结料中的合成树脂在光、高温、电子等外界能量的激发下，能发生交联聚合反应，结膜聚合形成固化的高分子聚合物。

反应型连结料的特点是连结料不含有溶剂，不污染环境；墨膜层光泽感强、耐磨性好；有良好的耐酸、碱、溶剂性；特别是油墨在光、高温、电子等能量激发下结膜固化速度快，干燥彻底。如：紫外光干燥油墨，固化干燥时间为 0.01 ~ 1 s；高能电子束干燥油墨，固化干燥时间为 1/200 s；红外干燥油墨，是以热能来激发分子活性、引发分子交联而进行聚合反应的，固化干燥时间为 1 ~ 5 s。

反应型连结料的组成材料是：合成树脂、光引发剂、稀释剂。

合成树脂：用于反应型连结料中的合成树脂又称为光敏树脂，是低分子多官能团预聚物。常用的树脂有：环氧丙烯酸酯、聚氨酯丙烯酸酯、丙烯酸酯化油等。

光引发剂：其作用是引发光敏树脂发生聚合反应。常用的材料有：安息香乙醚、二苯甲酮等。

稀释剂：又称为活性单体。是由活性的单官能团和双官能团的不饱和的烯类低分子组成的。如：丙烯酸酯、双酚 A 二丙烯酸酯等。

四、助剂

助剂，又称附加剂或添加剂，是油墨的辅助成分。助剂的加入是为了改善和提高油墨的印刷适性。助剂有在配制油墨时的添加剂和使用油墨时加入的各种辅助剂两大类。油墨在印刷中常使用的辅助剂主要有：蜡、铝皂、干燥调整剂、稀释剂、黏度调整剂、冲淡剂、稳定剂等。

1. 蜡类

蜡类物质是油墨中重要的调整剂，用蜡可以调整油墨的流变性能，改善油墨的黏性，使油墨疏松、墨丝短；提高固着性；提高油墨的抗水性、油墨的光泽度、耐磨性和印刷性能。

含有蜡组分的油墨，印刷后的网点清晰、完整、墨层表面光滑，不易粘脏，墨层耐磨性好。

在油墨中使用的蜡的品种有如下几种：

植物蜡：可溶于矿物油，对颜料润湿性好，固着速度快，能提高油墨的润滑性。

动物蜡：具有提高光滑性、改善油墨的叠印性、克服油墨在印后的玻璃化的作用。

矿物蜡：矿物蜡中使用的是石蜡、微晶蜡。这些蜡是矿物蜡的提纯物。呈细微晶体结构，具有耐磨、光滑度好、与溶剂和油混合性好的特点，用于各种油墨。

合成蜡：使用的是聚乙烯的低分子蜡，相对分子质量为 1 000 ~ 6 000、熔点为 90 ~ 130℃，化学稳定性好，能溶于各种溶剂，与树脂相溶性好。

在使用蜡调整油墨时，要注意蜡的颗粒细度应与油墨的细度要求匹配，达到印刷时的性能要求，并在油墨转印到承印物上后能浮在墨膜表面增加耐摩擦性；同时蜡的用量要严格控制，否则将会影响油墨的墨性和印刷适性。

2. 铝皂

铝皂是油墨连结料的凝胶剂，其作用是能与连结料中的树脂的活性基团反应形成大分子团或生成螯合物，形成的网络包围了连结料的稀料部分，形成凝胶状态。连结料轻度凝胶化时表面呈增稠状态，故也称之为增稠剂。

除此之外，在配制各种印刷油墨时，还根据不同的油墨分别加入分散消泡剂、流动性调整剂、干燥性调整剂、色调调整剂等助剂。分散消泡剂的加入，能使颜料颗粒均匀地分散在连结料中，形成稳定的悬浊体系及消除成末后的泡沫等，加入的物质有表面活性剂、稳定剂、防老化剂、消泡剂等。流动性调整剂的加入是为了改善油墨的流变性能，加入的有稀释剂、增稠剂、增黏剂、减黏剂等。干燥性调整剂的加入是为了改善印刷油墨的干燥速度，加入的物质根据油墨的干燥性不同而不同，对于氧化结膜干燥的油墨，应加入催干剂与防干剂，而对于挥发性干燥的油墨，则是调整溶剂的挥发速度。色调调整剂的加入是为了提高油墨颜色的饱和度，往往是添加提色剂。

第四节　　油墨的理化性质与评价

一、密度

密度是指 20℃时，单位体积油墨的质量。用 g/cm³ 表示。油墨的密度决定于油墨中应用的原料的种类及其比例，并受外界温度的影响。油墨的密度与印刷工艺有着一定的关系。油墨的密度关系到印刷过程中油墨的用量。在相同的印刷条件下，密度大的油墨用量大于密度小的油墨。油墨的密度过大，主要是因为油墨中颜料的密度大所致。在印刷过程中，由于连结料无法带动密度过大的颜料颗粒一起转移，使颜料等固体颗粒堆积在墨辊、印版或橡皮布表面形成堆版现象。特别是在高速印刷或油墨稀度较大时，使用密度大的油墨更容易出现这种现象。

密度大的油墨与密度小的油墨混合使用时，若二者差距过大，容易产生墨色分层现象，密度小的油墨上浮，密度大的下沉，使油墨表面的颜色偏向与密度小的油墨，底部油墨的颜色则偏向于密度大的油墨。

一般情况下，印刷油墨的密度为 $1 \sim 2.25 \ \mathrm{g/cm^3}$。

二、细度

细度是指油墨中颜料、填充料等固体粉末在连结料中分散的程度，又称分散度。它表明了油墨中固体颗粒的大小及颗粒在连结料中分布的均匀程度，单位为 $\mu\mathrm{m}$。油墨的细度好表明固体粒子细微，油墨中固体粒子的分布均匀。

油墨的细度决定于连结料对颜料等固体的润湿程度及油墨搅拌、轧研等工艺处理的程度。连结料的润湿性强，颜料等固体易于被润湿时，固体颗粒容易分散，轧研后油墨的细度好。

油墨的细度关系到油墨的流变性、流动度及稳定性等印刷适性，是一项很重要的质量指标。油墨的细度差，颗粒粗，印刷中会引起堆版现象。在平版胶印和凹版中会引起起毁坏印版和刮刀的现象。而且由于颜料的分散不均匀，油墨颜色的强度不能得到充分的发挥，影响油墨的着色力及干燥后墨膜的光亮程度。

油墨的细度与网线版印刷关系密切。网线版印刷要求油墨的细度与网线线数成正比。

三、透明度

透明度是指油墨对入射光线产生折射（透射）的程度。印刷中透明度是指油墨均匀涂布成薄膜状时，能使承受物体的底色显现的程度。油墨的透明度低，不能使底色完全显现时，便会在一定程度上将底色遮盖，所以油墨的这种性能又称为遮盖力。油墨的透明度与遮盖力成反比关系，透明度用油墨完全遮盖某种底色时油墨层的厚度来表示，厚度越大，表明油墨的透明度越好，遮盖力越低。

透明度取决于油墨中颜料与连结料折射率的差值，并与颜料的分散度有关。颜料与连结料的折射率差值越小，颜料在连结料中的分散度越好，则油墨的透明度越高。

印刷对油墨透明度的要求是不一致的。某些印刷品要求油墨的透明度高，某些产品却要求油墨遮盖力强。作为底色印刷的油墨，特别是白墨，要求遮盖力较强。在普通的叠墨印刷中，要求油墨也应具有一定的遮盖力。在四色网线版印刷中，要求油墨透明度高，否则将影响三原色油墨叠印后的减色效果及色彩的表现。

油墨的透明度或遮盖力不符合印刷要求时，影响印刷后印刷品的色相，所以必须经过调整后才能应用。油墨的透明度不足时，可用有关的辅助剂进行调整，如冲淡剂、透明油等。油墨的遮盖力不足时，应选用遮盖力强的油墨或通过调整油墨颜色的方法，来弥补遮盖力差的缺陷，使印刷品的色相达到标准。

四、光泽度

光泽度是指印刷品表面的油墨干燥后，在光线照射下，向同一个方向集中反射光线的能力。光泽度高的油墨在印刷品上表现为亮度大。油墨的光泽度用镜面光泽度表示，用百分数表示，光泽度值越高，表明镜面效应越好，其光泽度也越大。

光泽度主要决定于油墨中连结料的种类及性质，油墨制造中炼制工艺的处理以及墨膜干燥后的平整程度。此外，油墨的光泽度还受多种因素的影响。如：油墨组成中颜料的性质，粒子的大小、形状及分散度的影响；油墨的透性、流平性、干燥性等性能的影响；纸张的吸墨性、平滑度、光泽度等性能的影响；印刷墨层的厚度及叠黑印刷次数的影响。

印刷对油墨光泽度的要求是不同的。书刊、报纸类的文字印刷对油墨的光泽度不作要求，因为光泽度高对人的视觉有刺激作用。各种类型的彩色印刷对光泽度的均匀性有一定的要求，以保证印刷品能够达到质量标准或印制出高质量的印刷品。

印刷品上墨膜的光泽度，对彩色印刷的复制效果有很重要的意义。光泽度高的印刷品，色彩的表现鲜艳、艺术效果好，提高印刷品的美观程度，所以在彩色印刷中将光泽度作为产品的质量标准之一。特别是精细、高级彩色印刷品，要求必须具有较高的光泽度。

五、耐光性

耐光性是指油墨在日光等照射下，颜色不发生变化的能力。油墨的耐光性表明了印刷品在光线照射下褪色或变色的程度。

油墨的耐光性主要取决于颜料。在光的作用下，颜料会发生化学反应或物理变化，使颜料的分子结构发生变化或颜料粒子的晶态发生变化，这样都会造成油墨颜色的改变，以至于完全褪色。一般来说，有机颜料的油墨耐光性高于无机颜料的油墨；油墨单位体积内颜料的含量比例越大，则油墨耐光性越好。另外连结料的种类及性能对油墨的耐光性也有一定的影响。

油墨的耐光性对印刷无影响，主要是关系到印刷品的使用过程。所以印刷本身对油墨的耐光性没有严格的要求，只是以耐光性较好为佳。对于某些用于室外的印刷品，如宣传画、标语、广告等，则应选用耐光性强的油墨。

油墨在日光照射下或多或少都会产生一定的褪变色现象，无机颜料的油墨会产生变色现象。

六、耐热性

耐热性是指油墨受热时颜色不发生变化的能力。耐热性强表明了印刷品被加热到较高的温度时，油墨不会产生变色现象。耐热性用油墨被加热后颜色不发生变化的最高温度来表示，单位为℃。

油墨的耐热性主要取决于颜料和连结料的种类及性能。有些颜料在加热时不但产生变色，甚至发生变化。如汉沙黄系的颜料受热后有升华现象出现。连结料受热后易由浅白色变为黄色，影响油墨色相。

油墨在压印时不会受到高温作用，但有些印刷品在压印后要进行加热干燥，如铁皮、软管印刷及高速多色印刷等。这些印刷对油墨的耐热性有一定的要求，如印铁油墨的耐热性要求达到160℃。耐热性差的油墨在加热干燥过程中会产生褪变色现象，影响印刷品颜色的准确性。

七、耐酸、碱、水、溶剂性

这项性能是指油墨在酸、碱、水、醇或其他溶剂的作用下，颜色及性能不发生变化能力，又称为油墨的耐化学性或耐抗性。油墨的耐化学性按照规定的标准来评定等级，分为1~5级。1级的耐化学性最差，5级最佳，其他的级别依次排列。

油墨的耐化学性是由颜料和连结料的种类及性能决定的，并与颜料和连接料结合的状态有关，与油墨的稳定性有关。

胶印油墨在印刷过程中与酸性润湿液接触，所以这一类型的油墨必须具有一定的耐酸性和耐水性。耐酸性或耐水性差的油墨在印刷过程中黏度、流动性、传递性等都会逐渐变差容易出现油墨的乳化现象或润湿液染色而产生油墨化水现象，从而导致相关的印刷故障。

　　印刷用纸都具有一定的酸碱度，这就要求印刷油墨与之相适应，具有一定的耐酸、耐碱性，这样才能保证油墨印刷后不出现褪色现象。

　　印刷品在后序工艺处理中，如压模、上亮等，要接触醇、酯等溶剂，耐溶剂性差的油墨会出现印刷品褪变色的现象，影响印刷品质量。所以应用于这类印刷品中的油墨必须具有较强的耐溶剂性。

　　许多印刷品在使用中要接触酸碱性物质，如香皂、药品的包装，书刊装订中接触糨糊等。耐化学性差的油墨在使用中会出现印刷品的褪变色现象，严重时影响印刷品的使用。

　　应用于彩色印刷中的油墨往往要进行搭配使用，耐化学性差的油墨与其他油墨混合后，会使整体油墨的耐化学性下降。所以彩色印刷要求油墨具有一定的耐化学性。

第五节　常用的印刷油墨

一、凸版印刷油墨

1. 凸版轮转印报油墨

　　凸版轮转印报油墨是用来印刷报纸、杂志等印刷周期短、发行量大的印件。凸版轮转印报油墨要求成本比较低，能够满足高速印刷的需要。印刷用纸为质量比较低的新闻纸。由于凸版轮转印刷机的转速高，因此要求凸版轮转印报油墨必须适应高速印刷的需要，流动性要很好，黏度也比较低。但是当油墨黏度太小，印刷机速度快，容易产生飞墨问题；而黏度太大，印刷时易发生纸张拉毛、掉粉等现象出现，所以对油墨的黏度要综合考虑。

　　对不同速度的印刷机，油墨的黏度有所不同。高速印刷机采用黏度比较小的油墨，为 $500 \sim 1\,300\,\text{mPa} \cdot \text{s}$；中速印刷机用油墨的黏度为 $1\,000 \sim 1\,800\,\text{mPa} \cdot \text{s}$；低速印刷机的油墨强度为 $1\,600 \sim 2\,600\,\text{mPa} \cdot \text{s}$。

　　凸版轮转印报油墨中约含有80%的矿物油这结料，它是典型的渗透干燥型油墨，靠连结料渗透到纸张纤维中实现干燥的。油墨连结料中也有少量植物油或长油醇酸树脂（5% ~10%）。连结料中的矿物油有高黏度和低黏度两种，通过调节高黏度矿物油和低黏度矿物油的用量比例，使油墨的黏度适合于特定的印刷速度，并使油墨具有适当的干燥速度，防止印品蹭脏。

　　凸版轮转印报油墨多为黑色。油墨所采用的颜料是炭黑，炭黑的含量一般在 10% ~ 15%。往往要在油墨中加入一定的补色剂，如油溶蓝、油溶紫、射光蓝及铁蓝等，起校色作用。凸版轮转印报油墨还有一些添加剂，如加入少量沥青用以改善油墨的流动性。若加入大量沥青，会有负面作用，它会使油墨具有很大的触变性，触变性太大会影响油墨的流动性能，影响轮转印刷机的墨泵将油墨从墨桶泵到墨斗中去。

2. 凸版轮转书刊油墨

凸版轮转书刊印刷机是印刷速度比凸版轮转报版印刷机慢的一种印刷机。它广泛用于印刷书籍、余志、期刊等。凸版转轮书刊油墨是以渗透干燥为主，氧化结膜干燥为辅的油墨。凸版轮转印刷主要用的是凸版印刷纸，承印物纸张内部的疏松程度变化范围比较大，要求凸版轮转书刊油墨能够适应这种情况。为了避免在印刷过程中出现蹭脏，附着不良、墨膜粉化等问题发生，常采用热固型连结料制作油墨；印刷机上安有烘烤装置，对墨膜进行烘烤，在 200 ~ 250℃的高温烘烤下墨膜能够迅速干燥。

油墨的连结料树脂应采用溶于高沸点煤油中的合成树脂，树脂的选择条件应该是在烘烤湿度（200 ~ 250℃）下能够迅速释放溶剂。油墨中高沸点煤油（馏程在 230 ~ 320℃）的含量为 40% ~ 50%，其沸点温度应该与烘烤温度相同。

3. 凸版轮转快干油墨

这种油墨是渗透干燥型油墨，常用于涂布纸的印刷，它能够在数秒至数分钟内干燥固着。连结料是树脂油型连结料，当油墨被印至纸张表面上后，连结料的一部分迅速渗入纸张，留下树脂在纸张表面上，连结料的这一快速分离过程，使得油墨能够迅速干燥固着，这使得下道工序如折页操作能顺利进行，当然油墨的最终干燥是靠它随后的氧化老化过程了。

4. 凸版轮转油墨配方

凸版轮转油墨配方如表 6 - 1 所示。

表 6 - 1　凸版轮转油墨配方

原料	印报油墨	书版油墨	组分作用
炭黑	铁蓝	碳酸钙	矿质调墨油（甲）
矿质调墨油（乙）	醇酸树脂油	机油	凝胶油
10 ~ 13 份	3 ~ 4 份	8 ~ 7 份	65 ~ 71 份
3 ~ 5 份		10 ~ 3 份	

续表 6 – 1

原料	印报油墨	书版油墨	组分作用
18%	6%	4%	11%
10%	30%	16%	5%
着色剂	色调调整剂	填充剂	矿油型连结料
矿质润湿剂	成膜，墨性连结料	墨性调整溶剂	弹性材料

轮转油墨的配方设计中，技术指标的确定要按确定印刷条件和纸张的性质作适宜的调整而原料的选择也是很广泛的，只得按具体条件去定。

二、平版印刷油墨

1. 单张纸胶印油墨

按照连接料的不同，可以把单张纸胶印墨分为两大类。

（1）油型油墨

在油型胶印油墨中含有较大比例的天然或合成干性油，如亚麻油等。这种油墨的性能不好，目前已很少采用。

（2）树脂型油墨

树脂型油墨具有流动性好、抗水性好、转移传递性好、干燥快、光泽好、网点清晰等优点。这些优点是油型油墨所无法比拟的，所以这类油墨已在胶印中处于主导地位。这类油墨通常又可分为亮光型和快干型两种。

①亮光型：连结料中含有较大比例的合成树脂和干性植物油以及高沸点烷烃油。胶印亮光油墨用在涂布纸上印刷画册等高档印品，被胶印亮光油墨印刷的印品干燥速度快，墨膜有极好的光泽。也就是说，连接料干燥后，墨膜在承印物上形成一个很好的平面，该平面能对入射光做定向反射，形成镜面效果。这类油墨连接料的成膜性能要好，油墨中各固体组分（颜料，填料等）不能影响连接料成膜的镜面效果，要尽可能减少油墨中固体组分的含量。颜料的着色力应该尽可能大，颜料颗粒要尽可能小，透明性也要尽可能好，固体组分在连结料中的润湿性也要非常好，以便能很好的分散在连结料中并保持不絮凝状态。亮光型油墨中所用的树脂类型很多，醇酸树脂就是常用的连结料，如果用改性酚醛树脂其光泽度也比较高。亮光型油墨通常用于吸收性较差的纸张，如经过压光的涂布纸等，若印在吸收性好的纸张上，其光泽可能不会令人满意。

②快干型：连结料中含有较多的矿物油（脂肪烃）和较少的植物油，以保证其具有较好的固着性能。通常脂肪烃溶剂的含量能高达15%～25%，脂

肪烃溶剂除了有减黏作用外，也是决定油墨能否快干的一个主要因素。这类油墨的特点是干燥速度快，在多色胶印机上印刷时，能防止套色时串色，减少印品蹭脏现象的发生，提高印品质量。

③渗透干燥型油墨：由可溶性树脂，碳氢化合物的油和溶剂，干性及半干性油组成。

④辐射固化型：这是个精细的交联固化系统，由紫外线、红外线或电子束进行固化。为了得到理想的印刷效果，除了连结料及其混合物外，在油墨中还应含有助剂、干燥机等。

2. 轮转胶印油墨

（1）渗透干燥型

由于轮转胶印机的印刷速度很快，印刷过程中对油墨的首要要求就是干燥速度要快。渗透型轮转胶印墨正是为了适应这种要求而设计的。这种油墨的固着方式是渗透干燥为主，虽然其组分与单张纸胶印油墨相似，但组分中树脂含量较低，脂肪烃溶剂含量较高。其流变性能也应该适应高速印刷的要求，流动性很好，能够用泵输送。由于印刷用的纸张质量较差，为防止纸张起毛，其黏性应该比较低。树脂的熔点不能太高，以减少其对油墨流变性能的影响。在黑墨中可以采用沥青作为连接料、降低成本，改善流变性能。

（2）热固型

热固型胶印轮转墨指的是在轮转胶印机印刷装置的后半部增加了加热干燥装置，在干燥装置中油墨中的溶剂很快挥发，使得墨膜迅速干燥。这种油墨通常被用于印刷吸收性比较差的高档纸张（如涂布纸等），以使其干得快一些。这类油墨的组分类似于快干型油墨，只是干性油的含量更少一些，石油系溶剂的含量更高一些。并且应该选择沸点比较低的溶剂，溶剂馏程范围也要窄一些。

（3）辐射固化型

连结料有精细的交连固化系统，由紫外线、红外线或电子束进行固化。轮转新闻墨用的更多的是非热固性油墨。它是将炭黑分散在矿物油中，加入合适的助剂使之满足印刷适性。热固性油墨含有热固性连结料，它们都是低黏度油墨（在 $t = 25\,℃$ 时为 $2.5 \sim 5\ \mathrm{Pa \cdot s}$），胶印过程中有润版液存在，所以胶印墨都是用不溶性颜料作为色料的，以避免被串色，同样油墨在印刷过程中被适当乳化，胶印过程的墨膜很薄。

三、凹版印刷油墨

凹版油墨大多是挥发干燥型油墨，连结料是由固体树脂和大量挥发性溶剂构成，黏度很低。固体树脂溶解在溶剂后，将颜料均匀分散在连结料中，油墨被印至承印物后，溶剂迅速挥发干燥结膜。在具有加热干燥装置的印刷机中，溶剂能迅速挥发干燥，所以可以对非吸收性承印物进行印刷（如塑料薄膜等等）。

在凹版印刷方法中，印版与承印物直接接触，上墨时不用匀墨装置，没有匀墨胶辊，这使得油墨中的溶剂可以有一个很大范围的选择，这些强溶剂可以溶解范围很宽的成膜剂作为连接料。由于承印物材料的不同，印品最终用途的不同、对油墨的要求也大不相同，油墨的配方也大不一样。

生产凹版油墨应该满足以下条件：具有鲜明的色调，高的饱和度，好的透明性或不透明性；印刷适性要有好的流平性、转移性、黏附性以及适当的黏稠度；要有合适的干燥速度，以适应套印、堆积等作业的需要；要有好的柔韧性、耐摩擦、耐热、耐溶剂、耐加工等性能。

除了以上条件外，还需要满足不同印品对油墨的不同需求：如有的要求附着力好；有的要求耐加工；有的要求耐油、耐蜡；有的要求低毒、微毒或无毒，或诸因素兼顾。

由于油墨中含有大量有机溶剂，而大部分有机溶剂易燃，其蒸气对人体有害，因此印刷车间应该注意通风和火灾预防。

凹印油墨的黏度很低，并且有大量挥发性的有机溶剂，生产凹印油墨一般用球磨机或砂磨机研磨以减少溶剂挥发。

随着国家环保法律和法规的不断健全，挥发性溶剂的大量使用将受到越来越严格的控制。现在的趋势是选择几种能溶于水的有机溶剂来生产凹印油墨或干脆采用水苯油墨。水基油墨与传统油墨区别很大，目前被用于纸张、纸板或某些薄膜和金屑箔的印刷。水基油墨用的连结料通常是乳液或树脂的氨水溶液，这些树脂包括丙烯酸树脂、马来酸树脂和蛋白质树脂。

由于凹版印刷的诸多优点，不仅出版行业使用凹版印刷，包装装潢、工业材料印刷等也都采用了凹版印刷。目前，我国的凹版印刷生产线有200多条。

凹版印刷承印物的品种随着越来越多行业的使用而增加了很多，各种纸张（包括纸张、卡纸、纸板），金屑箔（铝箔），塑料（聚乙烯、聚丙烯、聚酯、尼龙、聚苯乙烯等）和玻璃纸，建筑装饰板都可以用凹版进行印刷。

1. 照相凹印油墨

照相凹印油墨是挥发干燥型油墨。照相凹印印刷给墨时、其图文部分上油墨的擦去是利用刮刀进行的（即用一根刮刀将印版滚筒平面上的油墨刮掉）。

照相凹印油墨作成挥发干燥型的原因有以下两方面：一是由于凹印机速度快，一般都在 5 000 r/h 或 5 000 ～ 6 000 r/h（轮转）；其次是凹版印刷的墨膜厚。胶版印刷墨膜一般为 4 μm，凹版印刷墨膜厚度一般为 9 ～ 20 μm。这样厚的墨膜，单靠氧化结膜，肯定是无法达到快干的。因此照相凹版油墨必须是挥发干燥性的油墨。

照相凹印油墨是一种很稀的流体，在凹版印刷过程中，印版与承印物直接接触，油墨传递不像胶印和铅印有窜动、调和油墨的系列装置。凹印油墨要靠本身的流动性、黏附性，填充、涂布于凹版网纹中，只有较低黏度即较稀薄的体系，才能具有这样的性质。如果黏度太大，则难以填入凹纹，刮刀难以刮去非图文部分上的油墨；但是如果黏度过小，由压印所造成油墨网点的变形就会使图案再现性欠佳。

照相凹印油墨的黏度通常在 0.02 ～ 0.03 Pa·s，如上所述，黏度是否合适。不单单为了保证油墨具有良好的传递性能，得到优良的印品质量；而且能够决定油墨的转移率，黏度愈大，油墨转移率有所下降。

影响照相凹印油墨强度的因素如下。①树脂溶液黏度大小。如果一定量树脂和溶剂的溶液黏度小，油墨黏度也小；反之则大。②颜料与连结料的匹配性。如果颜料与连结料不发生凝结性反应，则体系黏度比较小；反之则大。③溶剂和树脂的混溶性及相溶性。如果溶剂能以任何比例稀释分散树脂，黏度随溶剂含量增大有规律的减小。

印刷过程要求照相凹印油墨的流动性很好，但是由于油墨要有一定的颜色浓度，颜料含量不可能太低，油墨中颜料含量达到一定程度后，便变成塑性流体，流动性很差。因此颜色浓度与流动性是个矛盾，只能在二者之间找到平衡点。但是选择颜料时，应该选择在溶剂中润湿性很好的颜料，以提高油墨的流动性。照相凹印油墨属挥发干燥型。所谓挥发，就是液体分子能量达到脱离液体分子间吸引力的程度，使液体分子逸出到空气中的过程。挥发干燥就是利用液体的这种特性，使湿墨膜内的溶剂逸出，墨膜从液态变为凝固于结态。凹印油墨一经印刷之后，就要求油墨膜层内的溶剂在瞬间从体系内逸出，使印品图纹干燥，才能进行下道工艺。

干燥性（简称干性）是凹印油墨的重要特征，凹印油墨干燥性快慢，主要依赖于溶剂的性能。而干燥对印刷的调子，印后堆积，印物气味均有决定性影响。干燥过快时经刮拭残留于印版凹部中的薄油墨，在到达承印物的短时间内，溶剂挥发过度，黏度上升，合影响油墨转移性，产生高光部分欠墨，暗调部分油墨流散不良，甚至造成糊版。同时，叠色印刷中会产生剥膜现象，干燥速度过慢时，虽然转移性不会发生问题，但后工序无法进行，套印也难进行。

2. 雕刻凹印油墨

用雕刻凹版进行印刷的方法称为雕刻凹版印刷。雕刻凹版的制作方法有两种：一是用手工成机械直接雕刻制作；二是在涂有耐酸抗腐蚀剂的金属版表面上，用手工或机械方法雕刻凹版。印刷过程：在印版表面涂布油墨，油墨被挤入着墨孔中，再用布、纸或溶剂擦去印版空白部分的油墨，再引入承印物，对其施压印刷，油墨便被转移到承印物上。雕刻凹印油墨基本上依靠氧化结膜干燥的。

雕刻凹印的着墨孔比照相凹印的网穴大而且深，油墨不是被注入而是被挤进去的。所以，雕刻凹印印刷对油墨的要求与照相凹印油墨不同，雕刻凹印油墨的黏度为 500～800 Pa·s。对雕刻凹印油墨的流变性质的要求是：稠厚而黏、硬立而短。即要求油墨的黏度较高、屈服值比较大、不带油腻性，还要有一定的凝聚力和附着力，以保证油墨顺利转移。油墨的连结料可采用干性油如亚麻油、合成干性油；树脂如聚合松香、季戊四醇等；填料可用硫酸钡、硫酸铝、高岭土等；还加入少许聚乙烯蜡以防止印品蹭脏，也可以加入一些干燥剂等助剂。

四、孔版印刷油墨

丝网油墨的干燥方式有以下几种：挥发干燥型、氧化聚合型、渗透干燥型、双组分反应型、紫外线干燥型等。油墨还应具有好的遮盖性、叠印性、鲜艳的颜色、光泽度好等特点。

耐抗性能对丝网油墨来说很重要，因为很多丝网印刷品要求耐光，耐摩擦性能好。否则会影响印品的使用效果，特别像用于商业性质的印刷品，如广告、招贴等。

丝网油墨在丝网框中的稳定性与印刷后的干燥速度是一对矛盾。因为在印刷过程中，油墨会因溶剂挥发过多而改变丝网框中剩余油墨的黏度和流动性，甚至堵塞网孔发生印刷故障；又因为孔版印刷印出的墨膜比较厚，如果溶剂挥发速度太慢，会造成墨膜干燥时间很长。这要求在溶剂的选择方面有所考虑，既要迅速挥发又不能在丝网上挥发过快，达到某种平衡。这是研制孔版印刷油墨时的难点，又是很重要的一点。

因此在研制丝网油墨时有以下几个条件必须加以考虑：

①油墨在印版上不应干燥结膜，而当印刷到承印物表面时，无论属于哪一种干燥类型，都要求能迅速固着干燥；

②油墨在承印物表面形成的图纹，干燥后的印迹要有较好的附着牢度；

③油墨应具有松、短、软、薄、滑的特性，保证油墨在印版上容易涂布均匀，在受力小的条件下易于过网，要求印品图案清晰，没有粘脏现象。

④油墨在印版上进行涂布时，要有一定的稳定性，即油墨的黏性、黏度、稠度不能受涂布时间长短酌影响发生变化。以保证印品质量的一致性和印刷的顺利进行。

⑤要保证一定的色调浓度。

⑥印刷结束后，印版上的油墨应便于清洗干净。以保证印版的有效使用。

丝网印刷是使用压力使油墨从丝网印版上的网孔中通过转移到承印物表面的印刷方法，可印刷各种材料。由于丝网的大小、弯曲不受限制。对各种纤维物、纸箱包装标志，电子工业的线路板、航标、皮革、家具、日用工艺品、陶瓷等都能进行印刷。这就促使丝网油墨的新品种和新花色不断涌现，使丝网油墨不论在品种上和花色上都成为四大版型中最复杂的一类。

将丝网油墨进行分类的方法很多：根据承印初的种类不同，有用于塑料、金属、纸张、纺织品、玻璃等不同承印物的各种油墨；根据连结料种类分，有水基型和溶剂基型；根据干燥种类分，有挥发干燥性、氧化聚合型、渗透干燥型、双组分反应型、紫外线干燥型等几种；还可以根据油墨所具有的不同的物理化学性质进行分类，即所谓的功能性油墨分类。

根据承印物材料分类，有聚氯乙烯用油墨、聚苯乙烯用油墨、聚乙烯用油墨、聚丙烯用油墨等。除用于印刷聚乙烯、聚丙烯的油墨，这类油墨大多是挥发干燥型油墨，采用环化橡胶、聚酰胺、丙烯酸、氯乙烯等作为连结料。聚乙烯和聚丙烯等材料的表面自由能小，印刷时最因难的是油墨与塑料表面的附着力问题，一般都需对塑料表面经过电晕放电等前处理，才能在某种程度上解决这个问题。

塑料用油墨的干燥形式还有氧化聚合型，使用醇酸树脂作油墨连结料，干燥时间比较长，加热可缩短干燥时间，但是附着力、耐溶剂性、墨膜强度等性质较差；双组分反应型，使用环氧树脂、脲醛和三聚氰胺树脂，添加硬化剂，在80～100℃的条件下加热硬化，所需时间较短，其中环氧树脂类油墨的硬化温度要高一些，硬化时间要长一些、但薄膜硬度和各种耐抗性能应较好。

其承印材料有不锈钢、铁、铝等。除不锈钢外，大多数金属都先涂布有丙烯酸或三聚氰胺等物质，或经表面电镀后再进行印刷。因此，金属印刷也就分为两种形式，一种在涂布面上印刷；另一种在金属上直接印刷。对油墨的要求主要是附着性、墨膜硬度、耐冲击性、耐溶剂性、耐化学药品性、耐油脂性、耐水性、耐洗涤性等。按干燥持性可分为：挥发干燥型，使用环化橡胶、酚醛树脂、丙烯酸树脂等作为油墨连结料，墨膜硬度和耐溶剂性较好；氧化聚合型，使用醇酸树脂为连结料，添加一定的金屑干燥剂，常温下数小时干燥，墨膜柔软，经加热可提高硬度；双组分反应型，使用环氧树脂、脲醛树脂、三聚氰胺树脂等作为油墨连结料，其黏着力、墨膜硬度和耐抗性比较好。

纸张用油墨中有油基油墨、水基油墨、高光型油墨、半亮光型油墨、挥发干燥型油墨、自然干燥型油墨、涂料纸型油墨、塑料合成纸型油墨、板纸纸箱型油墨等。纸张用油墨中挥发干燥型占大部分，是以石油类、纤维素类、氮乙烯、聚酰胺、丙烯酸、环氧树脂等作连结料的油墨，对耐光性有要求的油墨采用纤维素类和松香醇树脂为连结料。干燥方式根据溶剂的种类有自然干燥和加热干操两类。其他油墨也可用于纸张印刷，有的印刷品要求有较厚的墨层，这时可选用金属印刷用油墨或选择氧化聚合型油墨。现在纸张的种类很多，丝网印刷用纸张多为有涂布层的涂料纸或覆上塑料的壁纸等，这些纸张表面都是非吸收性材料，可看成与塑料相当的承印物材料。

这种油墨是用于生产印刷线路板的、印刷后要进行腐蚀、电镀、电焊等加工，要求油墨或能耐酸碱等腐蚀，或能耐熔焊等操作，或具有导电性，有些油墨在加工后需除去，如电镀抗蚀墨等，有些则加工后不除去，如电焊抗蚀墨等。这些油墨还应具备图像再现性好、印刷适性好、油墨附着性能好、颜色与承印材料的颜色相差大用以发现印刷差错、能用有机溶剂或碱液去除、油墨中不应含有能溶解丝网的溶剂等性能。其他丝网印刷油墨包括：木材用油墨，有水基墨、油基墨；印刷皮革专用油墨；玻璃器皿用油墨、玻璃蚀刻油墨、陶瓷器皿用油墨等。

五、特种印刷油墨

1. 红外线干燥油墨

红外线干燥油墨是能吸收一定波长红外线辐射而使自身不饱合碳链产生交联作用而形成加成聚合物的油墨，因此，油墨所采用的组分的吸收特性必须和红外线灯具发射的红外线能量的波长相匹配，这时能量传递才最为有效。红外线干燥油墨含有胶体鳌合连结料，在红外线辐射下连结料能促使油墨溶剂的迅速释放，溶剂或者渗透到承印物材料或者从墨膜表而挥发，使油墨迅速固着。

红外线干操油墨中鳌合剂的种类会影响油墨释放溶剂的速度，如果树脂中存在氨基基团（如三聚氰胺树脂），其整合性能会有很大改观。使用四官能团的季戊四醇代替三官能团的甘油应用于干性油和树脂中也可使热聚合速率大大增加。

普通平印油墨也能在红外线辐射下很好地干燥，但如果选择好油墨组分，可以在很窄的红外线波长下迅速干燥。

2. 紫外线干燥油墨

紫外线干燥油墨（UV 固化油墨）指在一定波长的紫外光光线照射下，油墨内的连结料发生交联反应，从液态转变成固态完成固化的油墨。

紫外线干燥油墨最近有了长足的发展，这类油墨的固化时间短；干燥过程无需喷粉；适于直接翻转印刷、直接装订加工（包括裁切、折页等）；省去烘箱等设备及能源消耗；印品的各种耐抗性能好；干燥后墨膜结实；油墨中无溶剂，不会污染大气；印品几乎无臭；油墨在印刷机上的性质稳定；可在廉价纸张上印刷；也可以在非吸收性材料（如铁皮）上印刷；并省去庞大的烘烤设备；这样，从高速印刷、环境保护及能源等方面来考虑，紫外线干燥油墨均优于其他油墨。但在实际应用中紫外线干燥油墨还存在一些问题，如紫外线辐照会产生臭氧；紫外线发生部分会有少量 X 射线以及油墨内一些组分均对人体有害；干燥设备需要一定的投资；油墨成本也比较高。尽管如此，因此油墨行业对它做了许多研究工作，使其得到迅速发展。

由于紫外线干燥油墨的强度比较大，固体含量较高，适用于平板印刷和丝网印刷，而且其在干燥之前颜料与连结料的比率与普通油墨相仿，因此最先在平板印刷得到应用。紫外线干燥油墨是无浴剂的，不会产生国溶剂探发而产生网眼堵塞的印刷故障，丝网印版印出的 25～30 μm 厚的墨膜在紫外线照射下也能迅速固化，所以也在丝网印刷中很快得到了应用。水基紫外线固化油墨出现后，解决了早期无溶剂紫外线固化油墨无法在凹版印刷和柔性版印刷中应用的一些技术问题，从而在大部分印刷方式中都得到了应用。同时也能在纸、塑料、金属、玻璃、陶瓷等各种承印物上印刷。

3. 电子束固化油墨

电子束能量比紫外线高，电子束对颜料及填料等固体成分有很强的穿透力，不会出现紫外线固化油墨被颜料或填料阻碍及吸收的情况，墨膜内部的干燥不会受影响；因此电子束固化油墨不必像紫外线干燥油墨那样要加入光引发剂或光敏剂，其他成分则与紫外线干燥油墨相似。

4. 荧光油墨

荧光油墨是在可见光或者紫外线照射后能够发出荧光的一种油墨。荧光油墨是将荧光染料，溶于尿素树脂、三聚氰胺树脂、三氮杂苯类树脂等树脂后制得的。荧光油墨颜料的浓度可以高些，印刷上的墨膜厚度也应该尽可能厚些，荧光效果才会更好，并弥补耐抗性差的弱点。荧光油墨印的印品具有色彩鲜艳、效果甚佳的优点。但是它的耐光性能不好，不能够长期放置于室外阳光的照射下（如广告等）；为提高荧光油墨的效果，最好在白度高的纸上进行印刷；印刷色序也是很重要的问题；不宜使用干燥剂；最好不加罩光油或用透明度较好的亮油；不宜与别的油墨混合使用，因此印刷前要把墨辊洗净。凸版印刷、丝网印刷常用这种荧光油墨。荧光油墨用于底色时，如能用同类色进行印刷，颜色饱和度可提高，耐光性也有所改善；用于印刷四色彩色印品时，如用于红、黄版，可得到明亮的印刷品。

复习思考题

1. 油墨的组成及各组成成分的功能分别是什么？
2. 掌握颜料的各种理化性能。
3. 颜料与染料有何异同？
4. 有机颜料可分为哪几类？它们之间有何不同？
5. 填充料的作用（或用途）是什么？
6. 作为连结料须具备哪些基本特性？
7. 连结料的理化特性（酸值、碘值、软化点）。
8. 各种连结料的性能与结构特点。
9. 常用连结料的组成、性质与功能分别是什么？
10. 各种辅助剂的种类与功能分别是什么？

第七章　油墨的流变特性及适性

第一节　概　述

油墨的流变特性是对油墨在印刷机上及承印物表面行为的一种全方位的、深入的描述。它揭示了油墨在印刷过程中的行为和造成这种行为的原因。流变学是研究具有固－液双重形态物质力学行为的学科。油墨具有固体、液体两种特征，在印刷过程中，要发生种种变形及相应的流动和断裂行为。油墨流变学即是对油墨的变形流动、断裂过程进行研究，以期控制油墨的行为，预测油墨的印刷质量。油墨在印刷过程中的流变特性与油墨的印刷适性密切相关。油墨的印刷适性可以分为运行适性和质量适性。所谓运行适性，是要求油墨具有适应印刷机的要求，使印刷得以顺利完成；所谓质量适性是如何使油墨获得最佳的印刷效果。油墨在印刷过程中要经历从墨槽到墨斗，从墨斗到墨辊，从墨辊到印版（橡皮布），从印版（橡皮布）到承印物以及在承印物表面固着等一系列过程，在整个印刷过程中，油墨主要有二种行为：其一是油墨在剪切应力作用下作黏性流动，产生变形，这时油墨呈液体行为，即表现为黏滞性流动特征；其二是在非常短暂的近于冲击力的作用下，油墨产生的变形及断裂，这时，油墨的弹性效应不可忽视。呈现固－液双重行为，即黏弹性断裂特征。

油墨能否在印刷机上很好的传递与分配，印刷品的复制质量与印刷过程中会不会出现诸如不下墨、飞墨、堆辊、堆版、网点变形、印迹暗淡无光等问题，这些都与油墨的主要性质流变性有关。现代印刷油墨要在几秒钟时间内受到很大的拉伸、挤压和破碎等作用，最后转移至承印物上而固着、干燥。胶印油墨只有具有合适的流变性，才能在印刷机上顺利的传递、转移、分配，抵达印版，直至最后转移到承印物表面而完成印刷。

因此，研究油墨的流变性质是保证正确体现油墨质量的关键问题。在油墨工业中，对油墨流变性质的研究主要是探讨牛顿流体、塑性流体的流变性，主要内容有油墨的黏度、黏着性、屈服值、触变性、拉丝性、流动性等。这些性能也是胶印油墨质量技术指标和有关参数中的重要方面，以下分别探讨这些性能的基本概念与印刷的关系及检测方法。

第二节　油墨的流变性

一、油墨的流变性与印刷适性

油墨在印刷机的墨斗中经不同的途径涂刷在印版上，最后转移到承印物表面。在这样的过程中，油墨的流变性质对油墨的延展、涂刷和转移有很大的影响。这就要求所用油墨的流变性质适应于所采用的印刷方式和承印物的性能。

1. 油墨在印刷机中的行程

油墨在印刷机上的行为，随印刷方式的不同而不同，主要是着墨状态的不同。现以平版胶印为例来说明油墨在印刷机上的行为状态及其流变性。平版胶印的输墨系统是由墨斗、匀墨装置、着墨辊和压印装置等组成的。油墨在这几个阶段中所受到的作用力有所不同，要形成良好的传递和转移，油墨的流变性能就必须与其适应，否则将难以实现较为理想的传递和转移，印刷无法顺利进行。上述几个阶段可归纳为三个部分来讨论油墨在印刷机上的行为及变化。

(1) 油墨在墨斗中的变化

墨斗中的油墨，是靠墨斗辊的转动把墨斗辊与墨刀间的缝隙带出来输向匀墨装置的。然而在印刷过程中，墨斗辊采用间歇式的转动，油墨在墨斗中只受到间歇式的一定弧度的切应力和切变速率的作用，如果油墨的流变性差，就很可能产生堵墨或不下墨的现象。一般来讲，油墨过硬、屈服值过大或触变性过大，其流变性都很差，容易造成堵墨或不下墨现象。当然油墨的屈服值很大，黏度也较大时，不太会发生堵墨现象，这是因为油墨对金属墨斗辊的附着力和黏着力强，以及油墨自身凝聚力大的缘故。然而对于平版胶印，为保证油墨的印刷适性和印刷效果，油墨必须具有一定的屈服值和触变性，同时还应保持相应的黏度。这就要求在印刷的过程中，经常搅拌墨斗中的油墨以破坏起触变性。最理想的方法是在墨斗中安装一个油墨搅拌器，使墨斗中的油墨不易恢复原来的结构，具有良好的流变性，只有油墨具有良好的流变性，油墨在墨斗中的下墨才能得到保证。

（2）油墨在墨辊间的传递与转移

油墨间歇地从墨斗里输出，由于传墨辊的摆动将其传递到匀墨装置上，在数根墨辊间传递与转移，最后在着墨辊上被均匀地转移成厚为数微米的墨层。在整个过程中，油墨要在接触辊子间受到较大的压力和剪切力的作用。在两辊接触和分离时，油墨又受到拉伸力的作用，使油墨不仅能从一个辊子转移到另一个辊子上，并且还使油墨扩展、匀布，大颗粒分散成小颗粒，形成均匀墨层。

在这一过程中，要使油墨达到匀墨和转移两个目的，油墨自身的性能也至关重要。黏度、屈服值过大的油墨，或者屈服值过大、黏度过小的油墨，也不能很好地扩展和转移，当然，丝头过长的油墨，虽然能在两辊间扩展和转移，但易产生所谓的飞墨现象。也就是说，在一定的接触压力和转动速度下，应该用性能与之相适应的油墨，包括流变性、黏着性和丝头长度等。

（3）油墨的转移

油墨经匀墨装置的扩展、匀布后，被着墨辊向印版转移，再从印版向橡皮布转移，最后再从橡皮布向承印物转移。在整个过程中，油墨先是受到压力的作用，后是受到拉伸力的作用。转移的好坏取决于油墨的转移率和转移效果。转移率是指被转移体上的油墨量与转移体上的油墨量的比率，转移率的高低可用油墨转移方程来讨论。转移效果是指油墨在承印物上的再现性和其他的印刷故障，如飞墨、剥皮和掉粉、掉毛等。

油墨在印刷过程中转移的好坏，不仅与所用油墨的黏性流动即流变特性有关，而且与油墨的弹性行为有关。通常屈服值过大黏度也大的油墨，在印刷过程中的转移性就很差，即使黏度不大，如果屈服值过大，其转移性也不佳；当然油墨的丝头过长或过短均不利于油墨的转移。

另外，从油墨的转移效果来看，由于在辊与辊之间的接触时，油墨受一定的压力作用，特别是在压印瞬间受到的压力更大，为了使印版上的图像和文字在承印物上具有良好的再现性，对所用油墨的流变特性有一定的要求，即油墨的塑性黏度、屈服值和触变性等必须适合于压印力和压印时间的要求。同时，还应适于承印物的性能。

2. 油墨的流变性的决定因素

油墨的流变性主要决定于油墨的结构及连结料的种类、性能及工艺处理。因使用于油墨中的连结料及溶剂的黏度、流动性等差别很大，制成油墨后也就具有不同的流变性。如树脂的黏度较高，胶印树脂油墨一般都具有塑性流体的流变特性。有机溶剂因其黏度极低，流动性强，制成油墨后一般属于牛顿流体的范围，具有牛顿流体的流变特性。

油墨的流变性还与颜料等固体材料的种类，性能及使用比例有关。当颜料等固体颗粒加入连结料后，随着使用比例的增加或固体颗粒在性能上的差别，使油墨中阻碍流体流动的力也有所变化，这就使油墨具有了不同的流变性。一般来说，油墨中颜料的含量比例大，吸油性较高，油墨具有塑性流体的特性。

油墨的流变性与印刷作业密切相关。在印刷过程中，流变性关系到油墨在各种印刷作用力作用下的传递、转移、均匀分布以及在承印物表面的流平性等；关系到油墨是否能够适应印刷工艺及印刷机械的要求。油墨的流变性不符合印刷作业的要求，印刷就不能顺利进行。所以不同类型的印刷都要根据各自的要求选择流变性适当的油墨，或使用辅助剂对油墨的流变性进行调整后方可使用。

二、油墨的黏度与印刷适性

1. 油墨的黏度

黏度是指油墨流体分子相互作用所产生的阻碍其分子间相对运动的能力的量度。它表现了油墨阻止流体流动的一种性质及油墨自身抗拒流动的程度。实质是油墨内聚力（油墨分子间的结合力）强弱的表现。油墨的黏度较高时，油墨流体的内聚力大，油墨的流动性和流动度小。

2. 油墨黏度与印刷的关系

黏度是表明油墨流变性的一项重要指标。油墨的黏度不适应印刷作业的要求或印刷中对油墨的黏度控制不当，都会对印刷带来多种故障。

油墨的黏度过大时，黏性大、拉丝性强。油墨转移过程中，在墨辊之间分裂时丝头过长，断裂的丝头末端很容易形成自由墨滴分散到空中，形成印刷中的飞墨现象。

油墨的黏度过大很容易引起纸张的脱粉、拉毛或分层剥离现象。这是由于油墨的黏着力在一定的印刷条件下超过了纸张的表面强度所致。这种现象在印刷用纸的结构疏松、表面强度不高时更明显。

油墨在墨辊之间进行传递和转移时，黏度过大会使油墨转移发生困难，黏度过大将导致油墨的分布不均匀，转移到印版及印刷品上的墨量不足，墨色不匀，出现印刷品图文基础裸露的现象。

油墨的黏度过大对印刷工艺还会产生一些其他影响，如印刷过程中油墨的用量增大，印刷品墨层过厚，干燥速度放慢，易出现印刷品背面粘脏或粘连现象。在平板纸印刷中还易产生纸张被卷入墨辊中的现象。

　　油墨的黏度过小，流动度增大，外观上表现为油墨的稀度大。平版胶印中容易产生油墨乳化现象，造成印刷品上脏。

　　黏度过小的油墨在纸张上易产生铺展现象，造成印迹面积扩大，清晰度下降。而且降低了印迹干燥结膜后与承印物表面结合的牢固程度及印迹的光泽度。

　　油墨的黏度太小时往往不能带动油墨中颗粒较大的颜料一起转移，使这些颜料颗粒逐渐沉积在墨辊、橡皮布或印版上，造成堆版现象。

　　为了保证油墨的黏度与印刷作业相适应，印刷中要对油墨的黏度进行选择并适当调整。黏度的调整使用油墨辅助进行。调整油墨的黏度时，要根据印刷工艺的要求、印刷机械的速度、纸张的性质、工作环境的温度等方面因素综合进行。

第三节　　油墨的触变性

一、概述

　　我们已经知道，假塑性流体的表观黏度随切应力的增大而减小，胀流型流体的表观黏度随切应力的增大而增大。这里，表观黏度都对切应力和切变速率具有依赖性。但是，当切应力保持恒定时，切变速率也保持恒定，表观黏度是个常数，并不随时间而变化。前面讨论过的流体，我们都假定它们具有这样的性质，即它们的流变特性都与时间无关，因而它们的流变方程中并不显含时间因子。这样的流体模型，叫非依时性流体。它们的流变特性只需用 $\tau = f(D)$ 的关系式来描述，切应力 τ 和切变速率 D 是一一对应的。

　　可是有些流体却不是这样，它们的流变特性与时间相关，因而流变方程中含有时间因子，τ、D 间不再是一一对应的关系，这样的流体模型，叫依时性流体。

　　依时性流体可以分两类：在温度保持恒定的条件下，如果切变速率保持恒定时，切应力和表观黏度随时间延长而减小，这样的流体叫触变性流体，在温度保持恒定的条件下，如果切变速率保持恒定时，切应力和表观黏度随时间延长而增大，这样的流体叫震凝性流体。触变性流体在周期性搅动的持续作用下，表观黏度会下降——变稀，震凝性流体在有节奏振动的持续作用下，表观黏度会上升——变稠，而且，在外界的机械作用停止后，经过相当长的时间，又都能恢复到初始的状态。所以，触变过程和震凝过程都是等温下的可逆过程。

流体的触变性和假塑性、震凝性和胀流性、有本质上的不同。假塑性和胀流性，表明流体的切应力对于切变速率的依赖关系；而触变性和震凝性，表明在恒定的切变速率下，切应力对于时间的依赖关系。触变性流体都具有假塑性，震凝性流体都具有胀流性。但是，假塑性流体却不一定是触变性的，胀流型流体也不一定是震凝性的。

胶印油墨是较为典型的触变性流体，油漆、牙膏、泥浆都具有明显的触变性。震凝流体比较少见，可以举出碱性的丁腈橡胶的乳胶悬浮液为例，流体的震凝性在工程上也没有触变性那么重要。在以后讨论中，我们约定：如果流体在恒定的切变速率的持续作用下，表观黏度下降得明显，我们就说这种流体的触变性大；反之，如果流体在恒定的切变速率的持续作用下，表观黏度下降得并不明显，我们就说这种流体的触变性小。

油墨的触变性对于印刷工艺有很重要的意义。在给墨过程中，如果油墨的触变性较大，那么油墨在发生触变现象之前黏度可能很大，这是在墨斗中形成"堵墨"现象的原因之一。有的印刷机上装有搅墨装置，用以使油墨发生触变现象，降低油墨的表观黏度，从而使油墨顺畅地从墨斗传递出去，进入分配行程。在分配行程中，油墨在很多高速旋转的墨辊间延展和传递，把油墨充分地均匀化，再转移到印版上去。如果油墨的触变性较大，那么，在分配行程中，油墨的表观黏度会明显地下降，这对油墨的均匀化和转移传递是有好处的。油墨从印版上转移到承印物上的过程叫做转移行程。进入转移行程的油墨，是表观黏度因触变作用而下降了的，油墨转移到承印物上以后，外界的机械作用没有了，表现黏度重又回升，保证了油墨不向四周流溢，使网点清晰，印品的墨色鲜明而浓重。由此看来，某些印刷过程是利用了油墨的触变特性才得以实现的。

有关油墨触变性产生的机理、表征方法、实验测定的研究，早已受到普遍的重视。但是，现在人们对油墨触变性的认识还远不够。

二、触变性产生的原因

一般地说，触变现象是体系的结构破坏和形成之间的一种等温可逆转换过程，而这种过程及其转换中的体系的机械强度，又明显地依赖于时间。所以，一般体系的触变现象，都可以看成是恒温条件下凝胶状态和溶胶状态相互转化的表现；而且，从凝胶状态转化到溶胶状态，机械作用要持续一定的时间；从溶胶状态恢复到凝胶状态，在机械作用停止后，也需要经过一定的时间。油墨的触变现象也是如此。

对于油墨触变现象产生的机理，有下述三种解释。

胶印油墨常可看作是宾哈姆流体。宾哈姆流体的特征是：切应力低于屈服值时，流体不发生流动；切应力大于屈服值时，切变速率与切应力成正比，或者说塑性黏度保持常值。宾哈姆流体的结构模型，可以看作是由无数相互间有牵引力作用的粒子所组成的体系，这种粒子之间的牵引力作用，形成了抵抗外力破坏，保持体系结构状态稳定的能力，这种能力在数量上的描述，就是屈服值。如果外部切应力超过体系的屈服值，牵引力作用不足以维持体系结构状态的稳定，结构便会遭到破坏。结构破坏的微观表现，就是相互间的滑移，而表观黏度就是表征体系的滑移或流动程度的物理量。另一方面，体系的破坏程度不仅与外部切应力的大小有关，而且与切应力的作用时间有关，这就是油墨在一定的切应力作用下，经过较长的时间，表观黏度有所下降的原因。如果此后外部切应力消失，遭到破坏的结构在粒子间牵引力的作用下又趋恢复，表观黏度会重新增加。这是解释油墨触变性机理的一种理论。

其次，按胶体化学的观点，油墨是由作为分散相的颜料分散在作为连续介质的连结料中所形成的分散体系。因为象胶印油墨之类的油墨，连结料中含有一定数量的极性介质，在表面活性剂加入后，连结料的极性还会有所增加，所以，与油墨中颜料粒子相接触的界面上总是带有电荷的，可能是正电荷，也可能是负电荷。界面电荷的存在，影响到连结料中电解质离子的分布，带相反电荷的离子被吸引到界面附近，带相同电荷的离子被排斥而远离界面。由于离子本身的热运动，在界面附近就形成了有规则的排列，建立起一个所谓扩散双电层。由于粒子界面附近扩散双电层的作用，使得油墨粒子间出现了引力和斥力。油墨在静止状态下，引力和斥力相平衡，所以呈现凝胶状态，在外部机械作用下，粒子双电层部分遭到破坏，粒子的带电精况因而改变，粒子间引力和斥力失去平衡，扩大了自由运动的范围，所以呈现溶胶状态。外部的机械作用时间越长，粒子双电层被破坏的越严重，从凝胶形态到溶胶形态的转变越彻底。外部的机械作用一旦消失，粒子双电层重又开始恢复，经过一定的时间，体系再次回到起初的凝胶形态。体系从凝胶状态转化到溶胶状态，黏度有所下降，体系从溶胶状态回复到凝胶状态，黏度重又回升，这就是油墨表现出来的触变现象。

还有一种看法，认为油墨之类的触变性体系，在静止时粒子之间的联系象搭成的架子，是二种稳定的结构，所以体系呈凝胶形态。外部的机械作用改变了粒子间的联系，拆散了一部分搭成伪架子，使结构失去了稳定，所以逐渐使体系呈溶胶形态。在外部机械作用消失后，这种触变性体系具有重新搭起被破坏了的架子的能力，因而重新形成粒子间的联系，所以可逐渐地恢复到起初的凝胶形态。而且，搭成和拆散架子又都需要一定的时间。这样，体系就有了触变特征。这种看法，用来解释油墨产生触变性的原因比较合适，因为油墨中的颜料粒子有的是球形的，有的却是针形、棒形或片形的，假设这样的粒子在静止时能搭成架子，形成一定的结构，是比较合理的。当然，这里所说的"粒子"，一般说来，并不单指体系分散相，而且包括体系中的连续介质。

体系触变性产生的原因和机理，看法还不一致，所以还不能说有了准确、完整的理论。油墨的触变性理论更是如此。一般地说，影响油墨触变性的主要因素是颜料的情况：颜料粒子的形状，颜料粒子在油墨中所占的体积比，以及颜料粒子与连结料之间润湿能力等。针状和片状的颜料粒子制成的油墨；要比球状的颜料粒子制成的油墨触变性大些，颜料粒子在油墨中所占的体积比越大，油墨的触变性也越大；使用的颜料和连结料之间润湿能力较强，则制成的油墨触变性要小些。为了增加油墨的触变性，可以加入一些胶质油，为了降低油墨的触变性，可以加入一些低黏度的稀释油，但效果并不显著。

流体触变性的存在，改变了它的流变曲线的形状，即产生了所谓"滞后现象"，这是触变性流体一个重要特征。

三、油墨流变曲线的滞后现象

如果用旋转黏度计测定油墨之类的触变性体系，使外筒转速从零连续地增加到 Q_0，再从 Q_0 连续地降低到零，并测定相应的转矩 M，然后把 Q 和 M 换算成切变速率 D 和切应力 τ，画出的流变曲线的特点是，对应于 Q 从零到 Q_0 的上行线是一条凸向 τ 轴的曲线，对应于 Q 从 Q_0 到零的下行线却大致是一条直线，而且，整条流变曲线的起点和终点相重合，形成一个月牙形的封闭圈。在这条流变曲线上，对应于同一个切变速率 D，下行线上的切应力 τ_1，要比上行线上的切应力 τ_2 小，或者说对应于同一个切变速率，下行线上对应点的表观黏度，要比上行线上对应点的表观黏度小。体系流变曲线上的这种现象，叫滞后现象，这个流变曲线的封闭圈，叫滞后圈。流变曲线出现滞后现象，是触变性流体的特征。

触变性体系可以看作是由无数粒子架起的结构。体系静止时，结构处于平衡状态，在外部机械作用下，结构逐渐被拆散，因而失去平衡。结构被拆散的程度，取决于机械作用的强弱和持续时间的长短。在触变性体系流变曲线的上行线上，切应力连续增加，结构不断被拆散，表观黏度因而逐渐减小，流变曲线就凸向 τ 轴，当曲线到达顶点时，结构将被拆散到一定的程度；在流变曲线的下行线上，已被拆散的结构来不及重新组合，切应力再无拆散结构的作用，只是用来推动粒子运动，表观黏度近于常数，流变曲线便近于直线了。这就是触变性体系的流变曲线形成滞后圈的机理。

滞后圈可以表征触变性体系的时间效应，这一点从下面的讨论中能够明显地看出来。如果以不同的切变加速度 D，把切变速率 D 从零升到某个选定的 D_o，然后，再使 D 从 D_o 降到零，得到的流变曲线是三个不同的滞后圈，可以看出，当 D 较大时，D 从零上升到 D_o 所用的时间较短，体系的结构在这段较短的时间里被拆散的也较少，因而表观黏度较大；当 D 较小时，D 从零上升到 D_o 所用的时间较长，体系的结构在这段较长的时间里被拆散也较多，因而表观黏度较小；当 D 降低到某个最小值时，D 从零上升到 D_o 所用的时间，长到足以使流体能被拆散的结构全部被拆散，流体的表观黏度就变得最低了。这就说明：用不同的时间来完成使 D 从零到 D_o，再回到零的滞后圈，结果是不一样的。反过来说，不同形状的滞后圈反映了体系的时间效应，即触变性。

四、触变性的测定

油墨触变牲的测定多是在旋转黏度计上进行的，用来表征油墨触变性的特征参量有所示同。下面介绍几种常用的表征油墨触变性的特征参量，它们是触变破解系数、时间触变系数、触变指数以及用表观黏度表征油墨触变性的参量，分述如下。

1. 触变破解系数

如果对于两个不同的角速度 Q_1 和 Q_2，测定油墨的塑性黏度，到 ηp_l 和 ηp_2，代入格林触变基本方程得到：

$$H = (\eta p_l - \eta p_2)/(\ln Q_2/Q_1) = 2(\eta p_l - \eta p_2)/\ln(Q_2/Q_1)^2$$

H 叫触变破解系数。用 H 来表征油墨的触变性，只有比较的意义，因此，Q_1、Q_2 一经选定，不宜再变，而且，测定中要注意控制时间和温度。

2. 时间触变系数

在旋转黏度计上对油墨等触变性流体的实验测定表明，当切变速率 D 一定时，塑性黏度 ηp 与测试时间 t 的对数 lnt 成正比，而当 t 足够大时，ηp 为一常数。如果测得对应于 t_1，t_2 时刻的塑性黏度是 ηp_1，ηp_2，则有：

$$B = (\eta p_l - \eta p_2)/\ln(t_2/t_1)$$

B 叫时间触变系数，它表示了单位时间对数增量下的油墨触变程度的变化。此外，时间触变系数还可表示为：

$$B = - \mathrm{d}\eta p/\mathrm{d}t. \, t$$

即：时间触变系数 B，等于在某给定的切变速率下，流体的塑性黏度 ηp 对时间的导数 $\mathrm{d}\eta p/\mathrm{d}t$（$\mathrm{d}\eta p/\mathrm{d}t < 0$），再乘上测试中所经历的时间 t。

3. 触变指数

在用旋转黏度计测定触变性流体的黏度时，可以看到，对于一定的角速度 Q，黏度的读数先达到一个最大值，而后迅速下降到一个稳定值。这个黏度的最大值，对应着一个最大的切应力值，叫做峰值，记作 $\tau_{峰}$。实际上，黏度最大值是对应于流变曲线（即滞后圈）上行线上某一点的表观黏度，黏度稳定值则是对应于流变曲线下行线的塑性黏度。由于滞后圈的上行线凸向切应力（或转矩）轴，黏度最大值自然大于黏度的稳定值。流体的触变性越大，滞后圈面积越大，滞后圈的上行线越是凸向切应力轴，黏度最大值和峰值 $\tau_{峰}$ 也就越大。反过来，峰值 $\tau_{峰}$ 便可用来表征流体触变性的大小了。

在油墨测定中，具体的做法是，先在选好固定的切变速率下，测得黏度的最小稳定值，然后使油墨静置一段很短的时间 Δt，Δt 一般在 10 s 到 1 min，再测出同样切变速率下的黏度最大值，并换算成峰值 $\tau_{峰}$。重复上述做法，得到若干组（Δt、$\tau_{峰}$）F。值，再分别以（Δt）$^{1/2}$ 和 $\tau_{峰}^{1/2}$ 为横坐标和纵坐标作图。这直线部分的斜率叫做触变指数。触变指数的大小可以用来表示油墨触变性的大小，但这同样是在比较的意义上说的。

4. 用表观黏度表示触变性的方法

油墨触变性的测定还有下述两种简便的方法，都是用旋转黏度计测定油墨的表观黏度，用得到的表观黏度来表示的。这样做的根据是，在油墨滞后圈的上行线上的各点，表观黏度是变化的，这种变化与上行线的形状、滞后圈的面积大小有关，因而间接地表示了油墨的触变性的大小。当然，这只能是比较粗略的表示方法。

一种方法是在一系列切变速率 D 下，测定油墨的表观黏度 ηp，然后以 ηc 对 $1/D$ 作图，所得到近于直线，用这条直线的斜率表示油墨的触变性的大小。

另一种方法是在黏度计转速为 10 r/min 和 20 r/min 条件下，测出油墨的表观黏度 ηa_{10} 和 ηa_{20}，然后用 $k = \eta a_{10}/\eta a_{20}$ 来表示油墨触变性的大小，k 值越大，油墨的触变性越大。

以上介绍的测定油墨触变性的方法，理论上是不严密的，应用上也是不规范的，都只是近似的，比较的方法。

第四节　油墨的黏着性

一、概述

油墨的黏着性和拉丝性是油墨在印刷过程中很重要的两个流变特性。它们不仅与油墨的黏性流动有关，而且与油墨的弹性行为有关。

描述材料黏弹性流变行为的简单模型是麦克斯韦尔（Maxwell）模型，对于材料受剪切的情形，麦克期韦尔方程是：

$$D\tau/\mathrm{d}t = G\mathrm{d}\gamma/\mathrm{d}t - \tau/\lambda$$

方程的解是：

$$\tau = \tau_0 e^{-1/\lambda} = \tau_0 e^{-(G/\eta N)t}$$

式中：G——剪切弹性模量；

η_N——牛顿流体的黏度；

$\lambda = \eta_N/G$——松弛时间。

λ 与材料的流变特性，即材料的黏滞性和弹性有关。τ_0 是初始切应力。

可以看出，当切应力的作用时间等于松弛时间，$t = \lambda$ 时，应力 τ 恰好等于初始应力的 l/e；与应力作用时间相比较，松弛时间越长，材料的弹性越显著，力学行为越是接近于固体，松弛时间越短，材料的黏性越显著，力学行为越是接近于液体，而当材料的松弛时间一定时，应力的作用时间越短，则材料的弹性越明显，越象固体，应力的作用时间越长，则材料的黏性越明显，越象液体。所以，材料的松弛时间和材料所受到的应力的作用时间之间的关系，对于分析材料的流变性质是十分重要的。

一般印刷油墨的松弛时间，都在万分之几秒的数量级上，是很短的。所以，在应力作用时间不过份短的情况下，油墨的黏性显著，流变行为就像通常意义下的液体。前面我们都是这样看待油墨的。可是当切应力的作用时间 t 小到同 λ 有相同的数量级，甚至低于 λ 的数量级时，油墨的弹性就十分显著，甚至占支配地位，这时油墨的流变行为就象通常意义下的固体了。

严格地说，任何材料都同时具有黏滞性和弹性，不过，在不同的条件下，材料所表现出来的黏滞性和弹性可能是大不相同的。油墨的黏着性和拉丝性，就是同时考虑到材料的黏滞性和弹性，在印刷过程中所表现出来的流变特性。

在印刷过程中，油墨在墨辊和墨辊间，墨辊与印版间，以及印版与承印物间，频繁地进行分离和转移。油墨是在强制受压的情况下进入两个墨辊的间隙的，随后油墨膜和墨辊之间因接触和受压而形成相互间的附着力。在墨辊间隙的出口减压部位，先是在油墨膜内部形成微细的空洞。接着空洞渐渐扩大，墨膜被拉成丝状，最后，墨丝断裂，墨膜被分离成两部分，分别附着在两个墨辊表面上。由于印刷机是高速运转的，上述油墨分离和转移的过程也是在极为短暂的时间内完成的，只需万分之几秒的时间，所以，过程中的弹性效应具有很重要的地位，是不容忽视的。

使墨膜分裂并转移到相应的物面（墨辊表面、印版表面或承印物表面）上的力是附着力，也就是油墨与墨辊、印版、承印物表面间的连结力。这个力在墨膜分离转移的过程中作用时间是非常短的，而且是周期性的，可以看作是周期性的冲击力。墨膜在附着力的作用下，先是分裂而后转移，这是墨膜对附着力的一种动态响应。墨膜本身在上述动态过程中表现出来的阻止墨膜破裂的能力，叫油墨的黏着性。油墨的黏着性，实质上是油墨的内聚力（油墨分子间的连结力）在附着力的作用下的一种表现。

在油墨膜的破裂过程中，有两个因素起着重要的作用，一个是墨膜内空洞形成的机会及其扩展的情况，这主要与油墨分离转移过程中的压力分布，油墨颜料粒子的情况等有关，以后要详细讨论；另一个是墨膜形成丝状纤维的能力，叫做油墨的拉丝性。

用墨刀将油墨向上挑起，油墨便被拉成丝状，形成墨丝。墨刀挑得越高，墨丝被拉得越细，终于断开。墨丝断裂后，便急剧地向墨刀方向回缩，而后聚集到墨刀上。油墨在这一过程中，之所以有成丝、断裂、回弹的行为，是由于油墨具有黏滞性和弹性的双重性质。油墨具有黏滞性，能流动，所以可伸展得很长；油墨又具有弹性，所以拉得过长时会断裂，断裂后会回弹。油墨在拉丝过程中所表现出来的黏弹性行为，可从油墨的松弛时间 λ 与应力作用时间 t 间的关系中得到解释。如果墨刀挑起的速度极快，即是说，作用在油墨上的机械作用的时间极短（$t \ll \lambda$），那么，油墨来不及流动就断裂了，所以拉不成丝；如果墨刀挑起的速度极慢，即是说，作用在油墨上的机械作用的时间极长（$t \gg \lambda$），那么油墨就会直接从墨刀上流下去，所以也拉不成丝。可见，只有墨刀挑起的速度适中的条件下，油墨才会被拉成丝；而且，在油墨成丝的过程中，是油墨的黏滞性起主要作用，油墨的弹性起辅助作用，而在油墨的断裂过程中，是油墨的弹性起主要作用，油墨的黏滞性起辅助作用。

从以上的讨论中可以看到，从根本上讲，油墨的黏着性和拉丝性，是决定油墨分离和转移性能好坏的重要因素。而印刷的过程主要也就是油墨的不断转移的过程。所以，油墨的黏着性和拉丝性，在印刷工艺中的重要性是十分明显的。此外，我们还可以举出一些黏着性和拉丝性对印刷过程有直接影响的事实。例如，我们用来印刷的油墨的黏着力比较大，而承印纸张的结构又比较疏松，就会使纸、墨间的附着力不足以分裂墨膜，反倒使得纸张的表层被剥离，随同墨膜一起转移到印版或橡皮布上去。这就是所谓"拉毛"，"剥皮"现象，当然是不能允许的。如果为了避免这种现象的发生，采用的油墨黏着性过小，则又会引起印品网点的扩大铺展现象，图文便可能不清晰。又如，在多色连续印刷中，往往是前面一色印墨未干，后面一色油墨就又印上去了。如果后面一色油墨的黏着性比前面一色油墨的黏着性强，则可能在印后面一色油墨时，把前面一色油墨粘走，造成印品的色相不全。所以，在多色连续印刷中，后一色油墨的黏着性必须比前一色油墨的黏着性弱。一般地说，黏着性弱的油墨不容易分离和转移，而黏着性强的油墨又可能引起拉毛现象，因此印刷油墨的黏着性必须适度。再如，印刷油墨的拉丝性也要求适当，如果墨丝过短，则油墨不能附着到墨斗辊上去；如果墨丝过长，又容易引起飞墨，在印品上形成墨斑。凡此种种，都说明了油墨的黏着性和拉丝性对于印刷工艺具有十分重要的意义。

在同样的印刷条件下，油墨的黏着性和拉丝性决定于它的成分；对于同一种油墨，黏着性和拉丝性的表现，又与实际印刷过程的情况密切相关。所以，要控制油墨的黏着性和拉丝性，必须同时考虑油墨的成分和印刷条件。对于黏着性来说，偏高时比较常见，调节的办法是加入部分撤黏剂。

尽管油墨的黏着性和拉丝性在油墨的分离和转移过程中具有十分重要的意义，可是对于黏着性和拉丝性的研究，目前还都没有令人满意的结果。油墨黏着性和拉丝性的产生机理、定量分析、实验测定等问题，都还没有得到彻底的解决。这是因为，油墨的分离和转移，是在极高的速度以极短的时间完成的，而且油墨的膜又是极薄的，在如此复杂的条件下求解油墨的黏弹性响应，将是非常困难的。因此，以下介绍的内容，主要是实际工作中测定油墨的黏着性和拉丝性的一些经验方法，至于提到的一些定量的分析，只能作为参考。

二、油墨黏着性的测定

油墨的黏着性，可以用黏着应力或黏着能密度来度量，黏着应力和黏着能密度，都要通过专门的实验来测定。

所谓黏着应力，是指外力分离墨膜的过程中，墨膜内部单位面积上反抗墨膜破裂的力。

最早出现的关于测定和计算液体的黏着应力口黏的公式是斯蒂芬（Stefa）公式：

$$\sigma_{粘} = 3/4\eta(1/h_1^2 - 1/h_2^2)r^2t$$

式中：η——被测液体的黏度；

　　　　h_1 和 h_2——分别是两平行圆板间初始时刻和 t 时刻的距离；

　　　　r——圆板的半径。

试验时，被测液体放在平行圆板之间，然后逐渐拉开两圆板之间的距离。

斯蒂芬公式仅适用于圆板缓慢拉开的情况，或者说，按斯蒂芬公式计算，得到的黏着应力 $\sigma_黏$ 是静态应力。印刷过程中要计算的黏着应力是冲击作用下的动态黏着应力，斯蒂芬公式是不适用的，仅可用来参考。

计算油墨在冲击作用下的动态黏着力，时间是个重要的因素。墨膜所受到的作用力的持续时间与油墨本身的松弛时间之间的关系，是判断墨膜力学行为接近于黏滞性还是接近于弹性的依据。在印刷过程中，外力对墨膜的作用时间总是要比油墨的松弛时间短，甚至低一个数量级，所以，我们可以把转移过程中的油墨近似地做为弹性固体处理，这样便得到了另一个计算油墨在冲击作用下的最大粘着应力 σ_m 的公式：

$$\sigma_m = 284v\eta^{3/2}/\varepsilon_m$$

式中：v——油墨膜的体积；

　　　　η——被测油墨的黏度；

　　　　ε_m——最大拉伸应变。

实验表明，油墨的 ε_m 常在 $3 < \varepsilon_m < 10$ 的范围内。

实际当中油墨黏着性的测定都是在油墨表上进行的。油墨表的结构和工作原理如图 7-1 所示。

油墨表的主要部件有三个：A 是个金属辊，中间是空的，可以通入循环水以调节温度，A 辊绕 O_1 轴旋转，是主动转辊，转速可以调节，B 是个合成橡胶辊，绕 O_2 轴旋转，O_2 轴又能在小范围内调节，所以 B 辊可以靠自重压在 A 辊上；C 是个支架，O_2 轴装在支架的上端，支架的中部有个平衡杠杆 L，支架—F 部有个配重 w，整个支架能绕 O_1 轴转动。

（a）是仪器静止时的状态；（b）是两辊间无墨，仪器空转时的情形，此时两辊的摩擦力形成了对支架的转矩，使支架转过了一个角度；（c）是在支架的杠杆上的某个位置加上一个—适当的配重 P，使仪器重又回到静平衡位置的情形；（d）是两辊间装上油墨，仪器运转时的情形，此时在墨膜破裂过程中出现的黏着力形成了对支架的附加转矩，所以又使支架转过了一个角度；

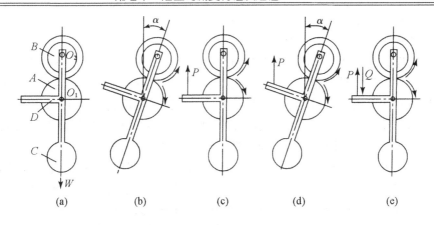

图 7 - 1　油墨表的工作原理

（e）是在杠杆上距 O_1 轴为 1 长的位置上又加上一个重量 Q，形成恢复力矩 Q_1，使仪器再次回到静平衡位置的情形。

　　从以上所述油墨表的各种情形可以看出，恢复力矩 Q_1，是和墨膜黏着力附加转矩相平衡的，因而恢复力矩 Q_1 的大小反映了油墨的黏着性。而且，油墨表有很好的模拟性，即油墨表的结构和工作原理和实际印刷过程很相似。所以，用油墨表测得的 Q_1 值对于衡量油墨的黏着性有较大的参考价值。不过，在油墨表上测得的数据和墨辊的压力、表面状态、墨层的厚度、测试的温度等有很大的关系。因此，这些数据仅能作为油墨黏着性对比的依据。何况，墨膜黏着力附加转矩和油墨黏着性间的数量关系并不明确。

　　因为用油墨表测得的结果仅有比较的意义，所以，仪器给出的表示油墨黏着性的数值，也只是个没有量纲的数值。使用油墨表时，测定的条件要求稳定，例如，对于胶印油墨，大多在仪器运转速度为 400 r/min，温度控制在 30℃左右的条件下测定，测定时油墨用量常在 1.32 cm³ 左右。

　　还应指出，胶印树脂油墨连结料里含有高沸点窄馏程的煤油溶剂，在墨辊高速运转下会有部分挥发，造成油墨的黏着性增加。这种黏着性的变化，可以用黏着性增值来表示。黏着性增值规定为：油墨表运转 15 min 和 1 min 两种情况下测得的油墨的黏着性的差值。黏着性增值越小，油墨的黏着性越稳定。

第五节　　油墨的拉丝性

　　拉丝性是指油墨受拉伸作用至断裂时形成丝状的能力。拉丝性强的油墨受拉断裂时，可以形成较长的细丝，墨丝断裂时产生急剧回缩。拉丝性弱的油墨，墨丝的长度短，回缩现象较轻。

油墨的拉丝性可以用油墨断裂时墨丝的长度来衡量。丝头是指从油墨被拉伸成丝到墨丝断开时的长度。丝头长则表明油墨拉丝性强。拉丝性是由油墨的黏性和弹性形成的，其实质是油墨的黏弹性。油墨被拉成丝状时，如果油墨具有很高的黏性，墨丝可以拉得很长；当墨丝断开时，如果油墨具有足够的弹性，墨丝能够很快回缩。所以拉丝性是油墨黏弹性质的表现。

印刷方式不同对油墨拉丝性的强弱要求不同。凹印和高速卷筒纸印刷要求：油墨拉丝性较弱、油墨的丝头短。平版胶印和四色网线版印刷要求：拉丝性强，并有良好的回弹性。不同类型的印刷油墨丝头的长短都应保持在适当的范围内，以保证油墨的拉丝性与印刷工艺，印刷机械的要求相吻合。拉丝性影响油墨在印刷过程中膜层的分离与转移特性，并关系到油墨的流平性。拉丝性差、丝头短的油墨，印刷后印迹的膜层较厚，而且油墨的传布比较均匀。但丝头过短的油墨流平性差，从储墨机构向外输出时困难，当油墨的斜率小于4时，印刷机上未装搅拌设备的墨斗常常会出现不出墨的现象。拉丝性强的油墨流平性好，因油墨回弹能力强，所以印刷品字迹、网点清晰。但油墨传递、分布比较困难，油墨在分离、传递过程中容易产生飞墨现象。

测定油墨拉丝性的直观的方法是用丝头的长短来衡量油墨的拉丝性。所谓油墨丝头的长短是指从油墨被拉伸成丝起到墨丝断开止，墨丝伸展的长度。这仅仅是个粗略的、形象的描述，计算和测定都有困难。表征油墨拉丝性的物理量，叫油墨的短度 Z，等于油墨的屈服值 τ_B 与塑性黏度 ηp 之比：$Z = \tau_B / \eta p$。因为油墨的拉丝性与 τ_B 和 ηp 有关，所以有人建议用 Z 表示油墨的拉丝性，Z 越小，油墨的拉丝性越好。但是，油墨的拉丝性并不是仅仅与 τ_B 和 ηp 有关，而且与 τ_B 和 ηp 的关系也不是这样的简单，Z 也不具有长度的量纲，所以用 Z 来表示油墨的拉丝性还得不到普遍的承认。

对油墨的拉丝性，实际当中普遍采用的是一种间接的测定和表示的方法。这种方法是从平行板黏度计测定油墨中得到和引伸出来的。平行板黏度计上的油墨铺展直径 d 和油墨铺展时间的对数 $\log t$，近似地成线性关系：

$$d = SL. \log t + I$$

习惯上，把上式叫作油墨的特征方程，把方程中的 SL 和 I 分别叫做油墨的斜率和截距。若取 $t_1 = 10$，$t_2 = 100$，其对应的油墨铺展直径计作 d_{10} 和 d_{100}；则 SL 可按下式计算：

$$SL = d_{100} - d_{10}$$

即油墨的斜率等于 100 s 时测得的铺展直径减去 10 s 时测得的铺展直径。这样看来，油墨的拉丝性就可以用 $d_{100} - d_{10}$ 来间接表示了。

用 SL 表示油墨的拉丝性是个简便实用的近似方法，国内外印刷行业普遍采用这种方法。对于胶印油墨，如在 25℃ 条件下测定，SL 在 5 ~ 8 的范围内是可用的，SL 为 5 ~ 6 的则更好，下限不宜低于 4。

另外，油墨的截距 I 可以用来表示油墨的"软硬"，截距越大，油墨越软，截距越小，油墨越硬。对于使用相同的颜料和连结料的油墨，截距还可以用来表示油墨黏度的大小，截距越大，黏度越小；截距越小，黏度越大。这种性质也容易理解，设想有两种油墨具有相同的斜率，却有不同截距，对于同一时刻 t，截距大的油墨将有较大的铺展直径，因而油墨较软，油墨的黏度较小。只要测得 10 s 时的油墨铺展直径 d_{10}，在求得油墨的斜率 SL 以后，油墨的截距可以从下式很方便地得到：

$$I = d_{10} - SL$$

对于胶印油墨，一般地说，I 为 16 ~ 25 是可用的，若在 20 ~ 22 比较理想。

第六节　油墨的流动性

一、流动度和流动性

液体和气体没有固定的形状，它们中的一部分可以对另一部分产生相对运动，称为流动。油墨的流动性是指油墨流体自身所具有的流动能力。油墨的流动性包含的内容比较复杂。它是油墨的黏度、屈服值、触变性等性质的综合表现，油墨流动性的大小受到这几种物理量的影响。

流动度是指油墨在压力作用下产生流动时，直径扩展的能力。油墨的稀度大、结构疏松，油墨向外扩展的能力强、速度快。流动度用油墨在压力下扩展的直径的大小来表示，单位为 mm。流动度是油墨重要的质量指标之一。

流动度与油墨的黏度和屈服值有关，一般情况下，油墨的黏度高、屈服值大，流动小，反之则大。所以油墨的流动度与黏度和屈服值成反比的关系。这是因为黏度高、屈服值大的油墨内聚力大，阻止油墨内部相对移动的能力强，其流动度则弱。

二、流动性与印刷的关系

流动性在印刷过程中关系到油墨的流平性及油墨自储墨机构中向外输送的情况。进而关系到油墨的转移和印迹表面平整、光滑程度以及墨色均匀程度。

流动性的大小决定了油墨的流平性。流平性是指油墨水平地自然流动，扩展为表面平整的膜的能力。流平性是油墨在自身的重力和分子间作用下所产生的现象，是油墨在低剪切变力和切边速率下的流变特性，所以流平性实际上是油墨在特定条件下的流动性。流动性强的油墨流平性好。

流平性与油墨连结料中高分子物质的相对分子质量和所用的溶剂逸去平衡时间有关。高分子物质的相对分子质量大，溶剂逸去平衡时间较短的油墨，表现为流平性差。

油墨的流平性好，在印刷后、油墨固着前能够在承印物表面迅速流平，使印迹表面平整、光滑，墨膜干燥后光泽度提高。但流平性过强，印刷中会产生流挂现象。流挂现象是指墨层在固着前（或干燥前），如果不是处于水平的位置，便会不停地向某个方向流动。流挂现象发生在印刷品上会留下油墨流动的痕迹，或者造成墨层的厚薄不均匀。流平性差的油墨，影响印迹表面的平整度或光泽度，严重时使印迹表面产生波纹或橘皮状。所以在彩色印刷中，特别是在实地版面的印刷中，要求油墨必须具有适当的流平性。

在印刷油墨中属于牛顿流体或近似牛顿流体的油墨，流平性较强，但有时会发生流挂现象。属于塑性流体一类的油墨，如胶印油墨，由于屈服值的存在，油墨自身的重力往往不能克服屈服值而产生很好的流动，所以流平性弱。但如果油墨的触变性强，印刷后的而油墨发生触变现象，在一定时间内，一般是300s内，如果油墨不恢复到原来的状态，则油墨也具有一定的流平性。

油墨在印刷机储墨机构中能不断向外输送，这是油墨流动性的另一种表现。流动性强的油墨，在出墨辊转动的幅度很小时，墨斗中的油墨也随之产生移动，油墨与出墨辊能够平稳的互相接触，流动性略差的油墨，在出墨辊旋转时，只有靠近出墨辊附近的油墨才随之产生移动，油墨虽然能够与出墨辊保持接触状态，但不够平稳。流动性差的油墨，在一般情况下屈服值高或触变性大，影响油墨从储墨机构中向外输送。

特别是在出墨辊转速很慢或出墨辊处于间歇运动形式时，存放在储墨机构中的油墨受到的剪切应力极低，油墨主要依靠自身的流动性来维持与出墨辊的接触。流动性差的油墨，在出墨辊连续向外输送油墨时，因后续油墨不能及时流动补充，使出墨辊与油墨之间逐渐脱离接触而产生空隙，影响出墨量或产生不出墨的现象。

印刷中正确控制油墨的流动性具有重要的意义。适当的流动性能够保持油墨在印刷机上的使用过程中具有正常的流变性，并能使油墨均匀传布，从而保持印刷品的墨色均匀一致。

各种类型的油墨具有不同的流动度和流动性。如胶印油墨和凸印油墨的流动度和流动性较小，凹印油墨和柔性版油墨的流动性极强。油墨的流动度和流动性在印刷中可根据需要进行调整，调整时应用油墨辅助剂进行，调整油墨的流动度和流动性时，要根据印刷工艺的要求、印刷机械的速度、纸张的性质和工作环境的温度等方面的因素，以及油墨的黏度、屈服值等性能进行综合进行。

油墨的流动度取决于颜料及连结料的种类、性质、用量比例和制造工艺。其中连结料是决定流动度的主要因素。流动度的大小必须与印刷相适应，油墨的流动度过大，表现为油墨稀度大，对印刷产生如下影响：

油墨的流动度过强，在印刷压力作用下印迹产生铺展现象，转移到纸张表面的印迹外型尺寸扩大。特别是在网线版、字线版的印刷中，将影响印刷品的清晰度、层次及颜色的表现。印刷后墨层较薄，印刷品的色彩鲜艳程度下降、色相变浅。油墨的稀度大，增加了连结料的渗透，严重时出现油墨渗透性过强的各种弊病。

油墨的流动度过大往往是由于连结料中油类（或溶剂）的含量过多造成的，这样的油墨在传递过程中会产生一种润滑作用，使墨辊在旋转过程中产生滑动，影响油墨转移的均匀性，导致油墨油墨传递种出现滑动的痕迹。着墨辊与印版之间出现滑动现象，会使印版图文边缘上出现径向的刺状扩大、铺展，反映到印刷品上俗称为印迹的疵边现象。流动度过大的油墨在胶印中容易产生乳化，造成印刷品浮脏现象。

油墨的流动度过小，表现为油墨的稠度大或黏度高，印刷中容易出现油墨黏度过大时所产生的一些现象。

三、流动性和流动度的表示方法

油墨流动性没有确切定义，目前在油墨的制造和使用的领域里，对油墨流动性的理解，通常包括以下三方面的内容。

1. 流动性

油墨从一个容器很容易地倾注到另一个容器的性能，这就是我们平常所说的一般流体的流动性。影响油墨的这种流动性的主要因素是油墨的黏性、屈服值和触变性。对于接近牛顿流体的较为稀薄的油墨，如影写版墨、橡皮凸版墨等，流动性用牛顿黏度 ηN 来表示就可以了，通常是用流动性 $f = 1/\eta N$ 来表示。对于可以看作是塑性流体的稍稠的油墨，如印报用轮转凸版油墨等，情况比较复杂，流动性要测定几个指标一起来表示。例如，屈服值小的油墨，在黏度一定时，就比较稀薄，丝头也比较长，流动性较好。此外还与触变性有关，这样，油墨的斜率并和油墨的触变破解系数等一起来表示。有时也用一种综合的评价方法，以"流度"来表示油墨的这种流动性。流度是这样得到的，用一个特制的铜棒蘸取油墨并搅拌一定时间，拉成墨丝后滴在一块玻璃板上，再使玻璃扳垂直立起，10 min 后量取油墨沿玻璃板下流的长度，这个长度就是流度。对于较为稠厚的胶印油墨和铅印油墨，不能用流度表示它们的流动性，必须分别测定几个指标。

2. 流平性

油墨在容器内或者在涂层上使墨膜表面流平的性能，通常叫油墨的流平性。流平现象是在油墨自身的重力和分子作用力的作用下发生的现象；是油墨在低切应力和低切变速率下发生的流变特性。所以，油墨的流平性是一种特定条件下的流动性。流平性不佳的油墨可能使印品表面出现波纹或呈桔皮状，流平性过分的油墨又可能在印刷过程中不时产生流挂现象，即涂好的墨层在干燥之前只要不是水平放置便会不住地向某个方向流动，流挂现象会使印品上留下流动的痕迹或者造成墨层的厚薄不匀。如果油墨近于牛顿流体，在低黏度范围，油墨的流平性总是好的，但有时会发生流挂现象。如果油墨近丁塑性流体，由于有屈服值，油墨自身的重力和分子作用力未必能克服屈服值而使油墨流动，所以流平性总不理想。如果油墨具有触变性，在发生触变现象后的短时间内（一般是指300s 内）。如果不是很快地回到原来的状态，那么油墨是可以流平的，也不致发生流挂现象。

3. 下墨性

下墨性是油墨在印刷机墨斗里能不断下墨的性能。流动性好的油墨，在墨辊稍许转动时，墨斗中的油墨即可整体地转动；流动性差些的油墨，在同样的情况下，就只有靠近墨辊附近的油墨运动；流动性太差的油墨，墨辊和油墨就像分开的一样，不能顺利下墨。出现不下墨的现象与油墨的黏度、屈服值、触变性、丝头长短有关，从经验说，油墨的黏度小、屈服值大、触变性大、丝头短都是导致不下墨的原因，其中又以触变性更显重要。下墨容易的油墨的触变指数在1.6 左右，如果触变指数超过3.2，油墨使用中，下墨便有困难。显然，如果油墨的流平性好，就容易下墨。因为油墨在墨斗和墨辊间流动的情形和油墨发生沥平时的流动条件是很相似的。

　　用油墨的流动性描述油墨的流变特性，与用油墨的黏度、屈服值、触变性、丝头长度等描述油墨的流动特性，在本质上是相同的，不过有时会更方便些。

　　与流动性有关的还有两个实用的指标，一个叫"流动度"，另一个叫"流动"，都是习惯上的叫法。在两块质量为 50 g，直径为 67～70 mm 的圆形玻璃板间放入 0.1 cm^3 的油墨，在上面加上一个 200 g 的砝码，放入恒温 35℃ 的恒温箱中，经 15 min 后取去砝码，量油墨的扩展直径，这个直径就是"流动度"。在平行板黏度计上测出 1 min 时油墨的扩展直径，这个直径就是"流动"。流动度和流动的一些参考数据如表 7－1 所示。

表 7－1　一些油墨的流动度和流动　　　　　　　　　　　　mm

油墨品种	流动度（25℃）	流动（25℃，半径）
单张纸胶印墨	28～36	15～17
卷筒纸胶印墨	28～36	15～17
普通铅印墨	28～36	15～17
p 书刊墨	27～32	14～16
雕刻凹版墨	20 左右	11 左右

复习思考题

　　1. 哪些因素影响油墨膜层的光泽？如何影响？

　　2. 哪些因素影响油墨膜层的透明度？如何影响？

　　3. 油墨颜色的评价指标（色强度、色相误差、灰度、饱和度、色效率)？

　　4. 什么是油墨的细度？油墨的耐抗性指的是什么？

　　5. 评价油墨膜层的稳定性包括哪些内容？

　　6. 基本概念：油墨流变学 运行适性 质量适性 黏度 速度梯度（剪切速率）稳态层流 屈服值 触变性 切稀现象 切稠现象

　　7. 油墨在印刷过程中所表现的五种流型的定义、特性及其流变曲线？

　　8. 油墨触变性产生的机理是什么？

　　9. 油墨的触变性对印刷工艺有何意义？

第八章 印刷油墨的干燥性及适性

　　油墨从印刷机墨斗经墨辊转移到承印物表面后，其行为可以用油墨的干燥性质来描述。印刷的瞬间，印版或橡皮布上的油墨被分为两部分，一部分残留在印版或橡皮布上，另一部分附着在承印物上。油墨的附着现象很复杂，它一方面取决于油墨对承印物的润湿能力，另一方面取决于油墨与承印物分子之间的作用力。油墨转移到承印表面形成液态的膜层，膜层经一系列物理或化学变化而成为固态准固态膜层的过程称为干燥过程。不同类型的油墨干燥过程及机理是截然不同的。通常可以分为物理干燥、化学干燥、光化学干燥三类。干燥过程可分为两个阶段；第一阶段，油墨由液态变为半固态，不能再流动转移，这是油墨的"固着"阶段，是油墨的初期干燥，用"初干性"表示；第二阶段，半固态油墨中的连结料发生物理、化学反应，完全干固结膜，是油墨的彻底干燥阶段，用"彻干性"表示。

　　油墨的干燥速度与油墨的干燥方式有关，油墨的干燥方式又取决于油墨连结料的组分。有些油墨具有单一的干燥方式，如以不干性矿物油为连结料的新闻油墨属于渗透干燥型；以有机溶剂为连结料的塑料油墨属于挥发干燥型；但大多数油墨由干连结料往往不是单一的，因而油墨的固着干燥是以某种干燥形式为主，同时伴随着其他干燥形式来完成的。

　　不同的印刷方式、承印物、印刷机械，对油墨的固着干燥有不同的要求。单张纸胶印机进行多色高速印刷时，要求油墨在瞬间固着，因此多使用快固着胶印树脂油墨，利用高沸点煤油渗透并迅速固着，再利用氧化聚合反应使油墨完全干固结膜。卷筒纸胶印机的印刷速度约为单张纸胶印机印刷速度的3倍以上，且绝大多数机器还附装有折页机，印好的书页立即被折叠，因此要求油墨有更高的快干性；若用涂料纸印刷彩色印品，必须使用热固型胶印油墨，利用高沸点煤油的热挥发及树脂受热发生热固化反应，迅速结膜干燥。

　　油墨的附着与干燥，是印刷油墨能否在承印物上形成印迹，并达到较为理想的复制效果的重要因素。

第一节　　油墨的附着

　　油墨与承印物的附着，要从油墨与承印物的润湿和油墨皮膜与承印物间的"二次结合"两方面来讨论。润湿是指固体表面的气体被液体所取代，衡量润湿程度的参数是接触角。接触角是从固/液界面经过液体内部到气/液界面的夹角，用 θ 来表示。用接触角表示润湿性时，一般是将 90° 角定为润湿与否的界限。$\theta > 90°$ 为不润湿，$\theta < 90°$ 为润湿；θ 角越大润湿越差，θ 角越小润湿越好，$\theta = 180°$ 为完全不润湿，$\theta = 0°$ 为完全润湿。

　　若 γ_{SG} 为气/固界面的自由能（或固体的临界表面张力，简称固体的表面张力），γ_{LG} 为气/液界面的自由能（或液体的表面张力），γ_{SL} 为液/固界面的自由能（或界面张力），则平衡接触角 θ 与 γ_{SG}、γ_{LG}、γ_{SL} 的关系可用杨氏（T. Young）方程来表示：

$$\gamma_{SG} - \gamma_{SL} = \gamma_{SG} \cdot \cos\theta$$

杨氏润湿方程是气、液、固三相交界处的三个界面张力平衡的结果，从方程中可以看出：

　　① $\gamma_{SG} - \gamma_{SL} < 0$ 时，$\cos < \theta$，则 $\theta > 90°$，固体不能被液体润湿。这是因为此时 $\gamma_{SG} < \gamma_{SL}$，气/固界面被液/固界面取代时，将引起界面能的增加，这是个非自发的过程。

　　② $\gamma_{SG} - \gamma_{SL} > 0$ 时，$\cos\theta > 0$，则 $\theta < 90°$，固体能被液体润湿。这是因为此时 $\gamma_{SG} > \gamma_{SL}$，气/固界面被液/固界面取代时，界面能要降低，这个过程是自发的。随着 γ_{SG} 的增加，θ 会越来越小，当 $\theta = 0°$ 时，固体表面被液体完全润湿。

　　③用同一种液体来润湿两种表面自由能不同的固体表面时，高能表面比低能表面容易被润湿。

　　在数值上，γ_{SL} 总是界于 γ_{SG} 和 γ_{LG} 之间，即 $\gamma_{SG} > \gamma_{SL} > \gamma_{LG}$ 或 $\gamma_{SG} < \gamma_{SL} < \gamma_{LG}$，而按杨氏润湿方程，固体表面被液体润湿的条件是 $\gamma_{SG} > \gamma_{SL}$，所以有 $\gamma_{SG} > \gamma_{LG}$。即是说，要使液体润湿固体，液体的表面张力必须小于固体的临界表面张力。

　　纸张是由纤维物质和非纤维物质所组成的薄膜。纸张中的非纤维物质包括填料、胶料、染色剂等，大多是金属氧化物或无机盐。非纤维物质的加入使纸张表面成为高能表面，表面张力都在 100 dyn/cm 以上。一般油墨的表面张力为 30 ~ 36 dyn/cm，所以纸张是容易被油墨润湿的。

由有机物或高聚物组成的固体，表面是低能表面，表面能的大小和一般液体相差不多，能否被润湿取决于固体和液体表面张力的大小。

用表面张力为 36 ~ 42 dyn/cm 的聚酰胺油墨印刷时，承印物的表面张力不同，润湿情况自然不同，油墨的附着性能也不相同，如下表 8 − 1 所示。

表 8 − 1　不同承印物的表面张力和附着性能

承印物	表面张力/（dyn/cm）	附着性能
聚氟乙烯	28	不良
聚丙烯	29	不良
聚乙烯	31	不良
聚氯乙烯	39	良
涤纶	43	良
玻璃纸	45	良
尼龙 66	46	良

从润湿的角度考虑，油墨要很好地附着在承印物的表面上，可以设法降低油墨的表面张力，使它低于承印物的表面张力；也可以设法提高承印物的表面张力，使它高于油墨的表面张力。在使用的油墨确定的情况下，对于聚乙烯之类的低能表面的承印物，印刷前可以进行表面处理，提高其表面能，改善油墨的附着性能。不同承印物的油墨附着性能。

油墨与承印物的两相分子间，若具有较强的异性极性时，会产生牵引力，叫二次结合力，油墨与承印物因二次结合力而附着，叫二次结合。

一般地说，二次结合力是由分子间的配向效应、分散效应和诱发效应引起的。配向效应是由于极性分子内电荷不平衡，分子双极子的正负异端相互牵引所形成结合的效应，如结合能为 0 ~ 2 cal/mol。氢键结合也属于配向效应，结合能为 4 ~ 10 cal/mol。分散效应是由于非极性分子在电子潴乱运动中产生瞬间双极子，使得分子间产生牵引力而形成结合的效应，结合能为 0.2 ~ 2 cal/mol。诱发效应是由于极性分子的永久双极子诱发其他邻近分子的双极子，使分子间产生永久的牵引力所形成的结合，结合能为 0 ~ 0.5 cal/mol。这三种效应的综合结果，便在分子之间产生了二次结合力。

在油墨的分子结构中，有极性部分，也有非极性部分。例如，以亚麻仁油为连结料的油墨，极性部分含有游离脂肪酸的羧基、脂肪酸甘油酯中的酯键等，非极性部分主要是剩余的碳链部分。纸张的分子结构也是如此，有极性和非极性两部分。油墨分子结构中的极性部分和纸张分子结构中的极性部分能够发生配向效应；油墨分子结构中的非极性部分和纸张分子结构中的非极性部分能够发生分散效应。油墨和纸张分子间的配向效应和分散效应是产生油墨和纸张间的二次结合力的主要原因。油墨和纸张间的二次结合力越大，二次结合就越牢，油墨的附着性能也越好。

二次结合力的大小随分子间距离的减小而迅速增大。配向效应所引起的结合力与分子间距离的三次方成反比，分散效应所引起的结合力与分子间距离的六次方成反比。在高速印刷时，印张的堆积和密附会使纸张和油墨的分子间距离急剧地减小，二次结合力明显的增加，未干的油墨便会附着在后一印张的背面，造成所谓"背面映着现象"。所以，在不影响油墨与承印物附着的前提下，应适当地降低油墨的附着能力，或者设法加快油墨的固着干燥，以期达到减少印品背面蹭脏的目的。

第二节　油墨的干燥类型

一、油墨的渗透干燥

在油墨的干燥过程中，如果油墨的一部分连结料渗入纸张内部，另一部分连结料同颜料一起固着在承印物表面，那么油墨的干燥是依靠油墨的渗透作用和纸张的吸收作用来完成的。油墨的这种干燥方式称为渗透干燥。渗透干燥同于物理干燥，其墨膜无法承受强力摩擦。

渗透干燥是一种快速固着方式的干燥，是依靠连结料成分中溶剂或油类的渗透作用以及结构疏松、多孔的纸张的吸收作用共同完成干燥过程的。所以渗透干燥与油墨和纸张的性质、结构、种类油密切关系。

1. 渗透干燥型油墨的干燥过程和机理

渗透干燥过程的机理是：油墨转移到纸张以后，随着连结料的渗透纸张的吸收过程的进行，油墨成分的比例和流变性逐渐发生了变化。因油墨中液体成分的减少，使颜料和填充料粒子间的空间不断缩小，粒子间的凝聚力逐渐增大，油墨的机构越来越紧密。当这种现象达到一定程度时，油墨变失去了流体的性质而呈现固体形态。在这个过程中，油墨的颜料和填充粒子之间也存在着细微的空隙，形成了无数的毛细管。颜料等粒子间的毛细管作用，对连结料产生一定的吸附作用，从而阻止连结料向纸张中渗透。当纸张纤维间毛细管作用和油墨颜料粒子间的毛细管作用达到平衡时，油墨中的连结料便停止向纸张中渗透，完成了渗透干燥的过程。

渗透干燥是由压力渗透和自然渗透两个阶段来完成的。渗透干燥主要是通过一定的压力作用、纸张的弹性恢复作用和毛细管的吸收作用，将连结料吸收到纸张的内部，是油墨在纸张表面迅速固着的干燥过程。一般在几秒中之内已基本完成，如轮转油墨渗透干燥的时间一般为 1~2 s，铅印书刊油墨一般为 4~5 s。

具有单一渗透干燥形式的油墨是高速轮转油墨，如报纸印刷油墨和高速书刊印刷油墨，大多数油墨的干燥形式是混合型的，其中有些油墨是以渗透干燥为主的，如普通胶印轮转油墨等。但无论是以哪种干燥形式为主的油墨，在油墨印刷到纸张上以后，都具有一定的渗透干燥能力。另外，也可以利用渗透干燥形式来加速油墨的干燥过程。所以渗透干燥是一种重要的油墨干燥形式。

渗透干燥的干燥速度快，适合于高速印刷机的应用，对印刷向多色、高速方向发展有重要的意义。但完全采用渗透干燥形式的油墨印刷后，因连结料渗透量较大，所以图文颜色暗淡无光，墨层与纸张结合的牢固程度差，易粉化脱落。故在多数油墨中都引入了树脂成分，以提高印刷品质量。

2. 影响油墨渗透干燥的因素

（1）渗透深度

在油墨的渗透干燥过程中，加压渗透是短暂时间内的急剧变化过程，而自由渗透是较长时间内的缓慢变化过程。

（2）纸张毛细孔径大小、分布和颜料粒子大小、分布的关系

无论是加压渗透或自由渗透，油墨的渗透过程总是与油墨和纸张两方面的结构和性质有关。而从结构上看，影响渗透的重要因素是纸张毛细管孔径的分布状况、油墨颜料粒子的大小的分布状况及二者间的关系，这将直接影响渗透干燥型油墨达到平衡时的状态。

二、油墨的挥发干燥

如果在油墨的干燥过程中，油墨连结料中的溶剂被挥发，剩下的树脂和颜料形成固体膜层固着在承印物表面上，那么，油墨的干燥是依靠挥发作用来完成的。这样的油墨干燥形式，叫做挥发干燥。

油墨的挥发干燥，是油墨中具有较大能量的溶剂分子克服了油墨中分子间的相互引力从油墨表面逸向空气，而使留下的油墨成分干结固着在承印物表面的过程。

照相凹版油墨、橡皮凸版油墨的连结料里都含有一些沸点较低的有机溶剂，油墨转移到承印物上以后，溶剂很快挥发，剩余的树脂—颜料集团迅速变稠，固结干燥。所以，这两种油墨是典型的挥发干燥油墨。热固型胶印油墨的连结料里含有高沸点煤油，油墨转移到承印物上以后，要用加热方法使煤油迅速挥发。这种油墨利用挥发干燥来加速油墨的初期干燥，可以防止或减少印品的背面映着。

1. 挥发干燥型油墨的干燥过程和机理

挥发干燥型油墨的连结料主要由树脂与有机溶剂互溶构成。油墨被印于承印物表面后，有机溶剂脱离树脂的束缚而游离出来，依靠其自身的挥发能力面脱离墨膜进入气相。此时，承印物表面膜层中只留有树脂等组分，而树脂原本是固态的，在油墨制造过程中溶剂浸入树脂分子的间隙，继而扩张间隙直至完全隔离树脂分子，从外部看，即为树脂的溶服和溶解。当溶剂脱离树脂后，树脂分子又重新靠近，直至产生物理交联。此时树脂失去流动能力而成为固态，从而完成挥发过程。

2. 影响油墨挥发干燥的因素

（1）溶剂的挥发干燥

油墨挥发干燥的速度首先取决于油墨中溶剂的挥发速度。溶剂的挥发速度，可以用每分钟内每平方厘米面积上溶剂挥发的毫克数来表示，即用毫克/厘米^2·分来表示，也可以用 1 mL 溶剂在过滤纸上完全挥发所用时间的秒数来表示。单一溶剂的挥发速度可按下列公式计算：

$$Er = Q \times V_{25} \times M/d_{25}$$

式中，Er——挥发速度；

　　　V_{25}——25℃时溶剂的饱和蒸气压；

　　　M——溶剂的相对分子质量；

　　　d_{25}——25℃时溶剂的比重；

　　　Q——假定甲苯的挥发速度为 100 时所取的常数，$Q = 1.64$。

所以按上式算得的溶剂的挥发速度是个相对值。

同类溶剂，沸点越低，挥发速度越高；但不同类型的溶剂，沸点低，挥发速度却不一定就高，如乙醇和醋酸乙酯的沸点相近，但醋酸乙酯的挥发速度却是乙醇的 2 倍以上。这是因为乙醇的蒸发潜热比醋酸乙酯高。蒸发潜热是指一定量的溶剂全部变成气体时所需要的热能。溶剂的蒸发潜热越小，挥发速度越高。溶剂的挥发速度还与外界的蒸气压和温度有关，外界的蒸气压越大，温度越高，溶剂的挥发速度越高。

　　照相凹版油墨和橡皮凸版油墨，使用沸点不同的几种溶剂来配制连结料，调整溶剂的挥发速度。热固型油墨采用高沸点蒸馏的煤油溶剂，加热后油墨皮膜中留存的高沸点馏分很少，避免了油墨的残留黏着性。

　　（2）树脂对溶剂挥发的影响

　　油墨中的溶剂的挥发，要比纯溶剂的挥发情况复杂。树脂溶于有机溶剂以后，使溶剂的挥发速度降低。可以看出，纯溶剂的挥发速度最高，连结料的挥发速度次之，而油墨的挥发速度最低。这是由于树脂分子和颜料粒子存在于油墨表层，溶剂分子和树脂分子、颜料粒子之间有较大的牵引力，使溶剂分子难以脱出而造成的。

　　不同的树脂对溶剂挥发速度的减缓程度不同。溶解度越大的树脂，溶剂越难从中脱出，挥发速度越低。用70%的不同树脂和30%的石油系溶剂配制的连结料，挥发速度如表8-2所示。

表8-2　树脂种类与挥发速度

树　脂　种　类	挥发速度/（mg/cm² · min）
酚醛树脂	3.10
聚酰胺树脂	2.80
聚合松香	2.45

　　配制挥发干燥型油墨时，选用的树脂要对溶剂有一定的释放性，否则，溶剂脱出困难，会使印品干燥不良，易造成背面蹭脏。

　　（3）颜料对溶剂挥发的影响

　　颜料在油墨中所占的比例越大，溶剂的挥发速度越低。颜料粒子的半径越小，比表面积越大，溶剂的挥发速度越低。不同种类的颜料对溶剂的脱出性也不相同，黑墨、蓝墨的脱出溶剂性较差，挥发速度低。

三、油墨的氧化结膜干燥

　　以干性植物油为连结料的油墨，吸收空气中的氧以后，发生氧化聚合反应，使呈三度空间分布的干性植物油分子变成立体网状结构的巨大分子，干固在承印物表面。这种利用氧化聚合反应使油墨由液态转变为固态，形成有光泽、耐摩擦、牢固的油墨皮膜的过程，称为油墨的氧化聚合干燥或油墨的氧化结膜干燥。

　　胶印油墨、凸版印刷油墨、雕刻凹版油墨的连结料里都含有一定量的干性植物油，主要是依靠氧化结膜来完成油墨的固着干燥。印铁油墨、丝网印刷油墨、也属于氧化结膜干燥型的油墨。

干性植物油主要有亚麻仁油、桐油、梓油、苏子油等，不饱和脂肪酸是它们的主要组成成分。常见的不饱和脂肪酸有亚麻仁油酸、桐油酸、油酸、亚油酸等。不饱和脂肪酸的分子中含有两个或多个双键。双键越多，不饱和程度越高，油料干结得越快。如果其分子结构中含有化学性质很活泼的共轭双键（—CH =CH—CH =CH—）时，油料的干结就更快。桐油里含有 70% ~ 80%的有共轭双键的桐油酸，是典型的共轭双键干性油。

1. 氧化结膜干燥型油墨的干燥过程和机理

氧化结膜干燥的主要特征是连结料组分发生聚合或缩合反应而形成固体。干性植物油暴露子空气中时，其分子在氧作用下发生不饱和脂肪酸的氧化和聚合。干性植物油的成膜反应很复杂，可以用过氧化物理论和共轭双键加成理论来解释。过氧化物理论认为：干性植物油是通过氧桥聚合成高分子的。含有共轭双链的干性植物油，是经过下述过程来完成氧化结膜干燥的：氧化结膜干燥初期，干性植物油因含有微量磷酯类有机抗氧剂，吸收的氧较少，氧化聚合反应很缓慢，是干燥过程的诱导期。当抗氧剂被破坏后，干性植物油吸收氧气，首先与邻近双键的亚甲基（α - 亚甲基）发生反应，生成氢过氧化物。这是干燥过程中的氢过氧化物生成期。

2. 影响油墨氧化结膜干燥的因素

（1）干燥剂的影响

油墨中常用的催干剂是钴、锰、铅的有机酸，一般以离子形态存在。这些金属具有多级化合价，通过它们化合价的变化，在氧化结膜的吸氧过程中起到氧的载体作用。这种载氧作用一方面加快了杂质的氧化，从而缩短了诱导期；另一方面又促进了油分子中氧化物的形成，使膜层吸氧反应的活化能大幅度的降低。催干剂的另一个重要作用是促进氢过氧化合物的分解，即促进了油分子的聚合反应的进行。这两种作用结合起来，就大大加快了氧化结膜速度。但催干剂的存在并不改变上面所述氧化反应的机理。不同的催干剂催干性能是不同的。一般铅离子是催化吸氧反应；钴离子和锰离子是催化氢过氧化物分解反应。钴催干剂的催干作用十分强烈。单独的钴催干剂，可加剧膜层表面分子的氧化，却使膜层内部分子的氧化发生困难。铅和锰的混合催干剂，由于两种催干作用并存，可以使膜层整体硬化，但硬化速度较慢。因此，催干剂混合使用时，对膜层的干燥效果最好。

（2）颜料的影响

不同颜料会对墨膜干燥带来不同影响。从影响干燥的角度来分，颜料可以分为：促进干燥、延续干燥、不影响干燥颜料。促进干燥的颜料通常称为天然干燥剂，如铁蓝、铬黄等。其中铁蓝对干燥的影响十分突出，确切的干燥机理还不清楚，似乎是铁盐复合物对于性油的氧化具有催化作用，类似于干燥剂的催干作用。延续干燥的颜料中突出的是炭黑。炭黑延缓干燥的重要原因是它对干燥剂的吸附而使干燥剂失活。其他延续干燥的颜料还有钨钼盐类颜料，其作用机理尚不清楚。大多数有机颜料对墨膜的干燥没有明显的影响，这类颜料的存在，即使含量很大，也不会阻碍干性油的聚合。这类颜料通常称为惰性颜料。

（3）温、湿度的影响

由于氧化结膜是化学干燥，在较高温度下，反应速度加快，通常情况下温度每升高 10℃，干燥速度提高 1 倍。

湿度对干燥的影响与墨膜中的颜料是相关的。铬黄、立索尔红、罗平红等颜料的油墨在湿度高达 95% 时，墨膜的干燥仍不受影响，而炭黑则受湿度影响严重。湿度增加时，为保持不变的干燥速率，要加入较大量的干燥剂。另外，相对湿度在 70% 以上时，锰和铅的催干能力是不足的，必须使用钴催化剂。大部分颜料，其墨膜干燥一般都受湿度的影响，但影响程度不像炭黑那样强烈。

（4）纸张的影响

纸张表面的酸碱性对油墨的氧化结膜影响很大 pH 值越小，干燥越慢。

在较高湿度下，纸张的表面酸性将阻滞油墨的干燥。这种现象的原因是纸张表面的酸性物质与干燥剂中金属反应形成不溶于油的反应物，使干燥剂失活。纸张酸性对墨膜干燥的影响只是在纸张表面润湿的条件下才明显产生，因此，胶印必须考虑这一问题。

（5）润版液的影响

酸性润版液形成的油包水乳化油墨会对墨膜的干燥产生阻滞作用。这是由于钴干燥剂和酸性润版液发生化学反应，生成不溶于油的钴盐，而使干燥剂失活。表 8-3 给出了胶印黑墨在用不同那 pH 值润版波印刷后，墨膜的干燥时间。

表 8 - 3　润湿液 pH 值与油墨干燥的时间

纸张	干燥时间/h				
	pH 值 = 7.0	pH 值 = 3.8	pH 值 = 3.6	pH 值 = 3.0	pH 值 = 2.0
胶版纸正面	12	16	17	22.5	70
证券纸正面	15	21	22	32	84

四、紫外线干燥

紫外线干燥油墨，简称 UV 油墨，其主要组成有光聚合活性预聚物、活性助剂、光敏溶剂及光聚合引发剂。油墨干燥属光化学干燥，其特征是油墨经紫外线辐射后引发游离基迅速发生光聚合反应，导致油墨瞬间固化。在紫外线的作用下，光聚合引发剂被激发，产生游离基或离子，这些游离基或离子与预聚物等单体中的不饱和双键起反应，形成单体基团开始进行连锁反应。

由于预聚物是多官能团结构，所以分子交联是三维的，因此连结料由液态变成固态。这个反应速度很快，不到 1 s 就完成，即在印张到达输纸装置时就已完成。

紫外线油墨干燥的优点有：在印刷机收纸之前，油墨就能瞬间固化，因此不会粘脏；没有溶剂挥发；油墨在照射紫外线之前不会干燥，清洗印版、橡皮布容易；油墨干燥不受承印材料及润版液药水 pH 值的影响；可以适应多种承印物；经固化后的墨膜手感好。

紫外线油墨的缺点有：干燥设备投资较大；产生臭氧；墨辊材料受到限制；需使用专门的洗涤剂；油墨成本高等。

第三节　油墨的干燥与印刷适性

油墨干燥性的强弱决定了油墨的干燥速度，这关系到印刷过程是否能够正常进行；关系到印刷品色彩的鲜艳度、光泽度以及叠色或套色印刷的效果。油墨的干燥速度不合适，会给印刷造成多种弊病。所以干燥性是油墨的印刷适性之一。

各种类型的印刷品对油墨干燥速度的要求是不同的，油墨的干燥性必须符合印刷的要求，这样才能应用于印刷中，油墨的干燥性过大或过小，都会产生相应的印刷故障。

　　油墨的干燥性过小，印刷品上墨层的干燥速度过慢，影响产品质量及印刷。如：印迹干燥结膜时间长，油墨的渗透时间增加，连结料的渗透量增大，印迹不能形成坚固的膜，耐摩擦性差，印迹产生粉化、脱落现象；因连结料渗透过多，印迹不能形成光亮的结膜，色彩鲜艳程度不高；印记干燥速度过慢，印刷品容易产生粘脏等弊病。特别是在书刊、报纸类印刷以及高速轮转机印刷中，印刷速度快，如果油墨的渗透干燥速度过慢就会造成印刷品的脏污现象。另外，在彩色印刷中，若印刷品干燥速度过慢，会影响下一色油墨的套印或叠印，使印刷程序不能正常进行。

　　油墨的干燥性过大，油墨的干燥速度过快，也会出现多种故障。如：印刷过程中油墨逐渐固化干燥，丧失了原有的流变性，这时油墨的黏度上升、屈服值增大，流动性和转移性等也都发生了变化，出现了油墨在墨辊上堆积、传递困难的现象；印刷过程中因油墨的干燥固化、黏度上升，是纸张产生拉毛现象，甚至出现分层剥落，影响生产过程的继续进行；由于印刷过程中油墨的干燥固化、黏度上升，墨辊上积墨量逐渐增大，所以转移到纸张上的油墨层也逐渐加厚，这种现象在印刷品上表现为印迹的颜色逐渐变深，形成整批产品的墨色前后不一致等弊病；油墨在印刷墨辊表面干固，破坏了墨辊的表面性能，使胶辊的印刷适性下降，影响了油墨传递的均匀性，例如，在实地版面印刷中，印迹出现花纹、水纹、鱼鳞纹现象，这是胶辊印刷适性不良的表现。另外，油墨在墨辊表面干燥结膜会严重影响胶辊的使用寿命。油墨的干燥性过强，印刷品上墨层的干燥速度过快，连结料的渗透量少，墨层干燥后结膜牢固、表面光泽、平滑度高，对下一色油墨的吸附能力减弱。在多色叠墨印刷中，容易造成印刷品的晶化现象，特别是在纸张的平滑度较高时，这种现象更容易发生。

第四节　　影响油墨干燥的因素

　　油墨的干燥性主要是由连结料的种类及其性质决定的。油墨的型号或品种不同时，连结料的组成不同，它的干燥形式和干燥性能也不相同。如树脂型油墨的干燥性高于油型油墨，这是由于其连结料中含有树脂成分所致；当连结料中含有干性油的比例增大时，油墨的干燥速度相应减慢。此外，油墨的干燥性还受到多种因素的应影响，使油墨的干燥速度发生变化。

一、颜料对干燥性的影响

油墨的氧化聚合反应是在颜料和填充料等固体分散相存在的情况下进行的。不同的颜料对油墨的氧化聚合反应影响不同。有些颜料是惰性的，对油墨的干燥性没有明显的影响。有些颜料对油墨油催干作用，它们的催干机理与干燥剂相似，但催干能力却弱得多。常见的具有催干作用的颜料油铁蓝、铬黄和酞菁蓝等。

大多数的有机颜料对油墨的氧化聚合干燥有阻碍作用，特别是颜料分子结构中含有酚、苯酚、萘酚、胺、苯胺等基团时，能抑制连结料进行氧化聚合反应。所以用这些颜料配制的氧化结膜干燥型的油墨，干燥速度较慢。常见的阻碍油墨氧化干燥的颜料还有炭黑、钛白、偶氮红和磷钨钼盐沉淀的颜料。炭黑具有强烈的吸附作用，可以吸附干燥剂，使之失效。金光红和射光蓝容易漂浮到油墨的表面。妨碍油墨从空气中吸收氧，从而降低了油墨的干燥性。油墨中颜料应用的比例及其分散度还关系到油墨渗透能力的强弱和渗透干燥的速度。颜料的用量比例大，粒子细腻，分散均匀时对连结料渗透阻碍作用大，而且颜料粒子所形成的毛细管作用强，所以连结料的渗透能力减弱，相应的油墨的干燥性也下降。

二、油墨辅助剂对干燥性的影响

印刷过程中油墨中要加入某些辅助剂来调整印刷适性。各种辅助剂的组成和性质不同对油墨干燥性的影响也不同。除干燥剂可以提高油墨氧化结膜干燥的速度外，其他的辅助剂有些可以加快油墨的干燥速度，有些可以抑制油墨的干燥，是油墨的干燥速度放慢。例如：稀释剂的使用是可以增加油墨的渗透性，使油墨的干燥速度加快。撤黏剂因由抗氧化性的作用而延长了油墨的干燥时间。

三、湿度对干燥性的影响

印刷环境的湿度对油墨的干燥性的影响较大。当环境湿度升高时，油墨的干燥速度减慢。

在正常的情况下，空气相对湿度为 65% 时，油墨的干燥时间一般为 6.7 h。当相对湿度升高至 75% 时，同样的油墨干燥时间延长至 23.3 h，增长了约 3 倍。所以湿度的高低对油墨的干燥性的影响颇为显著。

相对湿度的高低主要影响油墨氧化结膜干燥的速度，这是由于空气中水蒸气的含量升高时，空气中的氧的化学活力减弱，与油墨接触的氧气量也相对减少，纸张的含水量也相应提高，与相对湿度较低时相比较，纸张对连结料的吸收量减少，使油墨渗透、凝聚能力也油所下降，导致油墨的干燥性减弱。表8-4是在不同的温湿度下应用不同纸张印刷后油墨干燥所需的时间。

表8-4　不同温湿度下油墨的干燥时间

纸张的 pH 值	不同温湿度下油墨的干燥时间/h	
	65%，18℃	75%，20℃
6.9	6.1	12.4
5.9	6.6	14.1
5.5	6.7	23.1
5.4	7.0	30.1
4.9	7.3	38.1
4.7	7.6	60.1
4.4	7.6	80.0

在平版胶印中，经过传递、印刷到纸张上的油墨，实际上是含有水分的油墨。油墨中的水分起到阻隔油水分子与氧气进行反应的作用，只有当油墨中的水分蒸发完毕后，油墨的氧化聚合反应才能彻底进行。所以，印刷环境的温湿度与胶印中油墨的干燥性关系更为密切，因为它们直接影响到油墨水分的蒸发和氧化结膜反应的进行。

四、温度对干燥性的影响

印刷环境的温度升高，油墨的干燥速度加快。大约温度每升高 10℃，油墨氧化干燥所需的时间可以缩短一半。温度升高时，物质分子的活性增大，干性油分子与氧气的反应速度加快，氧化聚合反应中过氧化物的生成量也增多，这样可以加快油分子的聚合。另外，温度升高时，分子的运动速度加快，能量增加，可以提高连结料中溶剂的挥发速度，从而提高挥发干燥型油墨的干燥性及干燥速度。

五、润湿液的酸性对干燥性的影响

胶印中应用的润湿液的 pH 值对油墨氧化结膜干燥的影响很大，润湿液的 pH 值一般应保持为 4.5 ~ 6。因为润湿液中含有一定量的磷酸和磷酸盐，若它的 pH 值过低,如低于 3.8 时,这些物质能与干燥剂中的金属盐类发生反应,生成非亲油性的盐,从而大幅度地降低了干燥剂的催化作用,甚至使干燥剂失效。所以润湿液的酸性越强,油墨干燥所需的时间越长。例如,当润湿液的 pH 值从 5.6 变为 3.5 时,同一种油墨的干燥时间由 6 h 延长为 24 h。所以胶印中应用的润湿液的酸性,在不脏版的原则下,总是以酸性略低为宜,以保持油墨适当的干燥性。下表 8 - 5 所示以胶印黑墨为例,表明润湿液的 pH 值与油墨干燥时间之间的关系。

表 8 - 5　润湿液的 pH 值对胶印黑墨干燥时间的影响

润湿液的 pH 值	2.0	3.0	3.8	7.0	7.0
干燥时间/h	70	17	16	16	12

六、纸张的性能对干燥性的影响

纸张的性能是影响油墨干燥性的重要因素之一。纸张的含水量、吸墨性、紧度和施胶度与油墨的渗透量和渗透的速度密切相关,纸张的这些性能不同,影响油墨渗透干燥和凝聚干燥的速度。纸张的含水量过高时,水分的蒸发会阻碍氧化聚合反应的进行,减缓了油墨的干燥速度。所以,油墨在性质不同的纸张上印刷后所表现出来的干燥性的强弱均不相同。

七、印刷墨层的厚度及叠墨印刷的次数对干燥性的影响

印刷品印迹的墨层较厚时,印迹表层油墨与空气接触,经氧化聚合形成结膜状态后,阻碍了空气中的氧进入墨层内部,是整个墨膜的干燥时间延长。另外,印刷品墨层过厚时,墨层中部连结料的渗透作用也很缓慢,因为接触纸张表面的油墨经渗透后产生凝聚,固着在纸张表面上,阻碍了墨层中部连结料的渗透,使渗透速度减缓。所以印刷品上墨层较厚与墨层较薄时相比较,与油墨所表现出来的干燥性较弱。

在彩色叠墨印刷中,因第一色油墨干燥后将纸张表面封闭,再叠印其他颜色时,叠印色油墨的渗透量已极少或不再产生渗透,只能依靠油墨的氧化结膜干燥或挥发干燥完成干燥过程,与油墨直接在纸张上进行印刷时比较,干燥所需要的时间显著增加。

八、其他因素对干燥性的影响

不同的印刷环境对油墨的干燥性也有一定的影响。印刷环境的空气流通,

使空气中氧的含量充足，而且氧气可以不断得到补充，从而使油墨的氧化聚合反应速率加快。另外，空气流通也可以提高溶剂的挥发速度，是油墨挥发干燥的能力增强。

印刷环境的光线充足，在光照下可以加快干性油分子在氧化聚合反应中氢过氧化物的分解，从而提高油墨氧化结膜干燥的速度。

印刷品印刷后堆放过厚，积压在中间的印刷品因不能充分接触空气，也会使油墨的干燥性受到一定的影响。综上所述，在各种不同的环境条件下，油墨的干燥性也表现为强弱不等。

第五节　油墨干燥的测定

油墨干燥的测定，即是测定油墨干燥的速度，或者在一定的条件下测定油墨的干燥时间。由于油墨的干燥方式比较复杂，油墨干燥的测定方法也各不相同。常用的有下面几种方法。

1. 压力摩擦法

压力摩擦法一般用来测定渗透干燥型油墨的干燥速度。这种方法是将油墨的刮样覆盖在新闻纸上，然后每隔一定的时间，在固定的压力下进行摩擦，从开始刮样到新闻纸不再因摩擦而染色的时间，即是油墨的干燥时间，用以表征油墨的干燥速度。

2. 压痕法

压痕法一般用来测定氧化结膜干燥型油墨的干燥速度。这种方法要在油墨干固仪上测定。干固仪的种类很多，原理基本相同，这种方法还先要在印刷适性仪上印出油墨试验条，然后在试验条上覆纸，一起固定在干固仪上，干固仪开始工作。干固仪的托纸板自左而右做间歇的运动，时间间隔可以在开机前选定；压痕机构即可上下移动又可做前后的运动，下移时便压在覆盖膜上，前后运动便可在覆纸上留下墨痕。随着油墨的干燥，经过一定的时间，覆纸上便不再有墨痕出现了，这个时间就用来表示油墨的干燥速度。油墨的干燥时间 T 可按下式计算：

$$T = T_0 + nT_1$$

式中：T_0——从印刷试验条到干固仪开机时所经历的时间；

T_1——压痕的时间间隔；

n——覆纸上墨痕的条数。

挥发性油墨的干燥速度要用初干性和彻干性来表示。初干性即油墨的固着速度；彻干性即油墨彻底干燥的速度。初干性和彻干性要用刮板细度计来测定。方法是先将凹印油墨放入刮板细度计的凹槽内，用刮刀沿凹槽刮平，再迅速地覆盖上空白纸张并转压。30 s 时纸张上不出现墨痕所对应的刮板细度计上的刻度值，即表示油墨的初干性，以 mm/30 s 计；在刮板细度计的 100 μm 处纸张上不出现墨痕的时间，即表示油墨的彻干性，以 s/100 μm 计。

复习思考题

1. 油墨的干燥过程分几个阶段？分别如何表示？
2. 如何使油墨在承印物上很好附着？
3. 什么是二次结合（力）？二次结合力由什么效应引起？
4. 如何减少背面蹭脏现象？
6. 渗透干燥的定义及其渗透干燥型油墨的干燥机理分别是什么？
7. 影响油墨渗透干燥的因素是什么？如何影响？
8. 挥发干燥的定义及其挥发干燥型油墨的干燥机理分别是什么？
9. 影响油墨挥发干燥的因素是什么？如何影响？
10. 氧化结膜干燥的定义及其挥发干燥型油墨的干燥机理分别是什么？
11. 影响油墨氧化结膜干燥的因素是什么？如何影响？

第九章　其他印刷材料及适性

第一节　印刷橡皮布及适性

一、印刷橡皮布概述

橡皮布的结构。橡皮布是一种由多层纤维织物及其表面涂布不同厚度的天然橡胶或合成橡胶黏合而形成的具有一定弹性的薄片状物质。

橡皮布的基本组成材料是纤维织物和橡胶，经过黏结，硫化、磨光表面处理之后，成为能适应图文转印和衬垫需要的印刷橡皮布。

印刷橡皮布由表面橡胶层、弹性橡胶层和纤维织物层所组成，如图9－1所示。目前常用的印刷橡皮布是由3～4层质地优良的平纹织布与橡胶层黏结在一起，织布的表面是一层具有良好耐油、耐溶剂性的橡胶层，经过硫化后使橡胶具有优良的弹性和硬度，再通过研磨处理得到适应了印刷要求的橡皮布。

图9－1　橡皮布结构示意图

1. 表面胶；2. 布层胶；3. 织物层

1. 表面橡胶层

橡皮布的表面胶层既要不断与印版表面、油墨、润版液、汽油、煤油等物体相接触，又要在印刷过程中周期性的被挤压变形、转印图文，然后有弹性恢复。因此，橡皮布的表面胶层不但需要具有优良的吸墨传墨性，耐油、耐酸碱、耐溶剂性，还应具有一定的力学性能，如拉伸强度和压缩强度、硬度、弹性等，这样才能适应正常印刷生产的需要。

早期的印刷橡皮布全部采用天然橡胶作为主要材料，因为天然橡胶具有优良的高弹性能和良好的吸墨传墨性能，但是天然橡胶耐油、耐溶剂性能较差，用于表面胶层对印刷质量的影响较大。随着印刷机的高速、多色化和胶印油墨结构的改革，目前已普遍采用耐油合成橡胶或橡胶高聚物。表面胶层是转印工作面，胶层的厚度及其性质，具有重要的工艺技术意义。过厚或过薄都不利于印刷作业和获得优良的印刷性能。

橡皮布表面胶层的厚度一般控制为 0.50 ~ 0.70 mm。表面胶层的厚度太薄，则胶层的硬度偏高，弹性较低，印刷中易使图文版面出现墨杠，出现墨色不匀、网点不饱满的现象，并且容易磨损印版，降低印版的使用周期；表面胶层的厚度太厚会使印版上的网点在转印中产生变形，易引起图文印迹的偏移，导致套印不准、画面模糊，成为废次印刷品。

2. 弹性胶层/布层胶

弹性胶层又称布层弹性黏结胶，又称布层胶。在橡皮布中使纤维织布层黏结起来并具有一定的弹性作用。布层胶应具有良好的高弹性、压缩变形和复原性，并具有很好的黏附性。一般采用天然橡胶作为布层胶的原料。

布层胶在橡皮布的各纤维布层间的厚度是不同的。这是为了适应印刷面胶层的可压缩性、回弹性和柔软性。布层胶的总厚度一般控制为 0.12 ~ 0.18 mm。

3. 纤维织物层

纤维织物层在橡皮布中又称为织布、底布或基布，是橡皮布的骨架基础。

在印刷过程中，橡皮布受到很大的挤压力和拉伸力，这就需要织布层具有高强度的性能，使橡皮布在印刷中具有较高的拉伸强度和而最小的伸长率。根据橡皮布在印刷过程中的受力情况及各弹性胶层的分布，一般采用三层或四层织布作为橡皮布的骨架基础，以适应不同印刷的需要。

底布是橡皮布的骨架，其物理机械性能，直接决定着橡皮布的强度及其印刷适性，底布的层数和厚度，一般以能满足橡皮布整体结构的技术要求为基础。

在各型橡皮布结构中，有着不同的底布层次。目前，视所用底布的厚度本同，常采用同一结构或不同结构的底布，制成不同厚度（三层或四层）的印刷橡皮布，以满足各型印刷机的需要。

底布在整体结构中的总厚度，一般为 0.82～1.12 mm。

二、橡皮布的分类与规格

橡皮布的类型和品种校久其结构和质量也各不相同。如气垫型橡皮布全世界大约有 30 种。

1. 橡皮布的分类

国内外对橡皮布尚未有统一的命名和分类规定，生产中常见的命名和分类方法如下：

①按使用性质分：有打样和印刷用橡皮布两类。

②按胶印机类型分，有单张纸及卷筒纸胶印机用橡皮布两类，其中卷筒纸胶印机用橡皮布，又可分为对滚型（B—B 式）和卫星型胶印机用橡皮布两类。

③按结构特性分：有不可压缩的普通型橡皮布和可压缩的气垫型橡皮布两类。

④按表面胶颜色分：有黑、灰、绿、红、乳黄、橙、浅蓝等色橡皮布。

2. 橡皮布的规格

一般是指橡皮布的包装型式、尺寸及其厚度。

①型式：橡皮布的包装型式，通常是根据使用要求或按订货规定而定的。一般地说，有平板状和卷筒状两种型式。

②尺寸：对于平板状橡皮布来说，是指其宽度和长度；对于卷筒状橡皮布来说，是指其宽度。

③厚度：是指橡皮布的整体厚度。它主要是根据胶印机滚筒间距和衬垫量而设定的。一般厚度为 1.65～1.95 mm，也有 2.10 mm 的。

3. 橡皮布的使用和保管

橡皮布使用的稳定性及其有效期限，涉及纸张、油墨、版坡、印版类型及印刷机精度等方面的影响。

（1）橡皮布的使用

应根据印刷品性质和所用印机类型、纸张等择优选用控皮抵并正确掌握使用方法与技术要求。

①裁切：根据橡皮布矢标（或色线）所示经向性置，按照规定切取实际所需尺寸，使其经向与该筒运转方向相一致。裁得的橡皮布不许偏斜，偏斜的橡皮布受力不匀，易产生蛹动或扭曲，从而引起图文或网点的变形，甚至产生"双印"等工艺故障。

②打孔：在已裁取的橡皮布上，按夹板孔眼画出孔眼位置，然后冲孔。装夹时，橡皮布两端的孔眼位置要保持平行，夹板螺丝成均匀紧团。

（2）橡皮布的保管

橡皮布应保管、贮存于阴凉、通风、光的地方，并远离热源和酸、碱等化工产品。存放环境的温、度应适宜，防止过早老化。

①贮存：橡皮布的保效期限，一般为一年至一年半（以成品日期起计）。如超期保存，其机械性能和化学性能将逐趋下降。入库保管的橡皮布应标明成品日期及入库时间，以利发放使用和更新贮备。

②保管：橡皮布应面对面或背对背的平放，也可以卷好竖立存放于筒中，应注意避免过分挤压。

③保养：在印刷作业开始或结束时，必须及时擦洗橡皮布，清除表面的纸毛、填料、墨膜、水膜等杂物，保持胶面洁净、爽滑。中途停机时间稍长时，亦应及时清洗橡皮布。清洗橡皮布应用专用清洗剂，使用汽油或汽油煤油乳化液清洗效果稍差。

为了延长使用寿命和保持良好的印刷适性，橡皮布应轮换位用，一般每色至少配备两块，一块使用，一块备用。备用橡皮布应清洗干净，涂上一层滑石粉并加遮光包装后平放于台面上。

三、印刷对橡皮布性能的要求

在胶印机上，橡皮布在转移图文墨层的过程中，是周而复始地与印版接筒、压印滚筒在相对滚压状态下，与水膜、墨膜和纸张相接触的。因此，胶印所用橡皮布的性能。必须相应地满足转印过程的基本工艺技术要求。通常，胶印对橡皮布有下达三方面的要求：

1. 外观

不论何种机型，所使用的橡皮布其表面胶层和底布表面应保持平整、光洁，尤其是在有效使用面积内，胶层表面不许有气泡、磨削坑、印痕、微孔、杂质等疵病。底布布面也不许有折皱、撕裂、凹坑、凸起、伤痕、纱结等直接影响印刷作业和图文质量的缺陷。

2. 机械性能

橡皮布在胶印机上是被张紧在滚筒上使用的。因此橡皮布的机械强度、伸长率及其表面性能、传递性能等，都应与胶印机、纸张、润湿液、油墨、版材等条件相适应，以保证橡皮布在印刷过程中，能够顺利地实现墨膜转移，获得网点清晰的印刷品。

3. 化学性能

印刷橡皮布既要具备吸附油墨及润版液的功能又应具备不与油墨、润版液发生化学反应和被油墨、润版液侵蚀的性能。

4. 材料质量性能

织布性能决定橡皮布的强度、伸长率等力学性能。用于橡皮布中的织布，必须平整、光洁、无折印、无线结，并具有一定强度，布层胶要有足够的黏附力，织布组织要有足够的疏密度。

四、印刷橡皮布的基本性能

为了获得墨色均匀、网点清晰、层次丰富、色彩鲜艳的印刷品，橡皮布必须具备优良的物理性能、化学性能和印刷性能。

1. 橡皮布的外观性能

（1）平整度

橡皮布的平整度是指其整体厚度结构上的平服、均整程度。

在胶印中，平整度是选择衬垫条件，确定印刷压力的主要依据之一。其本身误差，以及在印刷过程中显现的局部不平整，会造成印刷压力不均匀，以致影响印刷效果和印品质量。

橡皮布由于制造工艺上的因素，很难达到精确的平整度。一般地说，其平整度如超过橡皮滚筒与压印滚筒的压缩值值时，就会造成图文网点的扩大和变形，并伴随出现墨色不匀等现象，根据胶印机精度和技术条件，橡皮布的平整度应控制为 0.01 ~ 0.02 mm。目前国产橡皮布的平整度一般为 0.04 ~ 0.10 mm。

（2）光滑度

橡皮布的光滑度是指其表面胶层，经磨削后所呈现的粗糙的显微状态。橡皮布表面的光滑度，不仅关系着油墨与润湿液的吸附、转移，而且直接影响着图文网点的再现性和纸张的剥离性。一般地说，表面粗糙的橡皮布，在印刷过程中的印张剥离，比表面光滑的要好，但是后者的印刷效果，比前者好。在实际生产中，一般选用中等光滑度橡皮布的居多，以获得二者兼有的折衷效果。橡皮布光滑度的测定，目前主要借助光泽测定仪检定。

（3）色调

橡皮布的色调是指其表面胶层所显现的色泽均匀度状况。橡皮布的色调，虽不如纸张色调那样直接影响印刷效果和印品质量，但在实际生产中，它是影响观察和判别图文着墨状况和墨层厚度的因素之一。

2. 橡皮布的物理性能

橡皮布的机械性能主要取决于表面胶和布层胶所用橡胶的分子结构及其织物的技术质量。一般地说，橡胶是由单体聚合而成的高分子化合物，未硫化的胶分子是一种线型结构，经过硫化后，线型分子交联成体型的网状结构。因此，橡胶硫化后的机械性能，一般表现为塑性降低，弹性增加，强度提高。此外，胶料中的各种配合剂和加工工艺对橡皮布的机械性能，也有很大的影响。

（1）硬度

橡皮布的硬度，是指其表面胶层受外力压缩时，其抵抗外力的能力。有时，硬度也被看作是一种压缩模数（也称压缩系数）。

不同类型的橡皮布，其硬度都不相同。一般地说，橡皮布硬度是根据胶印机类型、工作速度而设计的，通常以满足滚筒的转印条件为原则。在印刷过程中，橡皮布是在压印力的作用下工作的，其压缩程度与压力和衬垫的性质有关。橡皮布硬度的高低，与印版寿命、墨层转移、图文网点的清晰度关系密切。硬度过高，易磨损印版，降低印版耐印力；过低则易使图文网点变形，造成印刷质量下降。

一般地说，橡皮布的硬度为 70 ~ 85°，普通型橡皮布的硬度为 74 ~ 78°，气垫型按皮布的硬度为 75 ~ 78°。橡皮布表面胶层的硬度与其抗张强度和弹性相关联。通过硬度的测定，可以从中了解其他机械性能。

橡皮布的硬度，我国和欧洲都使用邵氏 A 型硬度计来测定。其测定方法是：将试样置于压针下，在一定负荷的压力条件下，使压针压入试样，其压入深度即被指针示出，可直接读出硬度数值，以邵氏度表示。

（2）弹性

橡皮布的弹性是指其在受外力压缩或冲击之后，其瞬间恢复原状的能力。一般地说，胶印过程主要是利用橡皮布的高弹性质，以最小的压印力和摩擦力，而使转印的图文网点达到清晰、饱满、结实。

橡皮布本身的弹性大小，与橡胶分子结构和表面胶料中的硫化剂、填料及软化剂品种、含量有关。在实际使用中，橡皮布的弹性又受反复压印力的作用和老化的影响，而逐渐降低。

橡皮布的弹性一般在冲击弹性试验机上测定。其方法是：将试样置于底座上，以摆锤冲击，其弹回的高度与原高度之比，称为弹回率用百分率（%）来表示。目前橡皮布表面胶的弹性，一般为 43% ~ 44%。

（3）抗张强度

橡皮布的抗张强度是指其抵抗拉伸的能力。

　　橡皮布是安装在橡皮滚筒上使用的，一般地说，其经向抗张强度一般在 70 kgf/cm² 左右，它在滚筒圆周方向上以约 9 kgf/cm² 的力张紧（卷筒纸胶印机约为 12 kgf/cm²）。在经向张紧时，两边的张紧力大，中间的张紧力小。

　　由于橡皮布在滚筒上受到圆周方向的张力，所以长度和厚度都会发生变化，其硬度和弹性会随之降低。如若经向强度不足时，则会造成张紧时的断裂或在高频动态按压周期内不能瞬间复位，增大变形量甚至扯断。

　　橡皮布的抗张强度，常用橡胶抗张试验机来测定。测定方法是：将试样夹在抗张试验机上，记录拉断单位宽度（工作训阶宽度）试样所用的力。

　　（4）伸长率

　　橡皮布的伸长率是指其经向在扯断时所伸长的长度与原长度的百分比值。

　　橡皮布的伸长特性，主要取决于所用的材质及其构造，其中底布的编织密度和组织结构起着主要的作用。

　　橡皮布伸长率的大小，对于转印的图文质量具有实际的意义。一般地况当橡皮布在滚筒圆周方向上受到约 9 kgf/cm² 张力时，其伸长率通常在 2% 以下。否则，就不能保证套印精度和图文网点的清晰度。伸长率过大，则会导致图文尺寸增宽，网点扩大变形，甚至出现"双印"。

　　橡皮布曲伸长率，也是在橡胶抗张试验机上测定的，其方法是：沿经向截取 25×300～350 mm 试样，将其垂直夹于上、下夹持器上，使下夹持器以 50±5 mm/min 的速度拉伸直至断裂，然后按下式算出其伸长率（也称扯断伸长率）：

$$E = \frac{I_1 - I_0}{L_0}$$

　　式中：E——伸长率，%；

　　　　　L_1——试验前试样工作标距，mm；

　　　　　L_0——试样断裂时的工作标距，mm。

　　（5）定负荷伸长率

　　橡皮布的定负荷伸长率是指其在一定外力作用下，在一定的负荷时间内，其经向伸长部分与原长度之比。

　　在印刷作业中，橡皮布经向长期处于定负荷状态下，因此定负荷伸长率与印刷质量关系其为密切。过大，则造成图文网点的扩大、层次模糊或产生双印，严重时将导致橡皮布失效。

　　橡皮布经向定负荷伸长率的大小，主要取决于底布的经向断裂伸长。目前，国产橡皮布底布的断裂伸长一般在 8%～10%，但按使用条件和技术要求，以稳定在5%左右较理想。

定负荷伸长率的一般测定方法是：将宽25 mm试样垂直夹于抗张试验机的上下夹持器上，然后挂在定负荷伸长试验架上，加负荷25 kg或5 kg，经负荷4 h后，测出其延伸长度。然后按下式算：

$$E = \frac{L_1 - L_0}{L_0} \times 100\%$$

式中：E——定负荷伸长率，%；

　　　L_1——试验前试样工作标距，mm；

　　　L_0——试样在负荷作用下的工作标距，mm。

（6）压缩性

压缩性是指橡皮布在印刷过程中抵抗压缩的能力，它是表征其压缩变形性质的。

橡皮布的压缩性，主要取决于其结构特性。不同类型的橡皮布有着不同的压缩特性。根据试验表明：在10 kgf/cm²的压力条件下，普通型橡皮布的压缩率一般为3% ~4%，而气垫橡皮布的压缩率一般为4% ~8%。一般地说，压缩率愈大，则压缩变形愈小；反之，压缩率愈小，则压缩变形愈大。普通橡皮布由于其结构中没有可压缩层，在压印过程中其整体不产生弹性变形，而只能使橡皮布的表面胶层与弹性胶层向两端挤压，从而产生蠕动现象，形成"凸包"。气垫型橡皮布，因其结构中具有可压缩层，在压印过程中，其整体在受力方向垂直压缩，产生体积的压缩变形，而不形成表面胶层与弹性胶层的弹性变形。

橡皮布的压缩性，通常采用多次压缩疲劳试验法测定，它是以一定的压缩频率和一定的变形幅度，反复压缩试样，以测量其变形或耐压缩性。

3. 橡皮布的化学性能

橡皮布的化学性能，主要是指其表面胶层对于所用润湿液、印刷油墨和清洗剂等的耐抗性质。

（1）亲水耐酸性

亲水耐酸性是指橡皮布表面胶层对润湿液的吸附和耐抗性能。在印刷过程中，橡皮布不断地吸附着润湿液，而润湿液多数是酸和盐的组成物，其pH值通常在3.8 ~5。因此，当印版上的润湿液吸附在橡皮布表面的同时，会部分地浸润至胶层内部，日久容易引起胶层老化，降低亲水抗酸性能甚至还会损伤底布强度。若日常清洗不净，使润湿液残留表面，也极易产生亮膜而降低其吸附能力。

橡皮布亲水耐酸性的测定，一般是将试样浸于标准润湿液（液温为40℃）中，48 h后取出用水迅即洗涤，待干燥后称重，然后进行计算。一般要求增重不应超过1.0%。

（2）耐墨性

耐墨性是指橡皮布的表面胶层对油墨的植物和石油溶剂等的耐抗性能。在胶印过程中，橡皮布不断地吸附着油墨，而油墨中含有干性植物油、石油溶剂等物质，这些物质在压印力的作用下。较易浸润至胶层内部。目前虽然橡皮布都采用耐油性较好的丁腈胶或以丁腈胶为主的胶型，但日久也会引起膨润发粘，致使弹性和其他性能下降。

橡皮布耐墨性的测定，一般是将试样浸于标准的树脂型调墨油或矿物油（油墨油）中，48 h（或72 h）后取出用汽油迅速洗涤待干燥后称重，然后进行计算。一般要求增重不应超过3%。

（3）耐溶剂性

耐溶剂性是指橡皮布表面胶层对清洗剂及有机溶剂等的耐抗性。在印刷或保养过程中，常用洗净剂清除橡皮布表面残留的油墨墨膜、润湿液膜，以保持表面的爽滑性和恢复吸附油墨和润湿液的能力。在生产中大多数仍沿用溶剂汽油或汽油与煤油混合液来清洗橡皮布。近年来，专用洗净剂己在橡皮布自动清洗装置中逐步应用，取得了理想效果。

橡皮布的耐溶剂性测定，一般是将试样浸于标准溶剂（汽油∶苯 = 3∶1）或洗净剂，经48 h后取出持干燥后称重，然后进行计算。一般要求增重不应超过5.0%。

（4）抗老化性

老化是指橡皮布出现润胀、胶层发黏、龟裂、硬化等现象。橡皮布的老化主要是由其本身的结构所决定的，但与使用和保养条件有着密切的关系。氧、臭氧、日光、热辐射、酸、碱等，都会促使橡皮布的胶层由表及里地老化。润湿液、油墨及其洗净剂等的润胀，也是加速橡皮布老化的重要因素。使用和保管日久后，便会产生胶层发黏、龟裂和变硬等现象。因此，正确地使用和养护橡皮布，是延缓橡皮布老化的最有效、最经济的技术措施。

橡皮布耐老化性的测定：一般采用热空气老化试验，其方法是将试样放在常压和规定温度的热空气中，经过一定时间后，测定其机械性能的变化。测定结果，可以抗张强度老化系数、拉断伸长率老化系数等来表示。

五、印刷橡皮布的印刷适性

在印刷过程中，橡皮布的主要功能是在动态压缩情况下，转印图文墨层和缓冲压印力。它对于印品墨膜的均一性、网点的再现性、光泽度、图文的套印精度以及印版的耐印力等，都具有实际的技术经济意义。

目前，对于橡皮布印刷适性的研究，除了专业制造厂已有一定基础外，在印刷业中尚未进行系统的研究。

橡皮布的印刷适性，一般是指用于某一印刷方式的橡皮布，应具有的适应工艺和技术条件（如机型、工作速度、纸张、油墨、印版等）的各种必须的性质。这些性质必须使其转印或压印的图文，达到一定的质量要求和印刷效果。人们把橡皮布的这些性质，统称为橡皮布的印刷适性。

1. 吸墨性

吸墨性是指橡皮布在印刷压力的作用下，其表面吸附油墨的性能，又称吸墨率。吸墨性是橡皮布进行图文印迹转印的首要条件。橡皮布的吸墨性好，吸附的墨量就充足；橡皮布的吸墨性差，吸附的墨量就少。通常情况下，橡皮布表面所吸附的油墨量约占印版表面油墨量的50%。橡皮布的表面对油墨的吸附能力取决于橡皮布的表面状态和印刷条件。橡皮布表面在成形时需经过精磨处理，使其表面具有一定的纱目，这样表面的吸墨性强。在橡皮布使用一段时间后，表面变得光滑出现亮膜时，吸附油墨的能力就会降低，这时油墨的传递也会随着吸墨量的降低而减少，印刷品上的墨迹就会出现墨量不足，露白底等现象。这时就必须把这层亮膜擦洗去，才能保证橡皮布原有的吸墨性。

2. 弹塑性

弹塑性是指橡皮布在消除压印力后，其瞬时恢复原来状态的能力，又称瞬时复原性。印刷过程中，橡皮布在一定的速度条件下，每小时受到数千次或数万次的反复压缩，其瞬时复原的特性，主要取决于橡皮布整体结构的性质。压印时，普通橡皮布的表面胶层呈压缩变形，而气垫橡皮布不仅在表面胶层，同时也在气垫层呈压缩变形。瞬时复原性，可以压缩模数（也称压缩系数）或压缩变形恢复率的大小来表示。一般地说，普通橡皮布的压缩模数大于气垫橡皮布。压缩模数小的橡皮布，具有较好的瞬时复原性，其转印的图文网点饱满结实、层次清晰、套印精确度高。

橡皮布经受数千万次压印，便会逐渐产生弹性疲劳，厚度变薄，弹性降低，随之发生相应的压缩变形，直至永久变形而不能使用。橡皮布的瞬时复原性与受压时间、压缩率有关。国产气垫橡皮布的压缩变形恢复率一般为

75%～90%以上（1～30 s 时）。橡皮布复原性的测定，一般在多次压缩疲劳试验机上进行，它是以试样在一定压力条件下，经高频脉冲测试，在其受压消除后，用 1 s 或 30 s 时的恢复率来表示的。

3. 传墨性

传墨性是指橡皮布在压印力的作用下，将印版图文部分的油墨墨膜转印于纸张表面时的传递能力，它是用来表征橡皮布吸墨（吸附能力）和传墨（转移能力）的综合特性的。

在胶印过程中，橡皮布从印版上所吸附的墨量约为 50%，从橡皮布转移到纸上的传经量为 75%～80%。实际上，从印版转移到纸上的墨量为 37%～40%。橡皮布的这一传递特性，除了受压印力、纸张平滑度影响之外，主要取决其所用胶型及其表面的光滑度、硬度等。

橡皮布的传墨性，通常以油墨传递率来表示：

$$Y = \frac{Z_m}{X_m} \times 100\%$$

式中：Y——橡皮布的油墨传递率（%）；

$\quad\quad Z_m$——橡皮布的油墨转移量；

$\quad\quad X_m$——橡皮布的油墨吸附量。

油墨传递率越高，橡皮布的油墨传递性就愈好。

4. 剥离性

剥离性是指在压印力作用下，橡皮布与印张的剥离能力。

一般地说，影响橡皮布剥离特性的主要因素是表面胶层的化学成分、硬度及其表面的光滑度和电性能等。此外，它还与油墨的物理性能、纸张的表面形状、印刷品的图文状况等因素有着密切的关系。在剥离过程中，从橡皮布上剥离的印张，由于受到较大的剥离张力和剥离速度，常会引起印张伸长或起皱、拉毛，甚至造成剥纸（习称剥皮）故障，这种现象，尤其在高速的卷筒纸胶印机上，不但容易用损伤橡皮布，同时也会造成断纸，增加废品率。

近年来，国际上已研制出一种快速剥离的橡皮布，其组成结构中具有快速别离纸张的表面胶层，因而能适应于黏性较高的油墨，印在高光泽的涂料纸上，不致引起剥纸或尾端起皱、打卷现象。

国产气垫型橡皮布已将剥离性列入技术考核指标。橡皮布的剥离性，一般可以用其对印张的黏着力和剥离角度的大小来评价。橡皮布对印张的黏着力小，表明其受到的剥离张力也较小，故形成的剥离角度也小，所以剥离速度也快。

目前，橡皮布的剥离性，主要通过其体积电阻和表面电阻来表示。

六、常用的印刷橡皮布

目前，在印刷过程中，常用的有下述两类橡皮布。

1. 普通型橡皮布

普通型橡皮布，又称为实地型橡皮布，是用于印刷一般书刊、画报、彩色图片和包装纸盒的印刷橡皮布。

（1）组成结构

由表面胶层、中间布层和底面布层组成。

（2）性能特点

具有良好的吸墨、传墨和亲水抗酸性，其瞬时复原性较好。在动态压缩下，被压缩部分的发面胶层，会向两端伸展从而产生弹性变形，出现"凸包"现象（如图 9 - 2 所示），容易导致图文或网点位移。

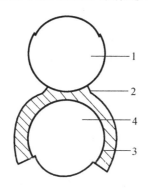

图 9 - 2　普通型橡皮布的受压特性示意图
1. 印版滚筒；2. "凸包"现象；3. 橡皮布；4. 橡皮滚筒

2. 气垫型橡皮布

气垫橡皮布，又称为气垫式可压缩型橡皮布，是一种印制精美画册，艺术图片、美术画报、高级包装商标以及彩色报纸、期刊的高级印刷橡皮布。

（1）组成结构

以前胶印机使用的都是基本上属于不可压缩的橡皮布，有的称为硬质橡皮布，也有的称其为普通橡皮布。目前，国内许多胶印机仍然在使用这种橡皮布。

不管是哪一种橡皮布，它的质量的高低主要取决于它们所用的材料及其结构，即橡皮布表层、弹性层胶质与织物的种类和结构。这两个因素确定了橡皮布的弹性、延伸性、耐用性、印刷适性以及对承印物表面的应力等。这些原理，无论对普通橡皮布还是气垫橡皮布来说都是共同的。

气垫橡皮布的外形与普通橡皮布没有明显的区别，它的厚度大致为1.65～1.9 mm，分成几种规格，气垫橡皮布与普通橡皮布的最主要区别是不仅也有不同织物层和橡胶层，而且在其中间还夹有一个充气层，以此构成了一种弹性层。充气层主要分为微气泡状的和气槽状的。在表面层与微孔层之间有一层坚固的载体层，以加强上下两层的黏结。其他的橡胶层、织物层与普通橡皮布的基本相同都是以强度高、拉伸小的织物层和橡胶层交结成为具有一定厚度，能满足机器包衬需要的橡皮布。它们的表层也同样都要求耐酸、耐碱、耐油性，纸张剥离性及良好的油墨传递性。

（2）性能特点

气垫型橡皮布在结构上采用了橡胶层和气垫层相结合的形式，因此气垫型橡皮布在受压过程中，通过表面胶层力的传递，使气垫层中微球体内的气体产生压缩，微球体体积缩小，使气垫型橡皮布在压印中产生正向压缩变形，而不会向两端伸展，也不产生"凸包"现象。这样，气垫型橡皮布在压印区域内的受力得到均匀的分布，在传递网点过程中也不易出现网点变形、双印等现象。

气垫型橡皮布的可压缩量为0.15～0.25 mm。在印刷操作过程中，可在规定的范围内任意调整印刷压力，气垫型橡皮布均能保持良好的工作状态，并得到最佳的印刷效果。气垫型橡皮布良好的可压缩性能，对印刷机易产生"墨杠""条痕"等故障能起到缓解作用。

气垫型橡皮布还具有良好的瞬间弹性恢复作用，其瞬间弹性恢复率为75%，30s后的弹性恢复率为90%以上。因此，气垫型橡皮布能适应多种规格产品的印刷。

气垫型橡皮布的特点是：具有优良的吸墨、传墨性和耐抗，对印刷版面磨损小，耐印力高，纸张剥离性好，可压缩性和瞬时复原性好。普通型橡皮布由于没有可压缩性，在压印过程中，橡胶层受压印过程中产生力的传递，因此，橡皮布受压部分在作用力与反作用力的挤压下向滚筒的两边伸展，形成隆起的凸包。在高速印刷的状态下，凸包不能再瞬间恢复原状，因此会造成印刷产品套印不准，网点变形，图文模糊，出现重影或高调区域再现性不佳等质量问题，特别是当滚筒精度有误差，压力增大时，凸包现象可更加严重。

气垫型橡皮布由于采用了橡胶层和微孔海绵橡胶层相结合的结构，在受压过程中，其结构中的微中的微孔海绵层的微球体内的气体产生压缩，微球体体积缩小，当压力撤除后，微球体体积迅速恢复，因而气垫橡皮布具有良好的可压缩性和复原性，依靠这种压缩的作用，避免了橡皮布表面的凸起现象。即气垫型橡皮布在压印过程中，由于微孔海绵胶层良好的可压缩性和复原性，在受力作用过后，在滚筒的垂直方向压缩变形，而且能瞬间恢复，因而改进了网点的再现性。同时，气垫在压印区域内的受力可得到均匀分布，在传递网点过程中也不会出现网点变形、重影等现象。此外，微孔海绵橡胶层还具有很好的缓冲性和变形复原性，因而有利于消除承印物的位移和褶皱以及墨杠等故障。

气垫型橡皮布在压印过程中由于不产生横向变形和和伸展，因此对印版可达到最小程度地磨损。这样使用气垫型橡皮布就可相对提高印版的耐印率。

第二节　印刷胶辊及适性

一、印刷胶辊概述

印刷品上图文印刷的质量与印刷机输墨系统的设计、制造、使用以及组成的材料有着十分密切的关系。印刷胶辊是输墨系统中供墨、匀墨、传墨和润湿系统的主要构件，在印刷机输墨与润湿系统中起着很重要的作用。

印刷胶辊同印刷橡皮布一样，品种也很多，除了胶印机用的印刷胶辊外，还有凸版平台印刷机、轮转印刷机用的胶辊和凹版印刷机用的胶辊。其他还有印刷打样机用的胶辊，速印机、打字机用的胶辊等。

1. 印刷胶辊的结构

在印刷过程中，要保证输墨系统良好的工作稳定性，油墨的均匀性和连续性供墨，墨辊应具有很好的亲墨性、弹性和耐溶剂性等，胶辊的辊芯应具有良好的刚性和强度，具有抗变形能力。印刷胶辊一般由金属辊芯和橡胶层组成的圆辊。如图 9-3 所示。

（1）橡胶层

橡胶层主要由表面胶层、过桥胶层和硬胶层三部分组成。表面胶层是墨辊的主要部分，它起着均匀传递油墨的作用，橡胶层厚度一般为 6~8 mm。过桥胶层起着黏结表面胶层和硬胶层的作用，厚度为 8~10 mm。硬胶层起着黏结金属辊芯和过桥胶层的作用，厚度为 2~3 mm。

（2）金属辊芯

金属辊芯是印刷墨辊的骨架。为了使橡胶层能更好地与辊芯结合，在辊芯

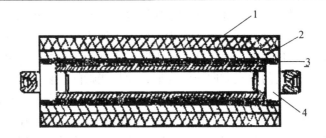

图 9 - 3　印刷胶辊结构示意图
1. 表面胶；2. 过桥胶；3. 硬胶；4. 铁芯

表面车有螺纹，螺纹一端为左旋，中间有一段空白，不车螺纹，作为检验辊体对轴头的跳动之用。金属辊芯为一个实心圆柱体或中空圆柱体，辊芯的壁厚应均匀一致。辊芯两端轴头与轴承必须压配牢固，并标有标准中心的顶针孔。金属辊的中心必须平衡，不允许有摆动和弯曲。在浇铸前，必须对金属辊芯进行检验和处理，除去油污和铁锈。

2. 印刷胶辊的技术要求

（1）硬度与弹性

胶印机上的墨辊都是按橡胶辊和金属（或硬塑料）辊相间排列的。为使橡胶辊在一定的接触压力下很好地与金属（硬塑料）辊接触和传递油墨，橡胶辊必须具备良好的弹件和极小的压缩变形，表面层橡胶要柔软，硬度一般在 25~35°（邵氏），过软或过硬都会影响油墨的转印质量。

（2）油墨传递性

胶辊在传墨方面的要求与橡皮布不同，腔辊要求吸墨量大而传墨率低。这样，在胶辊上就可以经常储存较多的油墨，有助于保持均匀地输送油墨，以便当机器开印时可以定很短时间内使油墨系统达到均匀，由于胶辊上吸附的油墨量大，所以传墨率虽低，却仍能传递足量的油墨到印版上去。

（3）适应性

要求在不同的温湿度条件下，胶辊的各项性能及尺寸均无变化在低温条件下要求胶辊不变硬，保持良好的传墨性。在较高温度条件下，要求胶辊不发粘，不烂胶。在运转过程中要求胶辊生热小，以保持恒定的油墨黏度。

（4）耐油性

在印刷过程中胶辊的表面吸附着很多油墨。停止印刷时胶辊的表面也常用脂肪烃油类洗涤，因此胶辊的耐油性能要强。耐独性差的胶辊容易产生膨胀或收缩现象，造成尺寸改变而影响印刷。

（5）其他性能

胶辊除上述要求外，还须具备一定的强度和耐磨性。胶辊表面应无杂质、无针孔、易清洗。胶辊整体的外圆直径要一致。

3. 印刷胶辊的使用和保管

印刷胶辊在胶印机上主要是传递油墨，为了传递均匀，满足各种印件对墨量的需要，除了要有一定数量墨辊外，在墨辊直径大小设计时也有严格规定，以保证足够的传墨系数和与印版保持最小的摩擦。从其材料要求来说既要有良好的吸墨性和传墨性，又要耐油、耐溶剂的侵蚀，清洗方便。目前胶辊的表面层胶一船都选用丁腈橡胶（平版印刷胶辊）。

日常清洗胶辊时一定要认真清洗干净，否则会使胶辊表面层和颜料、树脂氧化生成一层光滑而硬的膜，造成表面玻璃化而影响传墨。若经常清洗不净，日久墨辊表面金形成凹凸不平的现象而不好使用。因此停机停工时都应将墨辊洗净放好备用。

装上机器的胶辊，如遇中途停机时间较长，或下班停机时，都应使墨辊脱离墨台（镜子）或印版。铁压胶也应抬离胶辊，防止久压变形或粘连而损坏墨辊。

新型高速机一般都装有自动刮墨装置，但在清洗墨辊时也不能贪方便，完全依赖刮墨器清洗，这样可以防止打滑以及墨辊过度磨损，人工清洗时，要注意洗净墨辊的两头因为一般印刷机的墨辊两头容易积起油墨并产生结皮干涸。

铅印用墨辊由于质软，容易黏附纸毛或砂粒，遇到此情况亦不能用硬质器件或刀刮，以免损伤墨辊。在使用铅线、花边及号码机印版印刷时，特别容易损坏胶辊表面，所以在调整胶辊时不能调得过低或靠版过紧。

胶辊容易引起的印刷故障与排除：

（1）胶辊氧化结膜

由于树脂墨中干燥油与扩散剂长期渗透胶根表面，而粗糙的毛细孔，使表面封闭形成氧化结膜、使胶辊感脂性减退而影响吸墨与传墨的效果。消除这种弊病的方法一般是用人工或机械打磨去掉结膜层，但要注意墨辊的直径不能改变太多，否则会影响传墨性能。也可用20%左右的氢氧化钠水溶液洗，然后用弱酸中和，最后用清水冲洗后备用。但是不能用酮类、酯类等有机溶剂来清洗结膜层。

（2）胶辊脱墨

由于油墨乳化，在平滑的胶辊上形成了亲水基，使它脱墨。解决办法是铲掉乳化墨，将脱墨胶辊用汽油洗净，用5%的氢氧化钠水溶液与浮石粉混合打墨，同时对金属辊也要做相应处理。此外在工艺上也要适当进行调查。例如改变水斗药水的配比，控制水斗液 pH 值，减少树胶的用量等。

（3）胶辊掉"渣"

老化的胶辊再加之化学药品的侵蚀，容易造成烂胶掉"渣"，这将给印刷带来麻烦，尤其是印墨量较大时会严重地影响产品质量。其排除方法一般是将松软皱裂的胶层打磨掉或车磨加工改变辊径，但要注意直径尺寸，千万不能露出过渡胶。由外力影响造成的小块胶脱落可用丁腈胶修补。其方法是将胶辊低凹部位处理清洁，用电烙铁烙胶块烫黏后，打磨平整。注意修补时选用的胶硬度要高于原胶辊的硬度，这样的效果较理想。

关于墨胶的储存，要考虑充分，以保证印刷机运转的备用墨辊，但不要盲目储存过多的墨辊。因为橡胶的老化是始终存在的。墨辊应储放在没有日光直晒、干燥、清洁而凉爽的地方，要避免过度潮湿或过热，墨辊应该在轴颈端平直架好。并且表面不要相互接触或与其他表面接触。原来的外包装不要拆开，到使用时再拆开。要建立循环取用制度以保证先收到先用，这样可以防止墨辊储存期过长。另外墨辊不应存放在邻近大型电动机、发电机的地方，因为这些设备产生的大量臭氧会使墨辊表面老化而裂开。

二、印刷胶辊的性能与选用

1. 印刷胶辊的性能

（1）印刷胶辊的物理力学性能

①表面平整度。表面平整度是指墨辊的表面胶层平整、光滑的程度。墨辊的表面平整度取决于墨辊表面的磨削加工或浇铸时铸模内壁的平整度。墨辊表面吸附油墨的能力，除了与墨辊胶料的性能有关外，还与墨辊的表面平整度有关。墨辊的辊面应是带有细纱目结构的平整表面。这样才能均匀、稳定吸附油墨。如果墨辊表面过于光滑或过于粗糙，都会造成墨辊表面吸附油墨不均匀，使油墨转移不良和传递不匀。

②圆柱度。圆柱度是指墨辊整体圆直的程度，在油墨转移过程中，墨辊的圆柱度具有重要的地位。墨辊的圆柱度低，产生椭圆度误差或锥度误差，导致墨辊之间、墨辊与印版之间的接触压力不均匀，甚至在接触时出现裂缝，从而影响油墨的传递和匀墨效果。墨辊的圆柱度是由铁芯、胶体的同轴度及铸模的定位部件，磨削工艺的加工精度所决定的。在墨辊制造过程中，墨辊在同轴度、椭圆度和锥度方面会存在一些偏差，这些偏差不仅影响墨辊运转的平稳性、墨辊间的接触压力，也影响到墨层的转移和分配，所以墨辊的圆柱度要控

制在一定的偏差范围之内。

③洁净度。洁净度是指墨辊的胶体表面清洁、干净或脏污的程度。墨辊的胶体表面是传递油墨的工作面，其表面的洁净程度关系到对油墨的吸附与传递。洁净度高的墨辊表面能起到良好的吸墨作用。如果墨辊表面存在局部脏污，就会相应地降低表面的细末性能，引起脏版。

④弹性。弹性使指墨辊胶体受外力作用产生变形后，瞬间恢复到原装的性能。在印刷中，墨辊的弹性是良好地吸附和转移油墨的主要因素之一。墨辊在运转过程中，以一定的压力与其他墨辊及印版表面接触，如果墨辊弹性较差，受压后不能将压缩变形量在瞬间恢复，就不能把墨辊表面的油墨均与地传递下去。因此，墨辊胶体必须具有良好的弹性。

⑤硬度。硬度是指墨辊胶层受外力作用时，抵抗外力不产生变形的能力。墨辊的硬度主要由胶料的种类及结构特性所决定。墨辊的硬度是决定油墨转移性的因素之一，影响到对油墨的吸附与传递。墨辊的硬度偏高，墨辊之间或墨辊与印版之间的接触压力增大，墨辊与印版表面的摩擦也增大。这样就影响到印版的耐印率。

⑥拉伸强度。拉伸强度是指墨辊胶层抵抗张力扯断的能力。墨辊在运转过程中，墨辊表面受到周期性、非连续性的压力作用。

⑦伸长率。伸长率是指墨辊层受力拉伸时的尺寸与原尺寸的百分比率。墨辊在运转过程中，胶层的伸长随着墨辊拉伸强度的降低而增加，墨辊的伸长率达到一定值后，外形受到破坏，墨辊不能继续使用。所以墨辊胶层的伸长率不能过高，伸长率高，则墨辊在使用中因胶层逐渐伸长，油墨转移的均匀程度下降。因此伸长率是决定墨辊使用期限的因素之一。

（2）印刷胶辊的化学性能

印刷墨辊的化学性能是指墨辊胶体在油墨、酸性液体、溶剂及外界因素的作用下，抵抗其溶胀或抗腐蚀、老化的性能。

①耐油性。耐油性是指墨辊胶体抵抗油墨渗透膨胀的性能。在印刷过程中，墨辊不断地吸附和传递油墨，油墨连结料中的干性植物油、高沸点煤油等就会不断地向墨辊胶体内渗透，随着墨辊使用时间的延长，渗透量逐渐增大，耐油性差的墨辊就会出现膨胀或收缩现象，引起墨辊形状的改变，是墨辊表面凹凸不平，影响油墨的吸附与转移质量。因此，要求墨辊胶体应具有较强的耐油性。

②耐酸性。耐酸性是指墨辊胶体抵抗酸性物质腐蚀的性能。平版印刷中使用的润版液的 pH 值通常为 3.5~6，具有一定的酸度。

③耐溶剂性。耐溶剂性是指墨辊胶体抵抗溶剂溶胀的性能。要保持墨辊表面优良的吸墨传墨性能，一般使用汽油、煤油或混合油以及清洗剂等有机溶剂对墨辊表面进行清洗。

④抗老化性。抗老化性是指墨辊在光、氧、温湿度等因素作用下，抵抗老化的性能。墨辊从成形开始，就受到环境中光、氧、温湿度等因素的影响，随着使用时间的延长，墨辊逐渐发生老化，墨辊逐渐发生老化，如出现胶体变硬、发脆、失去弹性，机械强度降低等现象，失去使用价值。

（3）印刷胶辊的印刷性能

墨辊的印刷性能是指墨辊与印刷质量、印刷速度、滚压状态、润湿液、油墨、印版等印刷条件相匹配，适合于印刷作业的各种性能。

①亲墨性。亲墨性是指墨辊胶体表面在滚压作用下接受油墨的能力，又称为吸墨性。墨辊的亲墨性是决定输送墨量的关键因素之一，影响到墨辊的传墨系数和墨层的厚薄程度。墨辊的亲墨性主要是由墨辊胶体结构、性质以及墨辊胶体表面状态决定的。墨辊的亲墨性还取决于油墨黏附力大小、两界面自由能及界面张力的大小。目前印刷中使用的是合成橡胶墨辊，在胶体表面磨削加工中，把墨辊表面加工成具有一定粗糙度的纱目状态，使表面具有良好的亲墨性，油墨则较好地被吸附在墨辊表面。

②传递性。传递性是指墨辊在滚压状态下，把胶体表面的油墨转移出去的能力。墨辊的传递性是保证印版表面获得均匀的油墨膜层的关键因素之一。在印刷中，墨辊与墨辊的接触面积与墨辊总面积相比≤5%，因此，要把印刷品所消耗的墨量通过墨辊进行充分匀墨后在提供给印版，就需要墨辊具有较强的传递性。

墨辊传递油墨是通过墨辊间的压力接触和墨层分裂来完成的。在一般情况下，油墨在墨辊间分离时各墨层厚度的50%。所以要使墨辊具有良好而稳定的传递性，必须控制好墨辊间的接触压力和接触面积。另外，墨辊的传递性还受到墨辊的弹性和硬度以及油墨流变性能的影响。

③弹塑性。弹塑性是指墨辊在传递油墨过程中呈现的敏弹性、滞弹性及塑性形变的程度。墨辊的敏弹性又称为弹性。此外，墨辊的弹塑性中还包括滞弹性和塑性形变。滞弹性是指墨辊胶体受力后产生形变，当去掉外力作用力后，墨辊要经过一段时间才能渐渐地恢复原状的性能。塑性形变是指墨辊受到外力后产生形变，这种形变不能恢复。通常，长时间使用的墨辊胶体产生"老化"后，容易产生塑性形变。墨辊产生塑性形变后只能进行调换。

墨辊的弹塑性由墨辊胶体的分子结构及分子链的运动所决定的。并与所受外力作用的大小、速速及分子链的柔性等因素有关。

④耐气候性。耐气候性是指墨辊胶体抵抗环境温湿度变化而自身不发生变化的性能。印刷墨辊在空气环境中，会受到环境温湿度的影响。日温差、年温差以及年湿度差等都会对墨辊胶体产生作用。如果墨辊的耐气候性差，墨辊胶体会出现软化，严重时会出现"热老化"，导致墨辊形状发生改变，影响墨辊的正常使用。因此，要求墨辊应具有一定耐气候性。墨辊的工作温度应控制在≥70℃。

⑤耐磨性。耐磨性是指墨辊在传递油墨的过程中，抵抗摩擦作用不发生损坏的性能。印刷中墨辊是在高速滚压状态下进行油墨传递的，由于墨辊高速旋转时角速度很大，墨辊之间和墨辊与印版之间产生很大摩擦力。墨辊胶体在滚压摩擦和串动摩擦的作用下，如果墨辊耐摩擦性能差，墨辊胶体就很容易产生扭曲变形，严重时出现胶体颗粒性损坏，严重影响墨辊的吸墨传墨功能，并产生糊版、脏版现象。所以，印刷墨辊也必须具有一定的耐磨性。

2. 印刷胶辊的选用

不同的印刷工艺、印刷方式度墨辊的要求是不同的。因此，科学地选择与印刷适应的墨辊，对于保证印刷质量、提高印刷效率、降低墨辊损耗具有重要的意义。在选择印刷墨辊时应注意的事项：了解墨辊的硬度值范围；了解墨辊的结构状态与组成材料；了解与墨辊相匹配的印刷机型和速度范围；了解使用印刷油墨的类型及对墨辊性能的影响；了解墨辊的耐抗性能和生产日期。

①平版胶印对胶辊的选用。平版印刷的特征是图文信息通过橡皮滚筒这一中间转印体，印迹上的油墨转移量是直接转印的50%；印版上图文部分与空白部分在同一平面上，需要使用润版液，利用油水相斥的原理来区分图文与空白，这样在印刷过程中墨辊要受到润版液的作用。因此，对于平版印刷墨辊的选择应注意：墨辊胶体必须具有良好的表面吸附性，对平版印刷油墨具有良好的吸墨性能和传墨性能；墨辊具有符合要求的硬度与弹性，在使用期内保持基本稳定；墨辊胶体不受油墨中树脂及辅助料的影响而发生膨胀的化学反应；墨辊与金属棍芯应具有较高的加工精度，墨辊的圆柱度要达到要求，在正常压力下能很好地传递油墨；墨辊胶体部分不应受润版液的影响。

②凸版印刷对胶辊的选用。通常使用橡胶辊，墨辊的硬度比橡皮凸版软10邵氏硬度，这样可以减少对印版的磨损。由于柔性版印刷油墨非常稀薄，黏度很低，橡胶辊不容易吸附溶剂型油墨，现在已大量选用网纹辊作为传墨辊使用。

③凹版印刷对胶辊的选用。凹版印刷的转印方式是承印物与印版直接接

触，印刷是在相当高的压力下完成油墨的转印过程的。因此，对于凹版印刷墨辊的选择应注意：墨辊的胶体厚度应在 12 mm，最大厚度不要超过 16 mm，这样做是为了将因滚动摩擦引起的热聚集限制在最小范围内；要根据不同承印物的印刷复制要求，选用不同硬度的墨辊；墨辊的长度应大于承印物的印刷宽度；墨辊必须具有很高的耐溶剂性，如凹印油墨易对墨辊胶体产生膨胀及变形，同时会影响到油墨的传递和印刷质量；墨辊必须具有很高的耐磨性，不能有过大的压缩变形，不因挠曲而发生部分发热现象；因为在印刷压力变化时，墨辊容易产生相应的应力，墨辊容易产生疲劳甚至损坏，在现代凹印机上采用自动液压平衡系统，把压力变化控制在最小的允许范围内。

三、常用印刷胶辊

1. 橡胶胶辊

橡胶墨辊是平版印刷机上的主要印刷墨辊，广泛应用于印刷机的润湿辊、传墨辊和着墨辊。

（1）橡胶墨辊的结构

橡胶墨辊由橡胶层和金属辊芯两部分组成。橡胶层一般由表面胶、连接胶和里层胶组成。金属辊芯是墨辊的骨架基础，对墨辊运转中的稳定性具有重要的作用。要求制作金属辊芯的金属材料刚性好、有韧性、不易变形。一般采用圆钢或无缝钢管制造。

（2）橡胶墨辊的种类

根据橡胶墨辊的用途分为两种类型。一种是天然橡胶墨辊，它适用丁凸版印刷机，但不是用于油性油墨和热固型油墨的印刷，目前天然橡胶墨辊已逐渐被淘汰，被合成橡胶所取代。另一种是以丁腈橡胶为主体与天然橡胶混合的合成橡胶墨辊，这类墨辊在使用上分成两类：一类用于凸版高速印刷机，另一类用于胶版印刷机。

（3）橡胶墨辊的性能及特点

橡胶墨辊表面具有一定的粗糙度和黏附性，能良好地吸附和传递油墨；墨辊胶体在高速运转中不会软化，长时间运转胶体温升小；墨辊胶体具有较高的耐磨性；墨辊胶体还具有较好的稳定性。

但是，橡胶墨辊在调换墨色和清洗时较为困难。由两种橡胶料混合制成的墨辊，由于物理和化学性能不一致，使用时会出现墨辊表面凹凸不平的现象，引起着墨不匀。另外墨辊胶体在光的作用下易硬化，因此要避免太阳对橡胶墨辊的直接照射。此外橡胶墨辊的耐油性较差，在油类长期作用下易产生溶胀和老化，所以橡胶墨辊在使用一定时间后需要进行更换。

（4）橡胶墨辊对印刷的影响

橡胶墨辊具有较高的硬度值，印刷中容易对印版的版面产生磨损，使印版的耐印率降低。同时对印刷机滚筒部件的加工精度提出了较高的要求，因为滚筒部件的振动或转移不稳，会在印刷品上引起墨杠或条痕等故障。另外墨辊的硬度值偏高，还会对油墨的转移产生一定的影响。

印刷中，橡胶墨辊吸附油墨后，会从油墨中吸收部分溶剂和连结料，经过一段时间后，墨辊的表面硬度增加，表面黏度下降，导致亲墨性降低，进而影响到对油墨的传递性。另外，随着墨辊吸油量和吸收溶剂量的增加，还会加速墨辊的老化，使墨辊的各项性能均发生变化，影响印刷质量。所以，为了使橡胶墨辊的使用期较长，应注意墨辊的正确使用和管理。

2. 印刷润湿辊

平版印刷机的润湿系统是由水斗辊、传水辊、传水辊和着水辊组成的。在印刷复制过程中，润湿辊起着吸水、匀水、给印版的非图文部分传递水（润湿液）的作用。

润湿辊是由三层结构组成的，最内层是合成橡胶，中间层是纤维织物，最外层是针织纤维织物。

科学合理使用润湿辊，可以稳定润湿液的供给，有利于印刷中的水墨平衡；保证印刷质量和避免印刷故障的产生。因此，在使用时应注意：润湿辊在套装前，使用水抹布润湿然后再用汽油将辊体表面清洗干净；新安装的润湿辊必须先进行整合，即合上润湿辊开动印刷机，通过整合稳定润湿辊的形状，并除去新润湿辊表面短绒纤维；润湿辊表面可用杀菌剂处理，以防止水辊绒套表面的织物被细菌侵袭而霉烂；合理确定靠版水辊与印版之间、靠版水辊与串水辊之间、传水辊与串水辊之间、水斗辊之间的压力，防止产生不应有的变形；定期检查润湿辊的辊体的圆度，检查是否有弯曲现象，凡不符合印刷要求的都应修整或更换；在印刷过程中，要随时注意水斗辊、串水辊、润湿辊表面的清洁，如粘上墨迹应及时清洗掉。清洗可用温水在润湿条件下冲洗，也可在用石蜡乳剂和水处理后进行清洗，石蜡乳剂可以透过绒布层将油墨溶出。

3. 印刷网纹辊

印刷网纹传墨辊（简称网纹辊）是柔性版印刷机的专用传墨辊，是保证短墨路传墨、匀墨和高速输墨质量的关键部件。网纹辊表面雕刻着大小、形状和深浅都相同的凹坑，这些凹坑称为网穴和着墨孔，用于存储油墨。网纹辊通过这些网穴向印版上的图文部分传递定量、均匀的油墨。在高速印刷过程中，网纹辊还可以起到防止油墨飞溅的作用。

网纹辊按照表面镀层不同可以分为金属镀铬网纹辊、喷涂陶瓷网纹辊和激光雕刻陶瓷网纹辊。

金属镀铬网纹辊是将低碳钢或铜板焊接在钢辊体上的一种网纹辊。网穴由机械雕刻完成，通常网穴深度为 $10 \sim 15\ \mu m$，刻痕间距为 $10 \sim 15\ \mu m$，然后进行镀铬，多层厚度为 $17.8\ \mu m$。

喷涂陶瓷网纹辊是指在网纹表面用等离子体喷涂的方法喷涂上一层厚 $50.8\ \mu m$ 的合成陶瓷粉末，使格点充满陶瓷粉末。这种辊采用粗网格，以便与雕刻的细网格的体积相等。如要得到 140 线的网穴体积，就要选择 120 线的网格墨辊。喷涂陶瓷网纹辊的硬度比金属镀铬网纹辊要硬得多，可使用刮墨刀。

在制作激光雕刻陶瓷网纹辊之前，先要用喷砂法清洗钢辊体表面，以增加钢辊体表面的黏附性，再用火焰喷涂法将无锈蚀金属粉末喷涂到钢辊体表面，或将钢焊接到基体上达到所需的直径，形成致密的钢辊基体，最后用火焰喷涂法将一种特殊的陶瓷铬氧化物粉末喷涂到钢辊体上。金刚石后抛光，使辊面具有镜面光洁度并保证同轴度。然后将钢辊体安装到激光雕刻机上，进行雕刻，形成排列整齐、形状相同、深度一致的网穴。

第三节　印刷润版液及适性

平版印刷过程中，不仅要给印版上墨，往往还要给印版上水，这里的水就是润版液。平版印刷的水墨平衡，从理论上分析比较简单，但在印刷过程中，由于印版的性能、印刷机的结构形式，印刷压力的大小及印刷材料等多因素的影响，使得如何实现水墨平衡及保持其稳定性，成为很难掌握的问题，因此，正确地选择润湿液配方，调整润湿液 pH 值和表面张力，使之适应平版印刷工艺的需要，是保证平版印刷油墨转移的先决条件。

一、平版印刷工艺对润湿液的要求

在平版印刷中必须使用润湿液，使用润湿液的目的有三个：

①在印版的空白部分形成均匀的水膜，以抵制图文上的油墨向空白部分的浸润，防止脏版。

②由于橡皮滚筒、着水辊、着墨辊与印版之间相互摩擦，造成印版的磨损，且纸张上脱落的纸粉、纸毛又加剧了这一过程，所以随着印刷数量的增

加，版面上的亲水层便遭到了破坏。这就需要利用润湿液中的电解质与因磨损而裸露出来的版基金属铝或金属锌发生化学反应，以形成新的亲水层，维持印版空白部分的亲水性。

③控制版面油墨的温度。一般油墨的黏度，随温度的微小变化，发生急骤的变化。

为了达到润湿液的使用目的，润湿液应具有如下的一些性质：

①能够充分地润湿印版的空白部分；

②不使油墨发生严重的乳化；

③不降低油墨的转移性能；

④具备洗净版面空白部分油污的能力和不感脂的能力；

⑤不使油墨在润湿液表面扩散；

⑥对印版和印刷机的金属构件没有腐蚀性；

⑦印刷过程中始终保持稳定的 pH 值。

平版印刷中印版空白部分的水膜要始终保持一定的厚度，即不可过薄也不可太厚，而且要十分均匀。为保证印版空白部分的充分润湿，必须提高润湿液的润湿性能，即降低润湿液的表面张力。能够明显地降低溶剂的表面张力的物质就是表面活性剂，实际上，润湿液就是由水和表面活性剂组成的。润湿液中表面活性剂的组分、性质和用量对于保证印版空白部分的充分润湿，进而保证平版印刷的顺利进行，得到质量良好的印刷品，是至关重要的。

二、普通润湿液

润湿液是在水中加入某些化学组分，配置成浓度较高的原液，使用时加水稀释或制成固体粉剂，使用时溶于水中而成的。

普通润湿液中所含的物质都是非表面活性物质，这些物质加入水中以后，不会使水的表面张力下降，反而会使水的表面张力略有上升。按照水墨平衡理论，由于普通润湿液的表面张力大于油墨的表面张力，故油墨很容易浸润印版的非图文部分，引起脏版。为了抗拒油墨的浸润，必须增大供水量，所以这类润湿液的用液量大，版面上的液膜也较厚。过多的水会转沾到印张上，便造成了印张的变形和皱折，会使印刷品的质量下降。但是，普通润湿液容易配置，成本低，至今仍有不少厂家用于单色和双色胶印机。

三、低表面张力的润湿液

在润湿液中，加入表面活性物质或表面活性剂，便配制成了低表面张力的润湿液。

在胶印机上广泛使用的有酒精润湿液和非离子表面活性剂润湿液。

1. 润湿液表面张力的降低

纯水的表面张力值较高，但是某些物质的水溶液，在浓度很低的情况下，表面张力比纯水的低，使用这样的水溶液，就能使其与固体之间的润湿性能得以改善。肥皂（脂肪酸钠盐）、合成洗涤剂（12 烷基苯磺酸钠盐）就属于这类物质。它们降低其水溶液表面张力的作用很明显。平版润湿液中使用的乙醇、异丙醇以及其他的低级醇类、低级羧酸类物质，亦属于这类物质。无机盐类、无机酸类、碱等物质加入水中，其水溶液的表面张力会比纯水略有上升。

在胶体化学中，把能使溶剂表面张力下降的性质称为表面活性，把能降低表面张力的物质称为表面活性物质。不具有表面活性称为非表面活性物质或表面惰性物质；具有第二类和第三类水溶液中的溶质，都具有表面活性，称为表面活性物质。其特点：只要在水中渗入少量的这类物质，就能明显地改变体系的界面状态，极大地降低水的表面张力或水溶液与其他液体间的界面张力，这类物质称为表面活性剂。

表面活性物质能够降低水的表面张力的性质，可以用它们的分子结构上的特征或吉布斯吸附方程来解释说明。

表面活性物质的分子都是两亲分子，分子一端有极性基，如—OH、—COOH、—SO$_3$H 等，是亲水的，分子的另一端是非极性的碳氢链，是憎水的。

憎水的碳氢链受到水的排斥而被挤向水面，在水面上浓集起来，致使憎水部分伸向空间，从而消弱了表层水分子所受的向内的拉力，降低了表面张力。表面活性物质分子的碳氢链愈长，它们在水面的浓度程度愈高，物质的表面活性也愈大，表面活性剂分子的碳氢链上的碳原子一般都在 8 个以上，它们的表面活性很大。

2. 表面活性剂的分类

从化学结构上看，各种表面活性剂亲油基团的主要区别表现在碳链长度的变化上，而碳链的结构变化很小；表面活性剂亲水部分的原子团种类繁多，亲水基在结构上的变化比亲油基复杂。因此，表面活性剂在性质上的差异，主要与亲水基的结构有关。表面活性剂的分类，也就依据亲水基团是否在水中发生电离，以及电离出来的离子的类型，分为阳离子表面活性剂、阴离子表面活性剂、两性表面活性剂、非离子表面活性剂四大类。

①阳离子表面活性剂：在水中电离时，表面活性基团带正电，阳离子表面

活性剂绝大部分是含氮的化合物，即有机胺的衍生物。阳离子表面活性剂极易吸附在水介质的固体表面上，因而常被用来作为浮选剂。

②阴离子表面活性剂：在水中电离时，表面活性基团带负电，肥皂、洗涤剂、油墨连结料中的植物油主要成分为阴离子表面活性剂。它们常被用来作为洗涤剂、润湿剂或乳化剂。

③两性表面活性剂：分子中同时存在着酸性基和碱性基。它们在酸性溶液中电离时，表面活性基团带正电；在碱性溶液中电离时，表面活性基团带负电；在中性溶液中表面基团不电离不带电。两性表面活性剂不受溶液酸、碱性的影响，均能起到表面活性剂的作用，且具有防止金属被腐蚀、抗表面静电的作用，所以可应用于润湿液之中。

④非离子表面活性剂：在水溶液中不电离，亲水基团主要是由一定数量的含氧基团构成的，由于它们在水溶液中不是离子状态，所以十分稳定，既不受强电解质、无机盐类的影响，也不受水溶液的酸、碱性的影响。非离子表面活性剂加入润湿液中，不会同润湿液中其他电解质发生反应，产生沉淀，因此，选用这种表面活性剂来降低润湿液的表面张力最为合适。目前，常用的润湿液2080（聚氧乙烯聚氧丙烯醚）、6501（烷基醇酰胺）均属非离子表面活性剂。

3．酒精润湿液

乙醇（酒精）、异丙醇等一类的低碳链的醇，是表面活性物质，加入水中后，能降低水的表面张力。

酒精润湿液，一般是在普通润湿液中，加入乙醇或异丙醇配制而成的。

优点：改善了润湿液在印版表面上的铺展性能，减少润湿液用量，减少了印张沾水和油墨乳化，减少纸张吸水伸长，挥发时带走大量的热，降低版面油墨的温度，网点增大值下降，非图文部分不易沾脏。

缺点：成本较高（机器、酒精），易燃的危险品，要有特殊的酒精润湿系统（配有冷却、保持酒精浓度（自动补加酒精、循环））的装置。

4．非离子表面活性剂润湿液

非离子表面活性剂润湿液是近十年来发展起来的润湿液，是用非离子表面活性剂代替酒精的低表面张力润湿液。

一般是把非离子表面活性剂加入含有其他电解质的水溶液中配制而成的，在润湿液中的浓度很低，对润湿液其他组分几乎没有影响。

优点：比酒精润湿液的成本低，无毒性，不挥发，不需要在胶印机上配置专用的润湿系统。

缺点：易乳化，一般来说表面张力降低，油—水界面张力也会降低，导致乳化加剧，使用中一定要严格控制润湿液的用量。在不引起脏版的前提下，尽量减少低表面张力的供给量。

四、润湿液的 pH 值

润湿液的 pH 值对平印油墨转移的影响很大，因而平印润湿液的 pH 值必须严格控制。

1. pH 值过低的弊病

①引起版基严重腐蚀：PS 版所用的铝板在弱酸性介质中，会被轻度腐蚀，生成亲水盐层，但如果 pH 值过低，印版的空白部分就会受到深度腐蚀，出现砂眼，不能形成坚固的亲水盐层。润湿液呈酸性时，随着 pH 值的下降，印版的腐蚀加剧；润湿液接近中性，印版腐蚀亦趋缓和；润湿液呈碱性后，印版的腐蚀复又加剧。更为严重的是，随着印版腐蚀逐渐加剧，印版的图文部分和金属版基的结合可能遭到破坏，使印版图文部分上的亲油层脱落，发生"掉版"现象，这是平版印刷中的一种故障。

②油墨干燥缓慢：油含有一定数量的催干剂（燥油），催干剂一般是铅、钴、锰等金属的盐类，对干性植物油连结料有加速干燥的作用。当润湿液的 pH 值过低时，润湿液会和催干剂发生化学反应，使催干剂失效。实践证明，普通润湿液的 pH 值从 5.6 下降到 2.5 时，油墨的干燥时间从原来的 6 h 延长到 24 h；非离子表面活性剂润湿液的 pH 值从 6.5 下降到 4.0 时，油墨的干燥时间从原来的 3 h 延长到 40 h。油墨干燥时间的延缓会加剧印刷品的背面蹭脏，还会影响叠印效果。

2. pH 值过高的弊病

①会破坏 PS 版的图文亲油层：平印中使用的光分解型阳图 PS 版，印版空白部分的重氮化合物见光后分解，被弱碱性的显影液除去；未见光的重氮化合物留在版面上，形成亲油的图文部分。如果润湿液的 pH 值过高，印版图文部分的重氮类化合物，会在印刷过程中被润湿液所溶解，使图文部分残缺不全，影响印刷品的质量。

②油墨严重乳化：当润湿液的 pH 值较高时润湿液中的 OH—增加，混入油墨中的润湿液将中和 RCOOH，生成 RCOO—，是典型的阴离子表面活性剂，会在水墨界面上的定向排列，使界面张力下降，加重油墨乳化。润湿液 pH 值愈高，RCOOH 被中和后生成的 RCOO—愈多，界面上被吸附的量愈大，界面张力也下降得愈厉害。

3. 影响 pH 值的因素

①油墨的性质：红墨、黑墨、黄墨、蓝墨的 pH 值依次递增。

②墨层厚度：对于非涂料纸，墨层厚度的增加，图文部分的油墨必然向空白部分扩展，容易发生"脏版"，pH 值要低些，维持空白部分疏油亲水性能。对于涂料纸，墨层厚，不易干，要谨防 pH 值过低，更不易干。

③干燥剂的用量：增加干燥剂，黏度上升，对印版空白部分黏附性增大，易脏版，需增加原液用量，降低 pH 值。

④印版图文情况：采用实地版印刷，润湿液的 pH 值可以低些，相反，若用网点版印刷，润湿液的 pH 值却可以高些。

⑤环境温度：当温度上升时，油墨黏度下降，流动性增加，同时干性植物油分离出较多的游离脂肪酸，引起脏版，故需要降低 pH 值。

五、润湿液用量的控制

平版印刷要获得优质的印刷品，掌握好印版的供水量是非常重要的，水对于平版印刷来说，即有碍于油墨的转移，但没有水又不能印刷。因此，从根本上讲，要根据水墨平衡的原理，把供给印版的水量，控制在印版空白部分开始起脏的最低限度。

润湿液用量的控制的总原则：在空白部分不起脏的前提下，尽可能地减少润湿液的用量。

1. 版面水分的消耗

印刷品上的印迹，是油墨转移到承印物上形成的。平版印刷利用亲油疏水性良好的橡皮布转移油墨，理所当然，墨量的消耗比水量消耗大。但是在生产中，胶印机的用水量却超过了用墨量，有时甚至超过几倍、几十倍。水量的消耗主要是通过以下几种形式：

①水在油墨中的乳化是印版上水量消耗的主要途径。水在油墨中乳化以后，随着油墨转移到承印物上，然后经过渗透、蒸发被消耗。图文面积愈大，墨层愈厚，印版需要的供水量愈大。

②被纸张吸收。当使用质地疏松、施胶度小的纸张印刷时，印版空白部分的水分，在压印过程中，通过橡皮布转移到纸张上，被纸张直接吸收。随橡皮布疏水性的提高和纸张施胶度、紧度的增大而减小。

③当印版供水量过大时，由于橡皮布的疏水性，一部分水在滚筒相互挤压下，被驱赶到橡皮布的拖梢或沿滚筒的两端滴落而下。另一部分水，则顺着胶印机滚筒运转的相反方向，向墨斗里流动，严重时，会造成墨辊脱墨的故障。

④向空间蒸发。胶印机的水斗、水辊、墨辊、印版以及橡皮布等表面的水分，在印刷过程中，每时每刻都向周围空间蒸发，尤其是环境的温度较高，机器的印刷速度又很快时，由蒸发消耗掉的水分也越多。

2. 润湿液用量的控制

平版印刷，版面水量的大小对油墨的转移、套印精度、油墨的乳化和干燥、印版耐印力、印迹光泽性等都有密切的关系，应该根据实际的印刷条件，决定印版的供水量，但因可变因素太多，所以在印刷过程中应该密切注意版面水量的变化，及时调整印版的供水量。

目测法：根据印刷中出现的一些问题，凭经验估计水量的大小。

版面水分过大表现为：

①印刷品上的墨色浅淡，即使增加墨量，墨色也不及时加深；

②墨辊上积存的墨量增多，油墨颗粒变粗；

③印张吸收过量的水分，正、反两面水量不均匀，纸张卷曲；

④墨膜表面滞留水分太多，墨铲刮墨时有水珠，加入墨斗的油墨不易搅拌均匀，传墨辊有打滑的现象；

⑤橡皮布拖梢处有水分粘流，滚筒两端有水珠滴下；

⑥印刷中断的前后，印刷品墨色的深淡有较大的差距；

⑦停机后版面不干等。

复习思考题

1. 橡皮布的分类与规格？印刷过程时橡皮布性能的要求？

2. 印刷胶辊的物理力学性能包括哪些？

3. 常用印刷胶辊的类型及特点？

4. 平版印刷中使用的润湿液应符合哪些基本要求？

5. 润湿液在平版印刷油墨转移中的主要作用是什么？

第十章　数字印刷材料及适性

第一节　概　　述

　　随着计算机技术的广泛应用和电子技术突飞猛进的发展，历史悠久的印刷业也正在经历着信息化革命的冲击，数字印刷技术在近几年如雨后春笋般茁壮成长，给出版业、信息业、通信业带来了新的发展空间。数字印刷为媒体生产及信息交流提供了创新高效的方法，其功用已经远远超过了传统印刷的范畴。同时，数字印刷技术对印刷设备、印刷材料、印刷技术都提出新的要求，数字印刷技术的印刷适性也与传统印刷有明显的不同。为了达到良好的印刷质量和高速度的生产，数字印刷材料尤其是数字印刷油墨的研究和开发就显得更为重要。

　　数字印刷过去被称为非接触式印刷，人们认为整个工艺不会受到承印物的影响。大家甚至还认为颜料粒子和墨滴仅仅是很精确地堆积以形成图像。但是这种看法显然是太过简单化了，实际上数字印刷对于纸张的技术要求经常是十分复杂的。每一种印刷技术都有它自己根据油墨特性和图像转移工艺而得出的一套要求。一般数字印刷机使用的有干性颜料、溶剂型颜料和水基油墨系统。

第二节　数字印刷用纸张

　　目前数字印刷发展很快，同时也给制造商带来了更多的压力，制造商要生产出高速度和高分辨率的印刷机以满足不断增长的需求。因此，为了满足印刷工艺的要求，印刷用纸也面临改进纹理组织、外观和性能的要求。虽然目前数字印刷机也可以给客户提供高性价比的短版印刷，但为了获得高质量的印品，印刷用纸必须适合数字印刷机的印刷工艺。

一、数字印刷用纸的现状

在数字印刷机的市场接受度和使用上，现在都有了极大的增长。据估计，Xeikon 和 Indigo 这两个主要的供应商在全世界范围内已经安装了 4 500 台彩色数字印刷机。然而，这种增长只有在可以得到适当的印刷承印物时才可能继续保持。

尽管数字印刷用纸只占世界纸张市场很少的一部分，约有 2%，大约是 30 000 t，但是几个大的纸张制造商还是在它们的产品中非常重视这一块市场分额的。

数字印刷过去被称为非接触式印刷，人们认为整个工艺不会受到承印物的影响。大家甚至还认为颜料粒子和墨滴仅仅是很精确地堆积以形成图像。但是这种看法显然是太过简单化了，实际上数字印刷对于纸张的技术要求经常是十分复杂的。

用于彩色数字印刷机的纸张和用于传统的胶印用纸是不一样的，但是这种差别直到出现问题发现用错纸张时才会显现出来。每一种印刷术都有它自己根据油墨特性和图像转移工艺而得出的对于纸张的一套要求。一般数字印刷机使用的有干性成色剂、液体成色剂和水基油墨系统。

在喷墨市场中，有很多特种涂布纸张供应商，它们生产很多种规格的纸张，包括用于展示市场和用于小型办公室、家庭和图像艺术的单张纸市场。现在，小型办公室、家庭和图像艺术市场被划为照相纸质量和普通涂布用纸两个级别。现在有这样的趋势，即这些纸张的测试和认可都是由数字印刷经销商来完成的，因为他们在销售印刷机的同时也兼卖纸张。一旦使用快速的高质量的 Scitex 彩色印刷机，且随着基于 Xaar 和 Aprion 喷头技术的新型印刷机进入市场，我们就可以期待获得更多的用于喷墨印刷的纸张。

二、数字印刷用纸与传统印刷用纸的区别

数字印刷用纸与传统印刷用纸有哪些区别呢？首先，和传统印刷用纸不同的一点是数字印刷用纸的规格少。数字印刷机的大小和规格起源于办公室的 A4 单张纸彩色复印市场，同时也受图像产生机制所限制。例如，用于静电图像印刷的激光扫描仪部件的宽度和发光二极管的排列就会影响数字印刷及的尺寸和规格。现在像 A3 单张纸规格的印刷机规格很普遍，但是直到 500 mm 的卷轴式印刷机被引进，B_2 规格的产生才有可能。另外，很多数字印刷机是被安装在办公室而非工厂的，这也就没有了复杂的自动操作部件，因此卷轴的大

小和重量就限制了手工可操作的范围。

其次，是由于用于喷墨印刷用纸的特性而造成的不同。喷墨用油墨可以是水基的、溶剂型的或 UV 干燥树脂系列的。前两种油墨接触到纸张表面后，它们是通过纸张的吸收或挥发进行干燥的。当液体被很快地吸收并且每一个墨滴干燥时它的铺展和渗透可以得到很好的控制时，这样就可以达到最好的图像质量。喷墨印刷用纸都利用了特殊涂布或添加表面化学添加剂将其设计成具有统一的吸收性和良好的表面润湿性能。它们应性能稳定，有良好的耐晒性、耐摩擦性和表面强度。如果这性能控制得不好，这些印刷图像就会产生缺陷，甚至在用 Xeikon 印刷时不能完成印刷工艺。

将来，随着高速单张纸彩色数字印刷机的发展，纸张制造商在双色印刷方面将面临更多的问题。因为当纸张丢失水分时，它就会卷曲，尺寸发生变化。基于颜料热熔融成像的印刷机要求要被加热和多次通过高速印刷机的纸张要能适应这种尺寸的变化，或者采用特殊的、稳定的、耐热性良好的纸张。

三、数字印刷纸的印刷适性和印品质量的关系

数字印刷在很多方面与传统印刷存在差异，数字印刷纸的印刷适性与传统印刷纸相比也有一些特殊之处。纸张的印刷适性对印品的质量，如阶调、层次、清晰度、颜色等有重要的影响，下面仅从纸张的物理性能、光学性能、机械性能、化学性能几个方面讨论纸张的印刷适性对数字印刷品的质量的影响。

1. 纸张的物理性能对数字印品质量的影响

纸张的物理性能包括定量、厚度、紧度、平滑度、吸墨性等。在数字印刷中，纸张的输送将影响印品质量，良好的输送可提高印刷效率，减少印刷故障，降低印刷成本。尤其是静电印刷，容易造成纸张带电，所以要求纸张具有较好的导电性，否则印好的纸张相互吸附，给后工序的纸张输送带来麻烦。另外，在数字印刷中纸张的输送还受到克重、挺度、纸张纤维的排列方向的影响：克重超过 $100 \, g/m^2$ 的纸张，若具有足够的挺度就不会给输送带来问题；纸张纤维的排列方向和所选纸张克重相适应，克重在 $200 \, g/m^2$ 以下时，纸张纤维的排列方向和印刷机器的运行方向一致，克重超过 $200 \, g/m^2$ 时，纸张纤维方向和机器运行方向相垂直。

对于无摩擦的纸张输送系统，一般都要靠真空系统来辅助，这还要求纸张要尽可能的光滑和很少针孔，当然太光滑的表面也会造成纸张打滑，给进纸带来问题。

在传统的印刷中，采用表面较平滑的纸张进行压印时能以最大的接触面积

与印版或橡皮布的图文接触，能较均匀地、完整地完成油墨转移，使图文清晰、饱满的再现于纸张上。高的印刷平滑度有利于在纸上形成均匀平滑的墨膜，从而提高印刷品的光泽度。在数字印刷中，一些印品是通过压印和静电将油墨转印到纸张上，一些印品属于无压印刷，纸张可根据印刷机的类型选择非涂布纸、涂布纸，因此数字印刷，尤其是印刷精美的印品时，对纸张的平滑度要求较高，以便油墨100%的转移和获得高光泽印品。

与传统印刷纸相比，数字印刷纸在纸张尺寸和厚度上的局限性小。数字印刷不仅可以印刷小幅面的印品，也可印刷大幅面的印品。用于数字印刷的纸张可以比较薄，但是如果纸张太薄的话，势必发生透印，也难以使印刷网点完整饱满的转移到纸面，因此这种薄纸主要用于单面印刷品，像海报、宣传画等。数字印刷纸的厚度可以比较厚，比如请柬、贺卡等。在数字印刷过程中，要求整张纸的厚度要均一，避免墨色不匀。数字印刷纸的紧度不宜过大，否则纸张不但容易脆裂，而且纸张的不透明度和对油墨的吸收性将明显下降，但是也要具有一定的紧度，这样纸张才能具有所需的抗张强度等机械性能。纸张的吸墨性是指纸张对油墨的吸收能力或者说是油墨对纸张的渗透能力，在一般的印刷过程中，首先是油墨印刷压力的作用使部分油墨整体进入纸张孔隙，然后是纸张离开压印区，依靠纸张的毛细管力吸收油墨。在数字印刷中，纸张吸墨性过快，会引起印迹无光泽、粉化、透印、墨色密度降低、油墨色相改变等不利状况。吸墨性过慢，油墨固着速度降低，造成粘脏、黏连等情况。

2. 纸张的光学特性对数字印品质量的影响

纸张的光学特性包括白度、光泽度、不透明度等。在传统的印刷中，由于加收制版费，使总的成本较高，印数越少，每张成本就越高，印数越大，每张成本就低，在大批量的印刷品传统印刷占优势。由于印品需要运输到各地或保存起来，在运输和保存过程中纸张的白度、光泽度、颜色这些光学性能会发生变化，从而影响印刷品的质量。从经济成本进行核算，数字印刷适合于小批量的短版印刷市场，由此可见，印数在数百张以内的个性化按需印刷市场，如在图书补页、少数量重版重印、绝版重印的图书、样书等业务方面，数字印刷有其独持的优势。因而数字印刷，在存储和运输存在的问题不大，在光学性能上印品质量较好。

在数字印刷中，印品的类型不一样，对纸张的不透明度的要求也不一样。书籍、期刊用纸的不透明度越高越好，以防阅读时同时又见到另一面的文字。标签、货单等单面印刷品的用纸的不透明度要求不高，只要不发生透印就行。数字印刷用纸的光泽度对印品的光泽度有着十分重要的影响。无论是快干油墨还是慢干油墨，印刷品光泽度均随纸张本身光泽度的提高而提高。涂布纸表面的光泽主要取决于造纸所用的增光材料和对纸张的加工精度，在实际印刷中要印制高光泽度的印刷品，常常需要选用高光泽度的纸张。但是对于同一涂布量的纸，纸张光泽度高并不意味着用它印制的印刷品光泽度高，因为它还受到印刷面平滑度影响。需要注意的一点是，纸张光泽的均匀性比光泽的平均水平更为重要。

为了使涂布数字印刷用纸呈蓝白色，在涂布过程中需要荧光增白剂或叫光学亮度剂。由于二氧化钛干扰荧光增白效果，一般不用二氧化钛颜料。纸张的颜色参与印刷品的色彩再现，在很大程度上会改变印刷品的外观质量，因此纸张的颜色差别就应在一定的可接受范围之内。若能用光谱数据来表示数字印刷纸的颜色，则对控制数字印刷的色彩是比较精确的。

3. 纸张的机械性能对数字印品质量的影响

纸张的机械性能包括抗张强度、撕裂度、耐折度等。在传统印刷中，尤其是胶印书刊纸时，因为纸张的表面强度不够，在印刷压力过大时纸张发生掉毛、掉粉现象，造成糊版、图文模糊等印刷故障。在数字印刷中，纸张如果容易发生拉断、折断、撕裂等，那么在很大程度上制约着印刷效率和印刷质量，而这些印刷故障，与纸张的流变性质，如黏弹变形、蠕动变形和应力松弛密切相关，通常用抗张强度、耐折度、撕裂度等来进行判断。纸张的抗张强度对于书刊纸，尤其是印速高的数字印刷机的压印用纸十分重要，这时要求纸张的表面强度进一步得到提高。纸张强度低，掉粉、掉毛现象严重，印品的光泽度低。对于数字印刷用纸，需要具有较高的边撕裂度和内撕裂度。此外，对于热固干燥的印品，耐折度也很重要。

4. 纸张的化学性质对数字印品质量的影响

纸张的化学性质包括水分、酸碱性、耐久性等。在传统印刷中，尤其在胶印中，印刷周期较长，涉及水墨平衡问题。纸张在传统印刷中，除了要在周围的环境中吸水或脱水，还受到润版液的影响，在与印版的接触中吸收水分。数字印刷不需要胶片、印版，无水墨平衡问题，简化了传统印刷工艺中十几个烦琐的工序。因此在印刷的过程中，纸张不会吸湿，反而会脱水。

例如，静电干粉数字印刷中，墨粉固着需被加热到 $120 \sim 150℃$，纸张要失去水分。通常情况下纸张的相对湿度为 50%，而经过数字印刷加热后纸张的相对湿度只有 $15\% \sim 20\%$。由于水分的丢失，会使纸张变脆、起荷叶边，在折页时容易折断或撕裂。为了解决这个问题，人们为数字印刷系统准备了相对湿度为 30% 的纸张或是在空调的条件下走纸。在需要加热墨粉的数字印刷中，纸张最好选择具有紧密的纤维交织结构和采用敏弹性涂料涂布的不含木浆的纸张。纸张的酸碱性指浸泡过纸张的水溶液的 pH 值。印品的耐久性指印刷所用纸张的耐久性，指经过很长时间，纸张仍能保持其重要的使用性能，特别是耐折度和颜色等特性。当油墨印刷在一些偏酸或偏碱性的纸张上，经过一段时间油墨的颜色就会消退，使印刷品失去原来的光泽和色彩。在数字印刷中，纸张的印刷适性直接关系着数字印刷品质量的好坏，而纸张的印刷适性和制浆造纸的原料、过程、加工等息息相关。因此，在造纸过程中，正确评价数字印刷纸的印刷适性对提高数字印刷品的印刷质量具有非常重要的意义。

第三节　　数字印刷用油墨

　　数字印刷自进入中国印刷市场以来，就以其个性化服务、短版印刷、数据可变、实现"零库存"、可自动化网络提文等优势给传统印刷带来不小的冲击。特别是全球数字化信息化浪潮的到来为数字印刷的发展带来了很好的机遇。

　　油墨是数字印刷领域里森利的主要来源。近年来，全球油墨工业始终保持高速增长的势头。特别是喷印油墨、UV 油墨、电子油墨以及各种功能性油墨需求量的大幅度增长使油墨市场一直处于供不应求的状态。对中国市场而言，数字印刷油墨虽然发展也颇为迅速，但远远满足不了现有数字印刷企业的需求，质量上也处于中低档水平高档及专色墨仍依赖进口。其发展滞后的原因主要是国内生产工艺的落后以及对该领域技术和相关知识认知的不足。

一、喷墨印刷油墨

　　喷墨印刷是指在计算机的调控下油墨以一定的速度从喷嘴喷射到承印物上形成图像和文字的印刷方式。喷印油墨的选择取决于印刷设备及承印物。

　　1. 喷墨印刷油墨的性能参数及种类

　　喷印油墨的主要性能参数包括油墨的相对密度、颗粒尺寸、黏度等。喷印油墨根据不同指标有不同的分类方式，根据呈色剂的不同主要分为颜料墨水与染料墨水两类。染料墨水的颜色表现层次丰富、细腻、色彩表现力好。对承印材料要求低，但防水性能、耐光性、抗氧化性能较差，且价格偏高；颜料墨水的色彩表现力相对染料油墨缺乏光泽感，且有一定程度的偏色，不过它的耐光性强，产品便于长久保存，但价格相对较高。

2. 喷墨印刷油墨的应用

虽然颜料墨水存在诸多优点，但是出于实际需求以及经济效益的考虑，大部分喷墨印刷仍然采用染料墨水，颜料墨水大多应用在户外广告喷绘等方面。而且，染料墨水也在不断地采取新工艺、新手段来改善其缺陷，例如通过新的化学物质来改变墨水的分子结构。从而可以增加其稳定性与耐光性、耐水性等。

颜料墨水也不断开发新品种来弥补其不足之处。目前，我国生产颜料油墨的企业屈指可数，大部分还靠进口解决。

3. 喷印油墨的发展方向

就目前形势来看，喷印油墨主要朝大幅面喷墨印刷领域和新型多功能型油墨的方向发展，主要是因为喷墨印刷对承印物种类和幅面没有限制。所以在建筑物广告、公共汽车广告、商业广告、广告牌，户外图、旗帜、壁画、展示图画等大幅面印刷中，喷墨印刷有取代平版印刷及丝网印刷的趋势。同时，虽然数字印刷在我国发展已久，但其所占市场分额不大，专门生产数字印刷油墨所带来的效益不会很高. 所以开发多功能油墨成为适应市场发展的一种手段。例如太阳化学公司一直致力于开发单张纸印刷和数字喷墨印刷两用油墨以期提高公司适应市场需求的能力。

二、电子油墨

电子油墨是数字印刷领域出现的一种新型油墨，它通过电场定位控制带电液体油墨微粒的位里形成最终影像。IIPindigo 数字印刷机与其他数字印刷设备的区别主要在于前者全部使用电子油墨。

1. 电子油墨的特性

电子油墨由于其成像过程的特殊性，与传统油墨有所不同，主要表现在以下几个方面：

（1）色彩再现好

电子油墨与传统油墨的区别是：电子油墨是充电的油墨，这样油墨与纸张相配时对比度高，并且视角可达180°，在任何方位观察图像与文字效果一致，同时由于电子油墨具有色彩唯一性以及对专色的支持，不仅可以保持色彩的恒稳性，还可以将颜色拓展到基本色所不能达到的色域，最终达到增加色彩层次的目的。

（2）物理性能稳定

电子油墨可以进行无排放物的固化，所以干燥及时迅速，同时电子油墨抗氧化性能及抗紫外线能力较强，在酸性或碱性溶液中浸泡以及户外光照下均保持原状不易褪色。

（3）承印材料广

电子油墨可以在塑料、玻璃纤维、纸等承印物上印刷，其呈像质量的好坏与承印物表面的光滑程度关系密切，目前电子油墨的光滑度符合除超光滑纸以外各种纸张的要求，尤其在中等光滑度纸张上更有优越性。

2. 电子油墨的应用

由于电子油墨使用机型的局限性，现在HPIndigo公司是电子油墨的主要研发商，HPIndigo电子油墨是唯一被PANTONE认可的数字印刷颜色，可实现95%的PANTONE色域的颜色。HPIndigo电子油墨主要有标准CMYK色、HP六色、HPIndigo专色三类配置。另外，它还针对不同行业的要求开发了特殊的防伪油墨、荧光油墨、不透明白色基底油墨等多功能油墨。现在HPlndigo电子油墨还应用到了卷筒纸印刷领域，在其他领域的应用也在不断的探索中。

三、其他数字油墨

1. 热成像油墨

根据成像机理的不同，数字印刷可分为静电成像方式、喷墨成像方式、热转移成像方式、磁记录成像方式等热成像油墨即热转移成像方式印刷所使用的油墨，主要有水性油墨和溶剂型油墨两种，热成像油墨在数字印刷中的应用也比较广泛。

2. 干粉数字印刷油墨

干粉数字印刷油墨是由颜料粒子、可熔性树脂与颗粒荷电剂混合而成的干粉状油墨，由于干粉数字印刷油墨在生产过程中对色粉的颗粒属性以及尺寸都要求较高，经过精心的控制才能满足印刷性能，所以干粉数字印刷油墨工业发展缓慢。

目前，我国大部分数字印刷油墨，特别是高档油墨几乎全靠进口，这无疑增加了企业的负担，阻碍了我国数字印刷工业的发展，发展本土化的数字印刷油墨市场刻不容缓。这要求我国的油墨研发部门以及相关院校加大力度着手于数字印刷油墨的研发，积极借鉴国外先进的加工工艺，创造出更多种类丰富，高质量的数字印刷油墨。

复习思考题

1. 数字印刷用纸与传统印刷用纸的区别？

2. 纸张的物理性能对数字印品质量的影响？

3. 纸张的光学特性对数字印品质量的影响？

4. 纸张的机械性能对数字印品质量的影响？

5. 纸张的化学性质对数字印品质量的影响？